»Die Menschheit braucht auch Träumer«
Marie Curie

DAS BUCH

Marie Curie ist eine Ausnahmeerscheinung unter den Wissenschaftlern. Mit unermüdlichem Eifer, trotz vieler Hindernisse und schwerer Schicksalsschläge, schrieb sie sich mit ihren bahnbrechenden Entdeckungen ins Buch der Geschichte ein. Sie setzte sich Anfang des 20. Jahrhunderts in einem Gebiet durch, das noch heute zu den Domänen der Männer gehört. Bei allem Forschungseifer verlor sie ihr großes Ziel nie aus den Augen – sie wollte ihre Erkenntnisse zum Nutzen der Menschheit einsetzen.

DIE AUTORIN

Françoise Giroud gehört zu den bekanntesten und erfolgreichsten Publizistinnen Frankreichs. Sie war Gründungsdirektorin der Frauenzeitschrift *Elle* und Mitbegründerin des Nachrichtenmagazins *L'Express*. Unter Giscard d'Estaing wirkte sie als Ministerin für Frauenfragen und Kulturministerin. Sie hat zwanzig Filme gedreht und zahlreiche Bücher geschrieben.

FRANÇOISE GIROUD

»Die Menschheit braucht auch Träumer«

Marie Curie

Aus dem Französischen
von Ulrike Scharf

LIST TASCHENBUCH

List Taschenbücher erscheinen im Ullstein Taschenbuchverlag,
einem Unternehmen der
Econ Ullstein List Verlag GmbH & Co. KG, München
Deutsche Erstausgabe
2. Auflage 2001

Umschlagkonzept: HildenDesign, München – Stefan Hilden
Titelkonzept: Büro Meyer & Schmidt, München – Jorge Schmidt
Umschlaggestaltung: Tabea Dietrich, Costanza Puglisi, München
Titelabbildung: Marie Curie in ihrem Labor, 1910; AKG, Berlin
Übersetzung: Ulrike Scharf, Düsseldorf
Gesetzt aus der Rotis, Linotype
Satz: Josefine Urban – KompetenzCenter, Düsseldorf
Druck und Bindung: Ebner Ulm
Printed in Germany
ISBN 3-548-60120-0

»Große Geister gelten, was sie fordern.
Ich gelte, was ich will.«

PAUL VALÉRY

In der Reihe »Rebellische Frauen« sind in gleicher Ausstattung außerdem erschienen:

Annette Seemann
»Ich bin eine befreite Frau« – PEGGY GUGGENHEIM
Jochen Schmidt
»Tanzen gegen die Angst« – PINA BAUSCH
Leo Linder
»Ah, mein kleiner Herzog, du hast Angst?« – JEANNE D'ARC
Barbara Leisner
»Unabhängig sein ist mein heißester Wunsch« – MALWIDA VON MEYSENBUG
Matthias Henke
»Süchtig nach der Sehnsucht« – EDITH PIAF
Mariam Niroumand
»Westwärts, junger Mann!« – MAE WEST
Max Gallo
»Ich fürchte mich vor gar nichts mehr« – ROSA LUXEMBURG
Siegfried Obermeier
»Ein Weib mit ungeheurem Talent« – ANGELIKA KAUFFMANN
Katharina Zilkowski
»Le style c'est moi!« – COCO CHANEL
Ingeborg Drewitz
»... darum muß man nichts als leben« – BETTINE VON ARNIM
Florence Hervé
»Salz der Freiheit« – BENOÎTE GROULT
Annette Seemann
»Ich bin alles!« – GALA DALÍ
Monika Becker
»Starke Weiblichkeit entfesseln« – NIKI DE SAINT PHALLE
Klaus Hübner
»Leben auf dünnem Eis« – YOKO ONO
Monika Keuthen
»... und ich male doch!« – PAULA MODERSOHN-BECKER
Monika Keuthen
»Und trotzdem bin ich glücklich« – CHRISTIANE VULPIUS
Jochen Schmidt
»Ich sehe Amerika tanzen« – ISADORA DUNCAN
Steven Bach
»Die Wahrheit über mich gehört mir« – MARLENE DIETRICH
Barbara Leisner
»Ich würde es genauso wieder machen« – SOPHIE SCHOLL
Claude Francis/Fernande Gontier
»Ich habe das Glück, nur zur Hälfte Frau zu sein« – COLETTE
Darden Asbury Pyron
»Tochter des Südens« – MARGARET MITCHELL
Heinz Geuen
»Hemmungslos das Leben spüren« – JANIS JOPLIN
Matthias Henke
»Mit zerrissenem Herzen« – CLARA SCHUMANN
Irmgard Hülsemann
»Mit dem Mut einer Löwin« – LOU ANDREAS-SALOMÉ
Donald Spoto
»Ich bin immer ich selbst geblieben« – INGRID BERGMAN

INHALT

Vorwort 9

I. TEIL *Die Demütigung* 11

II. TEIL *Das Genie* 83

III. TEIL *Der Ruhm* 147

IV. TEIL *Der Skandal* 199

V. TEIL *Das Intermezzo* 241

VI. TEIL *Das Denkmal* 265

Nach Maries Tod 347

ANHANG Bibliographische Hinweise 351
Register 353

VORWORT

»Madame Curie ist unter allen berühmten Menschen der einzige, den der Ruhm nicht verdorben hat«, sagte Einstein über sie.
Ausgerechnet auf die berühmteste Frau unseres Jahrhunderts sollte dies zutreffen? Was war anders an ihr? In Gedanken kam ich immer wieder auf dieses kurze, zufällig aufgeschnappte Zitat zurück – so wie man einen Stein aufbewahrt, den man einmal am Strand eingesteckt hatte, und von Zeit zu Zeit betrachtet. Wie schließlich ein Stein zum anderen kam, ist unwichtig. Zusammengefügt ergaben sie jedenfalls eines Tages das Bild einer reizvollen, faszinierenden Frau – ein Bild, das wenig Ähnlichkeit mit dem besaß, das man in meiner Schulzeit von ihr gezeichnet hatte.
Sucht man die Spuren ihres Lebenswegs, so sind verschiedene Lesarten möglich. Dieses Buch ist nun meine Lesart von Marie Curies Leben. Es ist kein Beitrag zur wissenschaftlichen Forschung; umfangreiche Fußnoten und Querverweise wird man vergeblich suchen. Ich habe mir jedoch einige Anmerkungen zum besseren Verständnis der politischen und wissenschaftsgeschichtlichen Hintergründe erlaubt.
Zeitgenossen und der Nachwelt ist sie unter dem Namen Marie Curie bekannt; die Inschrift auf ihrem Grabstein lautet: Marie Curie-Sklodowska – 1867–1934. Eine stolze, leidenschaftliche und fleißige Frau, deren Wirken bereits zu ihren Lebzeiten bedeutend war. Denn sie hatte den Ehrgeiz, ihr Können zu nutzen, und das Können, ihren Ehrgeiz zu befriedigen. Ihr Name ist untrennbar mit der Atomenergie verbunden – die ihr letztendlich das Leben gekostet hat.

I. TEIL

Die Demütigung

Einige Warschauer erinnern sich noch an den alten Mann, der immer auf den Platz kam, wo die Statue von Marie Curie steht. Er saß lange dort, schaute sie nachdenklich an. Wäre der Mathematikprofessor Kazimierz Zorawski in seiner Jugend nur etwas verwegener gewesen, hätte Marie ihn damals geheiratet – und die Geschichte der Wissenschaft wäre anders verlaufen.

Diese Episode könnte getrost unterschlagen werden – eine Jugendliebe, kaum der Rede wert angesichts eines so produktiven Lebens –, wenn Marie sich nicht ganz und gar hineingestürzt hätte.

Tausend Tode sterbend zwar, doch stets kritisch. Was, wenn dieser schöne junge Mann, dieser vollendete Kavalier, bravouröse Schlittschuhläufer und Tänzer, diese gute Partie, auf die alle Mütter der Gegend spekulierten, in Wirklichkeit gar nicht so außergewöhnlich war? Welche Bedeutung hat schon ein liebendes Herz, wenn es das Gesicht zu wahren gilt?

> »Es hat Augenblicke gegeben, die ich bestimmt zu den bittersten meines Lebens zählen werde. Das einzige, was mir die Erinnerung an sie erträglich macht, ist, daß ich trotz allem aus ihnen anständig und mit erhobenem Kopf hervorgegangen bin...«

Erschrocken von der Heftigkeit ihres Verlangens, ist sie bereits damals wild entschlossen, ihre Gefühle vor der Außenwelt zu verbergen.

> »Ich habe ein schwieriges Naturell, das es zu bezwingen gilt...«

Mit achtzehn schließlich ist ihr der eigene Wert klar bewußt. Wer bin ich, und was soll ich anfangen? Kaum ist die Frage gestellt, die einzige übrigens, die zählt, wenn man über sich selbst nachdenkt, kennt Marie auch schon die Antwort: Sie will »jemand« werden. Als sie mit dreiundzwanzig dieses Ziel gefährdet glaubt, schreibt sie an ihre Schwester Bronia:

> »Mir bricht das Herz, wenn ich an meine verpfuschten Begabungen denke, die doch zu etwas gut sein sollten...«

Und an ihren Bruder Jozef:

> »Da ich nun für mich jede Hoffnung verloren habe, etwas zu werden, konzentriert sich mein ganzes Streben auf Bronia und Dich.«

Und nun? Sich in die »übliche Frauenrolle« fügen? Niemals wäre ihr das in den Sinn gekommen. Ihr Talent, ihre Erziehung und Bildung, ihr ausgeprägter Ehrgeiz, all das hält sie davon ab. Dennoch hätte sie sich einem Mann wie Kazimierz Zorawski unterwerfen können, in diesem September 1891, den sie allein im Landhaus von Zakopane verbringt, melancholisch durch die dunklen Tannenwälder der Karpaten spaziert und eine nicht enden wollende Grippe kuriert. Ein Teil von ihr hofft es sogar. In zwei Monaten würde sie vierundzwanzig werden. Sie ist arm. Sie ist noch nicht schön. Ihr einziger Abschluß entspricht dem Abitur. Warum also hätte sie »jemand« werden sollen?
Außerdem liebt sie Kazimierz und wartet auf ihn.

Woher stammt nun diese nervöse, junge Frau, schüchtern und selbstsicher zugleich? Sie ist ein bodenständiges Mädchen, braucht Luft, Raum, Bäume. Mit der Natur verbindet sie eine tiefe, sinnliche Beziehung. Soweit es sich zurückverfolgen läßt, waren Sklodowskis Pächter oder Bauern auf den Ländereien des Herrn von Sklody, dessen Wappen sie führen.

Anfang des Jahrhunderts war die relativ wohlhabende Familie in eine wirtschaftlich unglückliche Lage geraten, aus der Maries Großvater Jozef einen Ausweg fand. Er studierte und wurde Gymnasialdirektor.

Wie alle Patrioten seiner Generation greift er 1830 gegen Nikolaus I., Zar aller Reußen und König von Polen, zu den Waffen. Als der Zar, durch die Französische Revolution auf den Plan gerufen, das polnische Heer zum Krieg gegen Frankreich rüstet, kommt es seitens der Offiziere zur Revolte. In der Geschichte dieses lange Zeit unter den Nachbarstaaten aufgeteilten Landes ist dieser Aufstand nur einer unter vielen. Eine hunderttausend Mann starke Armee soll die russische Ordnung wiederherstellen. La Fayette bittet um schnelle Hilfe für die um ihre Freiheit kämpfenden Polen, deren Vaterland so eng mit Frankreich verbunden ist.

»Ein Aufstand ist immer als Verbrechen zu werten...«, antwortet der Präsident der Nationalversammlung, Casimir Périer. Mit aktiver Unterstützung der französischen Regierung werden schließlich die Truppen der Rebellen geschlagen. Louis Philippe rühmt dieses Ereignis mit folgenden Worten: »Uns hat das Kabinett in St. Petersburg die Auslöschung Polens zu verdanken.«

Trauriges Schicksal eines Volkes, dessen Staat nach dem Willen der meisten europäischen Mächte für immer von den Landkarten getilgt werden soll.

Die Repressalien waren grausam: Deportation ganzer Familien, Zwangsrekrutierungen für die russische Armee, Verschleppung von Kindern armer Eltern nach Rußland, Massenverhaftungen. Aber ganz gleich, ob Polen unter russischer, preußischer oder österreichischer Knute stand oder unter den drei Ländern aufgeteilt war – der Widerstand gedieh ebenso gut wie der Roggen. Zwei der sieben Kinder von Jozef Sklodowski, ein Junge und ein Mädchen, nehmen an allen Kämpfen ihrer Generation teil.

Dem ältesten Sohn der Familie und späteren Vater von Marie fehlt diese wilde Entschlossenheit. Er ist ein Mann des Geistes, er liebt Musik, Literatur und Wissenschaft. Für sein Hochschulstudium arrangiert er sich mit dem System und besucht die russische Universität, deren Abschluß als einziger zur Lehrtätigkeit an staatlichen Schulen qualifiziert. Danach heiratet er eine hübsche Brünette mit grauen Augen, die Tochter eines von den politischen Wirren ruinierten Landadligen. Wie er im Lehrberuf tätig, ist sie bereits Direktorin eines Pensionats für höhere Töchter, das sie selbst als Schülerin besucht hat. Das junge Paar verfügt dort, in der Fretastraße, über eine kleine Dienstwohnung, in der im Verlauf von acht Jahren fünf Kinder das Licht der Welt erblicken.
Vier Jahre vor Geburt der jüngsten Tochter, Marie, in der Nacht vom 15. auf den 16. Januar 1863, führt die Polizei eine Razzia unter den jungen Leuten der Stadt durch, die als vermeintliche Aufrührer gelten, um sie zwangsweise für die russische Armee zu rekrutieren. Erneut folgen Aufstand und eineinhalb Jahre verzweifelte Kämpfe. Am Ende stehen fünf Galgen an der Warschauer Stadtmauer, baumeln fünf Körper am Ende der Stricke, die Anführer des Widerstands.
»Schlagt die Polen, bis sie am Leben verzweifeln!« empfiehlt Bismarck. »Ich habe Mitleid mit ihrer Situation, aber wenn wir überleben wollen, so bleibt uns nur ihre Vernichtung.«
Er jedenfalls tut sein Bestes. Fast fünf Millionen Polen leben unter preußischer Herrschaft, davon werden allein 1870 beim Ausbruch des Kriegs gegen Frankreich 80 000 Männer ins preußische Heer gezwungen. Mehr als achtzehn Millionen sollten erfahren, daß sie vom russischen Thronfolger Alexander II. keinerlei Milde zu erwarten haben. »Keine Träumereien«, sagt er. »Was mein Vater getan hat, ist wohlgetan.«
In dem Jahr, als Marie in Warschau zur Welt kommt, verliert der russische Teil Polens sogar seinen Namen. Er heißt fortan »Weichselgebiet«. Selbst der Katechismus muß nunmehr in

Die fünf Geschwister Sklodowski: Bronia, Jozef, Marie, Hela und Sophie (von links nach rechts; Foto: Association Curie et Joliot-Curie, Paris)

Russisch gelehrt werden. Nach und nach werden alle Polen, die öffentliche Ämter bekleiden, durch Russen ersetzt. Diesmal werden die Zügel angezogen. Nur vor diesem historischen Hintergrund ist das moralische, soziale und familiäre Umfeld zu verstehen, in dem die Kinder von Wladislav und Bronislawa Sklodowski aufwachsen.

Marie besitzt drei natürliche Gaben, die hochtalentierte Schüler auszeichnen und von Lehrern außerordentlich geschätzt werden: gutes Gedächtnis, Konzentrationsfähigkeit, Wissensdurst. Drei Anekdoten machten dazu in der Sklodowskischen Familie die Runde.

Die erste: Marie ist vier Jahre alt. Sie ist mit ihren Eltern aufs Land gefahren, zu einem der zahlreichen bäuerlichen Zweige der Familie, bei denen die Warschauer Verwandten während der Sommerferien stets herzlich aufgenommen werden. Die

fünf Geschwister toben auf den Feldern, klettern auf Bäume, planschen im Bach, versorgen die Pferde, spielen in der Scheune Verstecken ... paradiesische Zeiten.
Hinsichtlich der Erziehung und Bildung ihrer Kinder verstehen die Eltern Sklodowski allerdings keinen Spaß. Die siebenjährige Bronia muß lesen können, bevor sie nach Warschau zurückkehren. Sie übt fleißig mit Pappbuchstaben, die Marie für sie mischt. Als Bronia eines Morgens mühsam versucht, einen Text, den sie von ihrem Vater bekommen hat, vorzulesen, reißt Marie ihr das Buch ungeduldig aus der Hand und trägt den ersten Satz fast fließend vor. Staunen. Schweigen. Beflügelt durch die Reaktionen, liest sie weiter... Da wird ihr plötzlich bewußt, daß sie etwas Ungeheuerliches tut, vielleicht sogar Unverzeihliches, sie bricht in Tränen aus und bittet schluchzend um Verzeihung: »Ich hab' es nicht absichtlich gemacht... Es ist doch nur, weil es so leicht ist...«
Die zweite Geschichte spielt in der Schule. Die beiden Schwestern Sklodowska sitzen an jenem Morgen gerade im Geschichtsunterricht in der Privatschule, an der dunkelblaue Uniformen mit steif gestärktem weißem Kragen und sittsam geflochtene Zöpfe vorgeschrieben sind. Marie ist zehn Jahre alt. Mühelos folgt sie dem Unterricht in derselben Klasse wie ihre zwei Jahre ältere Schwester Hela.
Nach Stanislaus August gefragt, antwortet Marie:
»Stanislaus August Poniatowski wurde 1764 zum König von Polen gewählt. Er war klug, hatte verstanden, welche Mißstände sein Königreich schwächten, und war um Abhilfe bemüht. Unglücklicherweise fehlte es ihm an Mut...«
Die Lehrerin nickt zustimmend, ermutigt sie, fortzufahren. Entgegen den Vorschriften findet ihr polnischer Geschichtsunterricht für die fünfundzwanzig aufmerksamen kleinen Mädchen in polnischer Sprache statt. Polnische Bücher und Hefte liegen auf den Pulten. Da klingelt es plötzlich... Als wenig später Herr Hornberg, Inspektor der Warschauer Privatschulen, in Beglei-

tung der blaß wirkenden Schuldirektorin das Klassenzimmer betritt, schauen fünfundzwanzig kleine Mädchen unschuldig von ihren Knopflochstickereien auf. Faden und Schere liegen auf den Pulten. Schon von weitem erkennt man das aufgeschlagene russische Buch vor der Lehrerin.

»Die Mädchen haben zwei Handarbeitsstunden wöchentlich, Herr Inspektor«, sagt die Direktorin.

Hornberg öffnet aufs Geratewohl eines der Pulte. Nichts. Es ist leer. Zwischen dem mit dem Hausmeister vereinbarten Klingelzeichen und dem Augenblick, in dem der Inspektor das Klassenzimmer erreicht, haben die Mädchen ihre Bücher und Hefte eilig in den Schlafsälen verschwinden lassen.

Hornberg nimmt sich einen Stuhl. Die Lehrerin möge eine Schülerin zur Befragung bestimmen. Natürlich fällt die Wahl auf Marie. Sie ist in allen Fächern unangefochten Klassenbeste, in Rechnen genauso wie in Geschichte, Lesen, Deutsch, Französisch, und sie spricht fließend russisch mit St. Petersburger Akzent.

Der Test, den schon viele Schüler mit einer Mischung aus Nervosität und Stolz absolviert haben, ist für das polnische Mädchen eine beschämende Vorstellung. Denn der Herr Inspektor überprüft nur ganz spezielle Kenntnisse:

»Wie heißen die Zaren, die seit Katharina II. das Heilige Rußland regiert haben?« »Sag mir die Namen und Titel der Mitglieder der kaiserlichen Familie.« »Welcher ist der Titel des Zaren in der Rangfolge der Würdenträger?« »Und wie lautet mein Titel?«

Marie antwortet fehlerfrei. Was bedürfte es mehr, um den Herrn Inspektor zu überzeugen, daß die Sikorska-Schule eine untadelige Ausbildung gewährleistet? Er hat noch eine Frage:

»Wer ist unser Herrscher?«

Lehrerin und Direktorin halten den Atem an. Vierundzwanzig versteinerte kleine Mädchen hängen an Maries Lippen. Sie sitzt starr und verkrampft da und zögert zu antworten.

»Nun? Wer ist unser Herrscher?« wiederholt Hornberg.

»Seine Majestät, Alexander II., Zar aller Reußen.«
Hornberg steht auf und verläßt, gefolgt von der Direktorin, den Klassenraum, um seinen Rundgang in der Nachbarklasse fortzusetzen.
»Maria, komm zu mir«, sagt die Lehrerin.
Das Kind verläßt seine Bank und geht zur Lehrerin. Sie bekommt einen Kuß. Dann bricht sie in Tränen aus. Diese tiefe Demütigung, die sie wegen ihrer erzwungenen unterwürfigen Haltung gegenüber dem russischen Inspektor empfindet, wird sie niemals vergessen. Niemals wird sie irgend etwas vergessen.
Die dritte Geschichte spielt etwa zur selben Zeit. Im Speisesaal der Schule wiederholen die Mädchen nach dem Essen den Unterrichtsstoff laut. Die Daumen an den Ohren, um sich vor dem Lärm zu schützen, die Ellbogen aufgestützt, ist Marie gänzlich in ihr Buch vertieft. Ihre Art, in der Lektüre zu versinken, Zeit und Raum um sich herum zu vergessen, ist häufig Anlaß der Belustigung ihrer Mitschülerinnen. An diesem Tag heckt ihre Cousine Henriette, die stets zu Späßen aufgelegt ist, mit Hela und Bronia einen Plan aus. Die drei Mädchen türmen eine Stuhlpyramide um Marie herum auf und warten mit unterdrücktem Lachen auf den Einsturz der Konstruktion.
Minuten vergehen ... Marie hat nichts gesehen, nichts gehört, nichts gemerkt. Plötzlich macht sie eine Bewegung, und die Stühle fallen mit lautem Getöse um. Die Mädchen lachen lauthals los, Marie reibt sich die Schulter, weil sie ein Stuhl getroffen hat, steht auf, nimmt ihr Buch und sagt: »Das ist dämlich.« Dann verläßt sie indigniert das Zimmer.
Fräulein Sklodowska wird leicht unwirsch, wenn man versucht, sich über sie lustig zu machen. Ihren Mitschülerinnen flößt sie damit gehörigen Respekt ein. Auch als Erwachsene wird sie nicht zugänglicher werden. Humor und kritische Selbstdistanz werden ihr immer fremd bleiben. Sie nimmt alles sehr ernst, vor allem sich selbst. Auch wenn diese Eigenschaft nicht gerade zu ihren liebenswertesten gehört, wird sie später oft ihre Stärke sein.

Bronia hat ihre Gymnasialzeit mit Auszeichnung abgeschlossen. Es wäre erstaunlich, wenn Marie dies schon mit 15 gelänge. Aber sie schafft es. Und bricht zusammen. »Nervöse Zustände«, lautet die vage Diagnose des Arztes. Es sollte nicht der letzte vorübergehende Einbruch sein, der sie menschlicher macht als alle Höhenflüge ihrer Karriere. Tief im Innern ist Marie also doch zartbesaitet.

Oder werden die Sklodowski-Kinder etwa zu sehr von ihrem Vater gedrängt, dessen ganzer Stolz sie sind? Für damalige Verhältnisse ist es ungewöhnlich, daß er keinen Unterschied zwischen den Töchtern und dem Sohn macht, wenn es darum geht, ihren Geist zu fordern, ihr Wissen auf allen Gebieten zu steigern und ihren intellektuellen Ehrgeiz anzuregen.

Jozef, Bronia und Hela bekommt es jedenfalls gut. Und Marie braucht man nicht erst zu drängen. Im Gegenteil, man muß sie eher bremsen. Gerade aus diesem Grund schickt sie ihr besorgter Vater aufs Land, zu einem Onkel, der sich als Notar niedergelassen hat. Dort verbringt sie den Winter. An eine Freundin schreibt sie:

> »Ich kann sagen, daß ich nichts tue, absolut nichts... Ich lese keine ernsthaften Bücher, nur harmlose und alberne kleine Romane... So fühle ich mich unglaublich dumm. Manchmal lache ich ganz für mich, und ich betrachte meinen Zustand vollkommener Dummheit mit großer Befriedigung.«

In den letzten Jahren hatte sie viele Krisen meistern müssen, ein empfindsames kleines Mädchen, das dazu neigt, alles »auf ihre Schultern zu laden«. Ihre älteste Schwester Sophia war mit vierzehn Jahren an Typhus gestorben. Ihre Mutter war der Tuberkulose erlegen, die nach Maries Geburt zum Ausbruch gekommen war. Als Kind durfte sie ihre Mutter niemals ohne triftigen Grund umarmen. So weit ging der damalige Konformismus, und die Sklodowskis sind auf ihre eigene Art zutiefst konformistisch.

Die junge Frau war sehr fromm gewesen. Ihr vorzeitiger Tod untergräbt Maries Glauben. Zunächst lehnt sie sich auf, später wird sie dem, was sie »verlorene Glückseligkeit« nennt, für immer gleichgültig gegenüberstehen.
Herr Sklodowski wird zum Unterinspektor befördert, unterrichtet fortan Physik und Mathematik am Gymnasium und zieht mit seiner Familie aus der Fretastraße in die neue Dienstwohnung. Er gilt als äußerst gewissenhafter Staatsbediensteter. Dennoch findet er 1873 bei seiner Rückkehr aus den Ferien eine Mitteilung des russischen Direktors auf seinem Schreibtisch, aus der hervorgeht, daß er seinen Titel, die Hälfte seines Einkommens und die Dienstwohnung einbüße. Sein ausgeprägter Forschungsdrang hatte das Mißfallen seines Vorgesetzten erregt.
Wie sollte es jetzt weitergehen?
Man besinnt sich auf ein altbewährtes bürgerliches Rezept zur Sanierung zerrütteter Finanzen: Logiergäste ins Haus zu holen. Mit ihren stoffbespannten Sofas, den Sesseln im Stil der Restauration, der Pendeluhr, dem Sèvresporzellan, dem Tizian zugeschriebenen Gemälde und dem großen Schreibtisch des Vaters, um den sich nachmittags die Kinder mit ihren Hausaufgaben versammeln, ist die Familie erneut umgezogen. In der neuen Wohnung beherbergt Herr Sklodowski erst zwei, dann drei, fünf, zehn Schüler aus seinem Gymnasium, denen er Kost und Logis und Einzelunterricht zuteil werden läßt.
Zu allem Unglück war der sorgenvolle und überlastete Vater auch noch ein einziges Mal in seinem Leben leichtsinnig und vertraute einem Schwager seine gesamten Ersparnisse für ein abenteuerliches Spekulationsgeschäft an: 30 000 Rubel lösen sich in Luft auf.
Das Bild ist dennoch nicht so düster, wie es scheint, denn Liebe und Lebenslust heitern es auf. Das Familienband wird noch enger geflochten und bleibt es fortan für immer.
Geld, so notwendig es auch sei, gehört nicht zu den Familienwerten. In den Augen seiner Kinder verfügt Herr Sklodowski

über die einzigen Reichtümer, die sie schätzengelernt haben: Kultur, Wissen, Bildung. Der bescheidene polnische Lehrer verfolgt nicht nur die Fortschritte in seinem Fachgebiet, der Physik, sondern kennt auch die Arbeiten zeitgenössischer Intellektueller. In Osteuropa war es damals üblich, vier Sprachen zu sprechen, Griechisch und Latein zu beherrschen, eine Fülle von Gedichten rezitieren zu können und manchmal auch selbst welche zu schreiben. Je weiter man von den Brennpunkten des kulturellen und wissenschaftlichen Lebens entfernt war, desto größer schien das Bedürfnis, dessen Quellen ausfindig zu machen und sich daran zu laben. Geschart um den Samowar, ist der Samstagabend der Literatur gewidmet, der englischen und französischen, deutschen und polnischen. Vier Augenpaare fixieren begeistert den Vater, der die Texte vorliest und vielleicht ein wenig schulmeisterlich kommentiert.

Das Fehlen der Mutter ist im Sklodowskischen Haushalt nicht zu übersehen: Zierdeckchen sind ausgefranst, das Mahagoniholz wirkt matt, die Blusen sind zerknittert, die Mahlzeiten einfacher geworden. Was die geistige Nahrung betrifft, herrscht dagegen nie gekannter Überfluß.

Von dem Erholungsaufenthalt bei ihrem Onkel schreibt Marie unermüdlich nach Hause. Der rege Briefwechsel zeugt davon, daß die schwermütige Jugendliche, nachdem sie wieder zu Kräften gekommen ist, ihre Lebenslust wiedergefunden hat.

> »Es fällt mir schwer, an die Existenz von Geometrie und Algebra zu glauben. Ich habe beides total vergessen.«

> »Oh wie heiter das Leben in Zwola ist! Immer sind Gäste im Haus, und es herrscht eine Freiheit, Gleichheit und Unabhängigkeit, die Du Dir nicht vorstellen kannst.«

> »Letzten Sonnabend habe ich zum ersten Mal am Kulig [Schlittenfahrt zur Karnevalszeit] teilgenommen und denke, daß ich mich nie wieder so amüsieren werde.«

»Der ganze Karneval war von früh bis spät ein großes, ausgelassenes Fest. Mein Kavalier kam aus Krakau, er war ein sehr gut aussehender, schicker junger Mann. Wir haben den ganzen Tag die Mazurka getanzt. Du mußt wissen, daß ich ausgezeichnet Walzer tanzen gelernt habe, ich hatte einige Touren im voraus vergeben. Wenn ich hinausging, um mich auszuruhen, warteten sie an der Tür auf mich.«

»Unser Leben hier ist märchenhaft. Ich lerne rudern (ich mache schon Fortschritte), und man kann hier herrlich schwimmen.«

Angesichts des munteren Trupps junger Leute, unter ihnen auch Marie und ihre Schwester, lassen die Gastgeber Nachsicht walten, verwöhnen sie sogar mit Freuden. Die Wochen vergehen wie im Fluge mit Reiten, ländlichen Festen, Bällen und Plünderungen der Speisekammern.

»Wir machen alles, was uns einfällt, mal schlafen wir nachts, mal am Tage, wir tanzen und machen überhaupt solche Dummheiten, daß wir es manchmal verdienten, ins Irrenhaus geschickt zu werden . . .«

Als sie eines Morgens bei Tagesanbruch nach Hause kommt, muß sie ihre goldbraunen Tanzschuhe wegwerfen, da die Sohlen buchstäblich durchgetanzt sind.

»Ich werde wohl in meinem ganzen Leben nie, nie wieder so viel Spaß haben.«

Das ausgelassene Intermezzo ist nun zu Ende, Marie ist sechzehn Jahre alt. Die Geschwister Sklodowski sind keine Kinder mehr. Jozef, ein großer sportlicher Junge, studiert Medizin. Bronia hat den Haushalt übernommen: Sie kocht, sie putzt, sie stopft. Und sie ist ärgerlich, weil Frauen nicht an der Universität zugelassen sind. Hela, die Schönheit in der Familie, arbeitet als Sängerin und erobert die Herzen. Marie sucht per Inserat:

»Junge absolvierte Gymnasiastin unterrichtet Arithmetik, Geometrie und Französisch. Mäßiges Honorar.«
Sie hat ihr Ziel stets fest im Blick. In einem Bericht hatte sie einmal gelesen: »Während Claude Bernard durch den Innenhof der Sorbonne lief, hatte er...« Die Sorbonne ist für sie der Olymp, der Sitz der Götter. Aber wie soll sie dorthin gelangen? Warschau wimmelt von jungen Leuten, die hoffen, ihr Studium im Ausland durch Unterricht finanzieren zu können. Die finanziellen Sorgen machen Herrn Sklodowski schwer zu schaffen. Wenn nur diese windige Spekulation nicht gewesen wäre. Bald wäre er mit seiner kleinen Rente nicht einmal mehr in der Lage, den Unterhalt seiner Schützlinge sicherzustellen. Gerade er hatte so gehofft, daß seine Kinder einmal zu den höheren Weihen der Wissenschaft aufsteigen könnten.
Marie ist damals eine hübsche junge Frau von kräftiger Statur mit gesundem Teint und widerspenstiger blonder Lockenmähne. Später einmal wird sie eine schöne Frau sein, obwohl sie niemals besonderen Wert auf ihr Äußeres legte, als sei dies eher eine Frage des Stolzes. Als ihre Altersgenossinnen verträumt die neuesten Haarschleifen vor dem Spiegel probieren, läßt sie sich von ihrer Cousine Henriette ihre schönen Locken abschneiden.
Diese Geste nur als Versuch zu werten, ihre Weiblichkeit zu kaschieren, wäre leichtfertig. Weder in ihrem Tagebuch noch im Briefwechsel oder in der Art und Weise, wie ihr Leben verlaufen ist, finden sich irgendwelche Hinweise, daß sie jemals ihre Rolle als Frau verleugnet hätte. Eine nichtssagende Oberflächlichkeit hat sie hingegen zeitlebens abgelehnt, aber das ist etwas ganz anderes.
Hunger, Kälte, Müdigkeit: Die Grundbedürfnisse ihres Körpers hat sie stets sträflich vernachlässigt. Auch war sie häufig erkältet, weil sie »es niemals für nötig befand, ihre Kleidung den atmosphärischen Bedingungen anzupassen«, so berichtete ihr Vater. Sie wertet solche Rücksichten als ein Zeichen von Schwäche.

Ihre kurzen Wutausbrüche belegen eindeutig, daß sie verborgene innere Krisen zu beherrschen sucht.
Wie für ihre Zeit und ihr Land typisch, sind die Schwestern Sklodowska gestandene Persönlichkeiten, die fünf Sprachen sprechen, sticken, Klavier spielen, zeichnen, Schlittschuh laufen, schwimmen und tanzen können. Und sie haben »zu haushalten« gelernt. Ihre Mutter hatte die Schuhe stets selbst neu besohlt.
Sie bekümmert nicht so sehr, daß sie nur ein einziges Kleid besitzen, welches der neuesten Mode entsprechend eingefärbt und umgearbeitet wird. (»Es wird zweckdienlich und sehr hübsch werden!« schreibt Marie). Wirklich schwer zu schaffen macht ihnen vielmehr, daß sie kein Licht am Ende des Tunnels sehen, in dem sie gefangen sind.
Und Heirat? Sie wird zwar nicht kategorisch ausgeschlossen, spielt aber im Moment bei ihrer Zukunftsplanung keine Rolle. Sie ist weder Ziel noch probates Mittel, um ihren Wissensdurst zu stillen. Wissen ist in ihren Augen untrennbar mit der Emanzipation der Frau verbunden, einem der Hauptpfeiler gesellschaftlichen Fortschritts.
Die Frauenrechtlerinnen in Maries Generation glauben noch, daß sich die Erkenntnis der Gleichberechtigung zwangsläufig durchsetzen würde, gäbe man den Frauen nur die Möglichkeit, zu beweisen, daß sie den Männern intellektuell ebenbürtig sind. Der Weg dorthin führt über die Zulassung an den Hochschulen. Aber wie sollen sie dorthin gelangen?
Bronia würde bald zwanzig Jahre alt werden, Marie siebzehn. Zusammen schmieden sie Pläne für ihren Aufstieg zum Gipfel, schwören sich gegenseitige Hilfe bei der Verwirklichung ihrer Ziele. Die Grundfesten der schwesterlichen Bastion sind gelegt, das starke Band zwischen ihnen wird bis zu Maries letztem Atemzug nicht reißen.
Bronia ist überschwenglich, herzlich, mütterlich und steht dem Leben offen gegenüber. Sie hat ein großes Herz, Hände, wie ge-

schaffen, Kranke zu heilen, und hängt mit grenzenloser Liebe an ihrer kleinen Schwester. Marie, verschlossen, introvertiert und unnachgiebig, läßt sich nur in ihrer Gegenwart einmal richtig gehen. Nur Bronia wird Marie schluchzen, verzweifeln, um Hilfe rufen sehen. Sie kann sich darauf verlassen, daß Bronia herbeieilen wird, egal wo sie sich gerade aufhält. Bronia war immer da, um sie zu beschützen und zu trösten – das ist eine der wichtigsten Erinnerungen an Maries Kindheit. Vielleicht liegt gerade in diesem tiefen Vertrauen ihrer Schwester Bronia gegenüber der Schlüssel zum Verständnis von Maries späterem dauerhaften Umgang mit Frauen, die eine nicht unwesentliche Rolle in ihrem Leben gespielt haben.

Es besteht jedenfalls kein Zweifel, daß Frauen in ihren Augen das starke Geschlecht sind. Von Männern erwartet sie keine Stärke.

Im Augenblick jammert sie nicht, sondern sie kämpft.

Fräulein Piasecka, eine Lehrerin, kaum älter als Marie, verlobt mit einem wegen subversiven Verhaltens von der Universität verwiesenen Studenten, nimmt sie zu den Versammlungen der »Fliegenden Universität« mit. Dieser ehrgeizige Name steht für einen Kreis junger Patrioten, dessen vorwiegend weibliche Mitglieder heimlich den Ideen des Positivismus anhängen. Denn der polnische Widerstand ist ungebrochen. Nach all dem vergossenen Blut, den niedergeschlagenen Aufständen, enttäuschten Hoffnungen, all dem sinnlosen Leid sind die Zeiten romantischer Zukunftsvisionen vorbei.

In ganz Europa läßt die überschwengliche Begeisterung für romantisches Lebensgefühl und neu entdeckte Religiosität, mit der man versucht hatte, ein Gegengewicht zum unerbittlichen Materialismus der fortschreitenden Industrialisierung zu schaffen, langsam nach. Ausgehend von Paris, verbreitet sich eine neue Lehre über alle Grenzen hinweg, hält Einzug in die Bibliotheken und fällt in Polen aufgrund seiner geistigen und kulturellen Isolation auf besonders fruchtbaren Boden: Der

»Kurs der positiven Philosophie« von Auguste Comte. Die Evolutionsphilosophie des Engländers Spencer erreicht Polen zur gleichen Zeit, verfestigt sich allmählich und führt so zur Verbreitung seiner die Welt erschütternden These vom »Gesetz der Entwicklung«, demzufolge nur der Tüchtigste überlebe.
Unter den Warschauer Intellektuellen werden die Thesen ausführlich diskutiert und schließlich mit Begeisterung aufgenommen. Die gescheiterten Utopien werden verworfen, denn nun gilt es, die neuen wissenschaftlichen Ansätze an die polnischen Verhältnisse anzupassen und einen neuen Weg im Kampf um die Freiheit einzuschlagen. Widerstand soll sich nicht länger auf Waffengewalt stützen, sondern auf die Bildung des Geistes. Die Gruppe aus der Fliegenden Universität beginnt mit der Ausbildung der Massen. Alle, die über eine höhere Bildung verfügen, müssen andere daran teilhaben lassen, die dann ihr Wissen wiederum weitergeben. So versammelt man sich abends in privater Runde. Obwohl sie Gefahr laufen, verhaftet zu werden, unterweisen Universitätsprofessoren Studenten in Geschichte, Anatomie und Soziologie, damit diese die Flamme weitertragen. Es geht nicht mehr darum, das Herstellen und Zünden von Bomben zu erlernen, sondern das Feuer in den Köpfen zu entfachen. Der Funke des sozialen Fortschritts soll überspringen.
Zunächst skeptisch, sind Marie und Bronia schnell von der Sache überzeugt. Mit siebzehn hat Marie jegliche Religiosität über Bord geworfen. Ihre Rationalität und ihren unbändigen Fortschrittsglauben findet sie im Positivismus bestätigt, und dessen polnische Auslegung gibt ihr die Möglichkeit, aktiv zu werden.
Auf eine Photographie von ihr und Bronia schreibt sie die folgende Widmung für eine Freundin: »Für eine ideale Positivistin – von zwei idealistischen Positivistinnen«. Hätte sie sich durch eine andere zufällige Bekannte vielleicht eher den sozialistischen Studenten angeschlossen, die Marx für sich entdeckt

hatten und im Positivismus lediglich Anpassung und Anbiederung ans Bürgertum sahen?
Gemessen an den Ansichten, die Marie Curie zeitlebens vertreten hat, scheint es heute legitim, zu behaupten, daß sie zwar revoltierte, aber niemals eine Revolutionärin war. Als sie sich am Ende ihres Lebens noch einmal jene Zeiten vergegenwärtigt, in denen sie buchstäblich vor der Nase der zaristischen Polizei die Flamme des Wissens zu den Angestellten eines Schneiderateliers trug und eine Bibliothek für Arbeiterinnen zusammenstellte, schreibt sie: »Die Möglichkeiten des Wirkens waren gering und die erreichten Ergebnisse konnten nicht beträchtlich sein. Dennoch halte ich an dem Glauben fest, daß die Ideen, die uns damals leiteten, die einzigen sind, die zu wahrem sozialem Fortschritt führen können. Wir dürfen nur hoffen, eine bessere Welt zu erbauen, wenn auch die Individuen besser werden.«
Professoren und lehrende Schüler der Fliegenden Universität wären zweifellos enttäuscht gewesen, hätten sie gewußt, daß ihre heimlichen Aktivitäten die russischen Behörden nicht sonderlich beunruhigten. Im Gegensatz dazu begegnete man den sozialistischen Studenten mit unnachgiebiger Härte. Zweihundert von ihnen wurden verhaftet, einige erschossen. Ihr Anführer verhungerte im Gefängnis, wie es heißt.
Ein kurzer, aber intensiver Lebensabschnitt für die junge Frau, die damals ein heterogenes geistiges Fundament legt, auf dem laut Tagebuch Sully Prud'homme neben Louis Blanc steht, Dostojewski neben Musset, Renan neben Paul Bert.
Als sie sich im September 1885 auf der Suche nach einer festen Anstellung bei einer Arbeitsvermittlung vorstellt, ist sie noch nicht ganz achtzehn Jahre alt und hat noch keinen ihrer ehrgeizigen Zukunftspläne aus den Augen verloren.
Marie Curie, der spätere Stern am Wissenschaftshimmel, als gewöhnliche Angestellte – manche haben für diese Zeit nur ein mitleidiges Lächeln übrig. Andere werten sie als Ausdruck

eines außergewöhnlich unabhängigen Geistes für eine junge Frau ihrer Zeit.

Der junge Hauslehrer und das Fräulein ohne Mitgift, die sich um die Erziehung von Kindern aus reichem Hause kümmern – sie sind in der damaligen Gesellschaft weit verbreitet, nicht nur in Polen. Auch in der französischen Literatur wimmelt es davon. Außerdem bleibt Marie gar nichts anderes übrig. Ungewöhnlich ist nur, zu welchem Zweck sie ihr gesamtes Gehalt aufwenden wird.

Nach zwei Jahren Privatunterricht hat Bronia sich die Fahrkarte nach Paris und ein Jahr Studienaufenthalt zusammengespart. »An der Sorbonne!« jubelt Marie, für die eine andere Universität niemals in Frage käme. »Während Claude Bernard durch den Innenhof der Sorbonne lief, hatte er …«

Der Olymp steht Bronia offen. Und was soll nach dem ersten Jahr werden? Ein Medizinstudium ist langwierig.

Soll sie selbst ebenfalls aufbrechen? Oder lieber noch warten?

Wahrscheinlich tagt der Familienrat, und Marie setzt sich durch. Bronia solle ruhig fahren, Marie werde ihr Gehalt nach Paris überweisen, da sie ja Kost und Logis frei habe.

»Wenn du promoviert bist«, sagt sie, »werde ich nachkommen, und dann wirst du mir helfen.«

Zögerte Bronia, das Opfer ihrer kleinen Schwester anzunehmen? Fünf lange Jahre würde Marie ihr eigenes Fortkommen hintanstellen müssen, und warum sollte sie den Anfang machen?

»Weil du zwanzig bist und ich siebzehn … Wir müssen uns verbünden, sonst erreicht keine ihr Ziel«, sagt Marie.

Und Bronia macht sich auf den Weg.

Allein zu reisen, in Paris, London oder Berlin zu wohnen, was um die Jahrhundertwende für junge Französinnen in ihrem Alter und vergleichbarer Situation undenkbar gewesen wäre, besitzt für Osteuropäerinnen, wie die Schwestern Sklodowska, keineswegs Seltenheitswert. Sonia Delaunay trifft etwa zur selben Zeit aus Moskau ein. Die Zwanzigjährige ist zum Studium der Malerei nach Paris gekommen und läßt sich am Montparnasse nieder.
In einer ihrer schlechtesten Phasen schreibt Marie Curie an ihren Bruder:

»Du wirst das schon schaffen, ich glaube ganz fest daran. Die ›guten Frauen‹ haben stets die größten Widrigkeiten zu überwinden – aber sogar ich bewahre die Hoffnung, nicht ganz in Vergessenheit zu geraten.«

Die »guten Frauen« haben sicherlich Probleme. Aber einige bleiben ihnen auch erspart: die hausgemachten. Sie muß ihre Unabhängigkeit nicht gegen sich selbst oder andere durchsetzen. In ihren Augen ist sie eine Selbstverständlichkeit. Sie braucht sich nicht erst von dem gezierten Getue der sonst üblichen verschüchtert-kecken Frauenrolle zu befreien.
Als sie sich im September bei der Stellenvermittlung vorstellt, findet sich schnell eine Warschauer Anwaltsfamilie, die sie einstellt.
Der Brief, den sie im Dezember an ihre Cousine Henrika schickt, der sie besonders gerne schreibt, ist einfach großartig. Er zeugt von Beobachtungsgabe, Umgangsformen, Überlegenheit.

»Ein solches Höllenleben wünsche ich nicht meinem ärgsten Feind! Mein Verkehr mit Frau B. nahm schließlich so starre Formen an, daß ich es nicht mehr ertrug und ihr alles sagte. Da sie mich ungefähr ebenso gern hatte wie ich sie, haben wir uns ausgezeichnet verstanden.
Es ist eines jener reichen Häuser, wo man vor Gästen Fran-

zösisch spricht – ein erbärmliches Französisch –, Rechnungen ein halbes Jahr lang nicht bezahlt, aber das Geld aus dem Fenster hinauswirft und dabei an dem Petroleum für die Lampen spart. Es gibt fünf Dienstboten, man macht auf liberal, in Wirklichkeit aber herrscht finsterste Dummheit. In süßestem Ton wird bösartiger Klatsch betrieben – ein Klatsch, der an keinem ein gutes Haar läßt.

Meine Kenntnis der Gattung Mensch hat sich hier sehr erweitert. Ich habe gelernt, daß es die Personen, die in den Romanen beschrieben werden, wirklich gibt, und daß man mit Leuten, die der Reichtum moralisch heruntergebracht hat, nichts zu tun haben darf...«

Eine andere Stelle wird ihr angeboten. Sie ergreift die Gelegenheit beim Schopf, zumal sie besser bezahlt wird. Aber diesmal kommt es einer Verbannung gleich – drei Stunden mit dem Zug, vier mit dem Schlitten von Warschau entfernt. Falls ihr der Abschied von Familie und Freunden, die völlige Isolation auf dem Lande, schwerfällt, so läßt sie sich zumindest nichts anmerken. Am 1. Januar 1886 tritt »Fräulein Maria« ihre Stelle bei den Zorawskis an.

Das Ehepaar Zorawski hat eine achtzehnjährige Tochter, eine zehnjährige und zwei Kleinkinder. Zur Familie gehören darüber hinaus drei Söhne, die alle zum Studium in Warschau sind, ein wahres Heer von Dienstboten, vierzig Pferde und sechzig Rinder.

Wenn man – anhand von Maries Briefen – versucht, sich dieses große flache Haus in der tiefsten Provinz mit seinen Veranden, Pergolas und dem ausladenden Kachelofen vorzustellen, das Krocketfeld, die roten Scheunendächer, die Kuh- und Pferdeställe, das ständige Kommen und Gehen der Gäste, die abendlichen Plaudereien und die Stille um den Samowar, fällt einem unweigerlich Tschechow ein. Allerdings verspürt Herr Zorawski kein Verlangen, seinen Kirschgarten zu verkaufen. Seinen

Marie und Bronia Sklodowska, 1886
(Foto: Association Curie et Joliot-Curie, Paris)

Wohlstand verdankt er dem Rübenanbau. Unter Maries Fenster erstrecken sich zweihundert Hektar Zuckerrüben. In einer Fabrik mit rauchendem Schornstein werden alle Rüben, die die Bauern der Domäne Szczuki anbauen und ernten, zu Zucker verarbeitet.

Herr Zorawski ist Agraringenieur und überwacht Anbau und Ernte auf einem Teil der Ländereien der Fürsten Czartoriski. Und er ist Großaktionär der Fabrik. Er ist ein kompetenter, freundlicher, »ein altmodischer Mann«, schreibt Marie, »doch ist er anständig, sympathisch und vernünftig«.

Seine Frau, eine ehemalige Gouvernante, ist »ein wenig rasch zu Geld gekommen«, aber »wenn man sie zu nehmen weiß, ist sie ganz nett. Ich glaube, sie hat mich recht gern.«

Die älteste Tochter ist »ein Engel«, schreibt Marie, und an anderer Stelle: »eine seltene Perle«.

> »Die jungen Leute sind hier höchst uninteressant. Einige von den Mädchen sind einfach Gänse, die nie den Mund aufmachen, andere benehmen sich recht herausfordernd. Es sind keine üblen Menschen, manche sind sogar recht gescheit, aber ihre mangelhafte Erziehung hat ihren Geist verkümmern lassen, und die häufigen Bälle und Empfänge haben ihr Übriges getan. Was das Tanzen betrifft, wird man weit suchen müssen, wenn man bessere Tänzer finden will... Aber für sie alle sind Wörter wie ›Positivismus‹, ›Swietochowski‹, ›Arbeiterfrage‹ wahre Schreckgespenster – wenn sie sie überhaupt jemals gehört haben, was nur ausnahmsweise der Fall ist. Im Vergleich dazu ist die Familie Zorawski sehr kultiviert.«

Kurzum, Marie – die hier ein bißchen schulmeisterlich klingt – hat es gut angetroffen. Und die Zorawskis können ebenfalls zufrieden sein.

> »Wenn Du nur sehen könntest, wie tadellos ich mich aufführe! Sonntags und feiertags gehe ich regelmäßig in die Kir-

che, ohne mich jemals auf Kopfweh oder Grippe herauszureden, um zu Hause zu bleiben. Nie spreche ich über die Hochschulbildung der Frauen. Im allgemeinen beobachte ich in meinen Reden die Zurückhaltung, die mir meine Stellung auferlegt«, schreibt sie an ihre Cousine Henrika.

»Fräulein Maria«, wie man sie im Hause Zorawski nennt, wird im Gegenzug höchste Aufmerksamkeit und sogar Zuneigung geschenkt. Als ihm seine älteste Tochter Bronka Maries gewagte Pläne unterbreitet, drückt Herr Zorawski beide Augen zu. Was hat Marie vor? Ganz einfach: Die in elenden Verhältnissen lebenden Kleinbauern von Szczuki, allesamt Analphabeten, sollen von den Theorien der Fliegenden Universität profitieren. Die idealistische Positivistin läßt nicht locker.

Mit Bronkas tatkräftiger Unterstützung und Herrn Zorawskis stillschweigendem Einvernehmen schart sie täglich ein Dutzend Kinder um sich, denen die beiden Mädchen zwei Stunden lang Unterricht in Lesen, Schreiben und der Geschichte ihres Landes erteilen. Die Kinder schleichen unauffällig über die Treppe, die vom Hof direkt in Maries Zimmer führt.

Und wenn sie jemand bei diesen subversiven Aktivitäten überraschen würde? Beim leisesten Geräusch auf der Treppe würden sie sofort die Tafel umklappen, und es wäre nur noch die unverfängliche Seite mit dem russischen Alphabet zu sehen. Glücklicherweise sollte es jedoch niemals zu ernsthaften Zwischenfällen kommen. Manchmal drängen sich sogar die Eltern mit in das Zimmer und lauschen beeindruckt, wie ihre Sprößlinge stolz im siebten Himmel des Wissens schwelgen.

Sie ist seit einem Jahr bei den Zorawskis, als die Söhne aus Warschau in den Weihnachtsferien nach Hause kommen. Und es kommt, wie es kommen muß. Kazimierz, der älteste, erwärmt sich für diese junge Frau, die so anders ist als alle, die er bisher kennengelernt hat.

Was ihre eigenen Gefühle betrifft, so vertraut Marie sie nieman-

dem an. Vielleicht sind sie ihr selbst ein Rätsel, vielleicht kann sie sich nicht eingestehen, daß die von Kazimierz ausgelöste innere Erregung nicht nur geistiger Natur ist. Dieser Erregungszustand muß jedenfalls recht vehement gewesen sein, denn nach den langen Sommerferien, ausgefüllt mit Spaziergängen, Tanzabenden, Ausritten und ausgiebigen Gesprächen, willigt sie ein, ihn zu heiraten. Und es kommt, wie es kommen muß. Die Zorawskis sind dagegen, weil man keine Gouvernante heiratet. Schon gar nicht, wenn fünf gutsituierte Bewerberinnen um diese Ehre buhlen.
Kazimierz war sich der Einwilligung seiner Eltern so sicher, daß er nun verzweifelt und niedergeschlagen nach Warschau abreist, um sein Studium der Agrarwissenschaften fortzusetzen. Er ist nicht bereit, seine Heiratsabsichten aufzugeben, er würde es schon noch beweisen. Marie aber muß diese Kränkung schlucken. Hätte sie das Haus Zorawski trotz der guten Bezahlen verlassen sollen, wo doch die Zukunft ihrer Schwester Bronia, die allein in Paris mit ihren Prüfungen ringt, von ihrem kostbaren Gehalt abhängt? Nach Kazimierzs Abreise gibt sie sich so gelassen und beherrscht, daß die Zorawskis – überglücklich, ihre exzellente Gouvernante nicht zu verlieren – ebenfalls schweigen. Die Tage vergehen, als sei nicht das geringste vorgefallen, was den Frieden stören könnte.
In einigen ihrer Briefe kann man allerdings zwischen den Zeilen lesen, was sie durchgemacht hat. Anläßlich der gelösten Verlobung ihrer Schwester Hela schreibt sie an ihren Bruder Jozef:

»Ich kann mir vorstellen, wie sehr die arme Hela gelitten hat. Aber so lernt man die Leute kennen! Sollen sie doch zum Teufel gehen, wenn sie keine Mädchen aus armem Hause heiraten wollen! Niemand verlangt das von ihnen. Aber warum müssen sie noch beleidigend werden, warum müssen sie ein unschuldiges Wesen quälen?

Meine Zukunftspläne? Ich habe keine, oder vielmehr sind sie so gewöhnlich und landläufig, daß es nicht der Mühe wert ist, von ihnen zu reden. Mich durchschlagen so gut es geht, und wenn es nicht mehr geht, dieser schnöden Welt adieu sagen. Der Schaden wird gering sein, und beweinen wird man mich auch nicht länger als so viele andere.
So sehen im Augenblick meine einzigen Bestrebungen aus. Manche Leute reden mir ein, daß ich noch die gewisse Krankheit durchmachen muß, die man Liebe nennt. Dafür habe ich aber gar keinen Platz in meinen Plänen. Wenn ich einmal andere hatte, so sind sie nun in Rauch aufgegangen, ich habe sie begraben, eingesargt, versteckt und vergessen, denn Du weißt ja auch, daß die Mauern immer stärker sind als die Köpfe, die gegen sie anrennen ...«

Und weiter, im darauffolgenden Jahr:

»Ich würde mein halbes Leben dafür geben, wieder meine Unabhängigkeit und einen Unterschlupf zu haben.«

Drei lange Jahre wird sie noch in Szczuki aushalten müssen. Zeitweilig fehlt ihr sogar das Geld für Briefmarken, um ihre umfangreiche Korrespondenz aufrechtzuerhalten. Im März 1880 schreibt sie ihrem Bruder:

»Mein lieber Jozio, ich klebe auf diesen Brief die letzte Marke, die ich besitze, und da ich buchstäblich keinen Groschen mehr habe – nicht einen einzigen! –, kann ich Dir vor den Feiertagen nicht mehr schreiben, es sei denn, daß mir durch Zufall eine Marke in die Hände fällt.
In Wahrheit wollte ich Dir diesen Brief schreiben, um Dir ein frohes Fest zu wünschen, aber glaube mir, wenn er zu spät kommt, liegt es nur daran, daß ich weder Geld noch Briefmarken hatte, was mich furchtbar belastet – und darum zu bitten habe ich bisher noch nicht gelernt.
Wenn Du wüßtest, mein lieber Jozio, wie schwer es mir ums

Herz ist, wie sehr ich mir wünschte, für ein paar Tage nach Warschau zu kommen! Ich will gar nicht erst von meinen Kleidern anfangen, die nicht mehr mitspielen ... Ach, könnte ich für Tage nur dieser eisigen Atmosphäre entfliehen, der fortwährenden kritischen Beobachtung meiner Worte, meines Gesichtsausdrucks, meiner Bewegungen! Ich bräuchte das wie ein frisches Bad an einem schwülen Tage. Auch sonst habe ich genug Gründe, eine solche Abwechslung zu wünschen.

Bronia hat mir schon lange nicht mehr geschrieben. Wahrscheinlich hat auch sie keine Marke mehr. Solltest Du Dir noch eine leisten können, schreibe mir, ich bitte Dich darum. Schreibe mir genau und ausführlich, was zu Hause los ist, denn in den Briefen von Vater und Hela lese ich nur Klagen, und ich frage mich, ob wirklich alles so schlecht steht. Ich quäle mich damit, und zu diesem Kummer kommen noch die vielen Sorgen, die ich hier habe und von denen ich Dir manches erzählen könnte – ich will aber nicht. Wenn ich nicht an Bronia zu denken hätte, würde ich den Zorawskis noch heute kündigen und mir eine andere Stelle suchen, obwohl ich hier so gut bezahlt werde ...«

Die Zorawskis begegnen ihr von nun an ohne besonderes Wohlwollen. Sie jedoch hält sich tapfer. Es ist offensichtlich, daß sie zur Hingabe bereit ist und kein Opfer scheut – vorausgesetzt, die Gründe sind gewichtig und genügen ihren hohen Ansprüchen. Sie sucht offenbar ihr Heil in den kleinen Dingen, da ihr das höchste Gut versagt bleibt. Später wird die Wissenschaft den höchsten Stellenwert in ihrem Leben einnehmen. Mit zweiundzwanzig Jahren ist Bronia der Grund für die Entbehrungen, die sie in Kauf nimmt – und Jozef, dem die Mittel fehlen, sich in Warschau niederzulassen.

»Daß Du in einer Kleinstadt praktizierst, ist für Deine eigene Bildung so schädlich wie für Deine wissenschaftliche Arbeit. Du wirst Dich in irgendein Loch vergraben und keine Karriere machen. Und wenn Dir das geschähe, mein Lieber, würde ich darunter ungeheuer leiden, denn da ich nun für mich jede Hoffnung aufgegeben habe, etwas zu werden, konzentriert sich mein ganzer Ehrgeiz auf Bronia und Dich. Ihr beide wenigstens müßt Euer Leben nach Eurer Begabung einrichten. Die Begabung, die ohne Zweifel in unserer Familie vorhanden ist, darf nicht verschleudert werden und muß in einem von uns zum Durchbruch kommen. Je weniger ich von meinem Leben erwarte, desto mehr erhoffe ich für Euch…«

Als der Vertrag mit den Zorawskis, deren Kinder inzwischen herangewachsen sind, nach vier Jahren abläuft, sucht sie von Szczuki aus eine neue Stellung und findet sie bei reichen Warschauer Industriellen.
Das selbst auferlegte Opfer hat ein Ende.

Marie atmet auf, als sie dieses »Provinznest« endlich verläßt. Ihre ehrgeizigen Ziele hat sie allerdings stark heruntergeschraubt. Wieder bei ihrem Vater wohnen und eine Stellung als Lehrerin in einem Pensionat annehmen, mehr kann sie im Augenblick nicht erhoffen – das sagt und schreibt sie zumindest und glaubt es vielleicht auch tatsächlich.
Nach seiner Pensionierung vom Schuldienst hat Herr Sklodowski einen undankbaren, aber einträglichen Posten angenommen: die Leitung einer Besserungsanstalt in der Nähe von Warschau. Bronia wird jetzt monatlich von ihm unterstützt, so daß Marie damit beginnen kann, ein eigenes Startkapital anzusparen. Außerdem ist ihre neue Stellung sehr angenehm.
Die Dame des Hauses, die Marie für ein Jahr als Gouvernante

für ihre Kinder eingestellt hat, ist eine jener jungen, bezaubernden Frauen, elegant und vermögend, die Pariser Haute Couture tragen, sich mit Künstlern umgeben, ihrem Genius huldigen und ganz Warschau bei sich empfangen. Frau F. ist von Marie begeistert, findet sie reizend, originell, stellt sie ihren Gästen vor. Eine recht erfreuliche Übergangsphase also, in der Marie erneut feststellen wird, wenn das überhaupt noch nötig war, daß ihr Luxus gleichgültig ist. Sie findet weder Gefallen daran, noch sieht sie Sinn oder Nutzen darin.
Im März 1890, mitten im Semester, trifft ein Brief von Bronia ein, in dem diese ihre Verlobung mit einem Kommilitonen aus ihrer Fakultät namens Kazimierz ankündigt. Sie schreibt:

»Im nächsten Jahr kannst Du nach Paris kommen und bei uns wohnen, für Unterkunft und Verpflegung wäre also gesorgt. Du mußt aber unbedingt ein paar hundert Rubel für die Einschreibung an der Sorbonne zusammenbringen. Ich garantiere Dir, daß Du in zwei Jahren Dein Lizentiat haben wirst. Denke darüber nach, sei sparsam und verwahre Dein Geld an sicherem Ort, verleihe nichts. Vielleicht wäre es besser, sofort Francs zu erstehen, denn der Umtauschkurs ist zur Zeit sehr gut, er könnte später wieder fallen ...«

Bronia denkt an alles.
Maries Antwort ist seltsam. In melancholischem, resigniertem Tonfall spricht sie von »meiner eigenen verpfuschten Zukunft«. Sie schreibt:

»Ich war dumm, ich bin dumm, ich werde dumm sein, solange ich lebe, oder, um es mit anderen Worten zu sagen: Glück hatte ich nie, habe ich nicht und werde ich nie haben. Ich habe von Paris wie von der Erlösung geträumt, aber seit langem schon habe ich die Hoffnung aufgegeben, je hinzukommen. Und jetzt, da sich mir die Gelegenheit bietet, weiß ich nichts damit anzufangen ...«

Es folgen ausführliche Schilderungen familiärer Angelegenheiten, wie etwa der Darlehensbeschaffung für Jozefs Praxis oder der Hela gegebenen Versprechen …

> »Mein Herz ist so verfinstert, so traurig, daß es, das fühle ich, unrecht von mir ist, mit Dir von all dem zu reden und Dein Glück zu trüben. Du bist die einzige von uns allen, der das, was man Glück nennt, widerfahren ist. Verzeihe mir, aber sieh, ich habe unter so vielem zu leiden, daß es mir schwerfällt, diesen Brief heiter abzuschließen …«

Man weiß, daß Marie zu Depressionen neigte, aber worunter hatte sie derartig heftig zu leiden?
Welche Rolle Kazimierz Zorawski spielte in den langen Monaten der aufgeschobenen Entscheidungen, der Beteuerungen, ihren Vater nicht verlassen zu wollen, der Einwände und Ausflüchte, wird wohl nie zweifelsfrei geklärt werden. Fest steht jedenfalls, daß sie ihn wiedersieht, denn Herr Sklodowski schreibt an Bronia: »Wie komisch es doch wäre, wenn jede von Euch ihren Kazimierz hätte.« Er mache sich Sorgen, weil Marie zusehends bedrückter werde, und er befürchte, daß »derselbe Kummer von denselben Personen, die ihn schon einmal verursachten, auf Maria zukomme«.
Vier Jahre haben die Gefühle des jungen Mannes keineswegs abkühlen lassen, haben sie im Gegenteil vermutlich noch gesteigert. Er hat auch nichts von seinem Charme eingebüßt … Er ahnt jedoch nicht, daß bereits ein Rivale aufgetaucht ist, während er von einer gemeinsamen Zukunft träumt. Und was für ein Rivale! Ein Labor.
»Industrie- und Landwirtschaftsmuseum« lautet der wohlklingende Name, den sich einer von Maries Cousins, Jozef Boguski, für seine Warschauer Neugründung hat einfallen lassen. Das Museum fungiert als Fassade für eine der heimlichen Lehranstalten, die in der Stadt wie Pilze aus dem Boden geschossen sind. Junge Polen werden hier von den Professoren der Fliegen-

den Universität in die Geheimnisse der Wissenschaften eingeweiht. Boguski ist in St. Petersburg Assistent des berühmten Chemikers Mendelejew gewesen. Ein anderer Lehrer war Schüler des deutschen Chemikers Robert von Bunsen, Erfinder der Spektralanalyse. Namen mit unwiderstehlicher Anziehungskraft.

Vor allem beherbergt das angebliche Museum ein kleines Labor, in dem die Studenten Grundlagen des wissenschaftlichen Versuchsaufbaus erlernen.

Noch in Zeiten des Exils in Szczuki schrieb Marie an ihren Bruder. »Stell Dir vor, ich lerne Chemie aus Büchern!«

Der Arbeit in diesem Labor verdankt Marie die Erfahrung, daß kein Buch der Welt die Erkenntnisse ersetzen kann, zu denen man durch praktische Experimente gelangt, ob sie nun glücken oder fehlschlagen.

> »Ich hatte wenig Zeit, in diesem Labor zu arbeiten«, schreibt sie später. »Im allgemeinen kam ich nur abends nach dem Essen oder sonntags hin und blieb mir selbst überlassen ... Die Ergebnisse waren manchmal unerwartet ... im ganzen aber zog ich aus dem Schaden die Lehre, daß der Fortschritt auf diesem Gebiet sich weder rasch noch leicht ergibt, und entwickelte im Verlauf dieser ersten Versuche meinen Sinn für experimentelle Forschung.«

Bronias Einladung liegt bereits eineinhalb Jahre zurück, als Kazimierz am Ende des Sommers 1891 zu Marie auf die Berghütte fährt, in der sie zwei Tage verbringen werden. Es scheint, als habe er noch einmal versucht, seine Eltern zu erweichen – und als habe Marie, obwohl sie dies von ihm verlangt hatte, bereits tief im Innern gewußt, wie deren Antwort ausfallen würde, und daß sie dann die Kraft finden würde, mit Kazimierz zu brechen. Sie macht aus der Not eine Tugend. Die ungeheure Demütigung läßt sie ohne Zweifel sogar eine gewisse Befriedigung empfinden, als sie ihm eröffnet: »Ich gehe weg ...«

»Stolz und überlegen«, wird Herr Sklodowski später das Verhalten seiner Tochter gegenüber Kazimierz kommentieren.
Aus dem in dramatischem Tonfall, in den sie so leicht verfällt, eilig an Bronia geschriebenen Brief geht hervor, daß ihr Tatendrang endlich wieder erwacht ist.

> »Jetzt, Bronia, verlange ich von Dir eine letzte Antwort. Entscheide Dich, ob Du mich wirklich bei Dir aufnehmen kannst, denn ich kann jetzt kommen. Wenn Du mich also verköstigen kannst, ohne Dir übermäßige Entbehrungen aufzuerlegen, schreib' es mir. Es wäre ein großes Glück für mich, denn ich würde mein moralisches und seelisches Gleichgewicht wiederfinden, nach den grausamen Belastungen, denen ich diesem Sommer ausgesetzt war und die mein ganzes Leben beeinflussen werden ...«

Der schwache, charmante Kazimierz Zorawski wurde also kaum noch einer Erwähnung wert befunden.
Interessant ist dagegen der andere – Bronias – Kazimierz. Er ist fünfunddreißig Jahre alt, temperamentvoll, geistreich, und es liegt eine Akte beim Innenministerium über ihn vor, aufgrund derer dem Sohn einer angesehenen polnischen Familie seine französische Einbürgerung für immer versagt bleiben wird. Als Student in St. Petersburg wurde er nämlich der Mittäterschaft beim tödlichen Attentat auf Zar Alexander II. verdächtigt.
Zunächst führte ihn seine Flucht nach Genf, wo er eine Revolutionszeitung herausgab, darauf nach Paris, wo er nach dem Studium der Politikwissenschaft auf Medizin umsattelte. Obendrein sieht er auch noch blendend aus. Kazimierz Dluski erfüllt also alle Voraussetzungen, um einem Fräulein Sklodowska zu gefallen, und er ist in den Kreisen polnischer Emigranten in Paris außerordentlich beliebt. Einziger Wermutstropfen: Der Aufenthalt im russischen Teil Polens ist ihm untersagt.
Nachdem er und Bronia ihren Doktortitel erhalten haben, praktizieren beide in Paris. Ihre ersten Patienten sind die Arbeiter

aus den Schlachthöfen im Quartier La Villette, wo sie jetzt wohnen. Bronia leistet ihren Frauen Geburtshilfe.
Kaum hat sie Maries Bittbrief erhalten, (»Ihr könnt mich unterbringen, wo Ihr wollt, ich werde Euch nicht zur Last fallen, ich verspreche, daß ich Euch weder Sorgen noch Unordnung machen werde. Ich beschwöre Dich, antworte mir, aber ganz aufrichtig!«) antwortet sie: »Komm!« Selbstverständlich hat Marie nie an einer positiven Antwort gezweifelt, aber sie braucht ihre Dosis Schuldgefühle. Ihre unbändige Freude am Sturm auf die Sorbonne muß einfach getrübt werden durch das Unbehagen, Bronia lästig zu werden, da sie doch ein Kind erwartet.
Die Sklodowskis reisen wie selbstverständlich zwischen Warschau und Paris hin und her. Wäre nicht der Preis für die Fahrkarte, sie würden unablässig zwischen beiden Städten pendeln, trotz der mehr als dreißig Stunden Fahrzeit. Das ist typisch für die »besseren Kreise jener Tage«. Man ist Kosmopolit, die europäischen Grenzen sind so durchlässig wie heute.
Maries Abreise gleicht allerdings eher einem Umzug. Auf Bronias Anraten hin hat sie ihre Matratze, ihre Laken, Decken und Handtücher aufgegeben. In einem großen Holzkoffer führt sie außerdem alles mit sich, was sie in zwei, vielleicht drei Jahren benötigen könnte. Es kommt nicht in Frage, auch nur die kleinste Kleinigkeit in Paris zu kaufen. Nicht einmal Tee, den die beiden Schwestern exzessiv konsumieren. Jeder Rubel von Maries Ersparnissen und dem, was ihr Vater später noch schicken wird, muß sinnvoll eingesetzt werden. Die Eisenbahnfahrt durch Deutschland verbringt sie auf einem Klappstuhl, denn schließlich kann man auch vierter Klasse reisen, und die hat keine Sitzplätze.
Penibles Abwägen der Ausgaben, genaue Buchführung, äußerste Sparsamkeit – dieses Verhalten ist für die damalige Zeit nicht ungewöhnlich, denn Geld wird hauptsächlich für den »schönen Schein« ausgegeben. Eine Sorge, die der Familie Sklodowski nie viel Kopfzerbrechen bereitet hat. Bei aller Be-

Jozef Sklodowski mit seinen Töchtern Marie, Bronia und Hela im Jahr 1890 (von links nach rechts; Foto: Association Curie et Joliot-Curie, Paris)

scheidenheit benötigt man zum Leben nichtsdestoweniger eine gewisse Mindestsumme – und es wird Zeiten geben, in denen Marie nicht einmal die aufbringen kann.
Immerhin – der französische Franc ist erfreulich stabil, als sich in jenem Herbst 1891 eine junge Polin anschickt, in Paris Fuß zu fassen.

An dem Tag, als Marie mit schwerem Gepäck am Gare du Nord aus dem Transkontinental-Expreß steigt, ist auf der Titelseite des *Figaro* ein Kommentar des jungen Abgeordneten Maurice Barrès zur jüngsten Debatte im Pariser Abgeordnetenhaus zu lesen: Sollen Gymnasiasten weiterhin Latein und Griechisch lernen oder vielmehr Englisch und Deutsch?
»Die Debatte wurde von den Rednern hitzig und wahrhaft patriotisch geführt. Sie unterstrichen, daß allein die griechisch-römische sowie die französische Zivilisation über erzieherische Werte verfügen, die in der englischen, deutschen und skandinavischen nicht im mindesten vorhanden seien ...«
Frankreich als hellster Stern am Firmament ...
Aus weiteren Artikeln erfährt der geneigte Leser, daß »der Duc de la Tremoille und der Duc de Noailles gestern morgen nach London aufgebrochen sind«, während »die Duchesse de Montpensier an einer schweren Lungenentzündung leidet«. Des weiteren: »Über hundert Fasane, dreihundert Hasen und fünfzig Hirsche sind anläßlich der offiziellen Jagd zu Ehren der russischen Großfürsten im Revier von Rambouillet zum Abschuß freigegeben worden.« Und auf Seite zwei ist zu lesen, daß »morgen der Generalstreik in den Kohlebergwerken am Ärmelkanal ausgerufen wird«. Unruhen unter den Bergleuten sind an der Tagesordnung. An der Pariser Oper leitet Verdi die Proben

zu »Falstaff«. Zola veröffentlicht auf dem Höhepunkt seines Ruhms »Das Geld«, den achtzehnten Roman des Rougon-Macquart-Zyklus. Debussy schreibt sein »Vorspiel zum Nachmittag eines Fauns«. Gauguin vollendet sein Porträt von Mallarmé, bevor er nach Tahiti aufbricht. Rodin erhält den Auftrag für eine Statue von Balzac. In der Abgeschiedenheit der Provence erlebt Cézanne die Abenteuer der Wahrnehmung. Die Werbeplakate für das Moulin Rouge auf den breiten Boulevards, die von den ersten elektrischen Straßenlaternen beleuchtet werden, stammen von Toulouse-Lautrec.

Seit zwei Jahren bohrt sich der Turm des genialen Ingenieurs Gustave Eiffel in den Pariser Himmel: »Ein Monstrum, das nicht einmal das kapitalistische Amerika haben wollte ...« In Frankreich, der Mutter der Künste, genießen Ingenieure keine besondere Wertschätzung und noch weniger die Industrie. Dem technischen Fortschritt begegnen die meisten mit Skepsis. Noch ahnt niemand, welch ungeheure Veränderungen der sozialen Verhältnisse daraus resultieren werden.

Die bürgerlich-liberale III. Republik ist zwanzig Jahre jung. Staatspräsident ist Sadi Carnot, nachdem Grévy aufgrund des Skandals um seinen zwielichtigen Schwiegersohn den Elysee-Palast räumen mußte.

Der Schock, den die Niederlage von 1870/71 und die darauffolgende Kommune ausgelöst haben, ist noch zu spüren. In den Arbeitervierteln von Paris sind die nationalistisch-revanchistischen Ideen der oppositionellen »Liga der Patrioten« um General Boulanger noch lebendig, obwohl der saubere General im belgischen Exil – auf dem Grab seiner Geliebten – soeben Selbstmord begangen hat. Die Regierung der bürgerlichen Mitte ist Anfeindungen von seiten des entmachteten Adels und anderer Monarchisten ebenso ausgesetzt wie Verunglimpfungen seitens der Nationalisten und Sozialisten, die ihre Politik mit vereinten Kräften bekämpfen.

Im Abgeordnetenhaus fordert die aus Anhängern von Boulanger und Sozialisten gebildete »Allianz des Kapitals und der Arbeit« die Beteiligung der Arbeiterschaft an den Unternehmensgewinnen und den Schutz französischer Arbeiter vor der ausländischen Konkurrenz. Es herrscht eine hohe Arbeitslosigkeit. Antisemitismus grassiert in allen Bevölkerungsschichten. Protestanten haben eine schlechte Presse.

Trotz aller Meinungsverschiedenheiten – insbesondere in Fragen der Kolonialpolitik – verbindet Sozialisten und nationale Rechte doch die Angst vor den Folgen der »Maschinisierung« und der Haß auf den »Geldadel«, der sich in das industrielle Abenteuer stürzt und daraus Profit zieht. Maurice Barrès nennt sie »die Fetten«. Reichtum ist nur dann ehrenwert, wenn er ererbt wurde.

Der Leiter eines Priesterkollegs spricht sicher vielen Franzosen aus dem Herzen, wenn er sich über die sonntags verkehrenden Eisenbahnen erregt: »Gott mißfällt dies ebenso wie mir selbst.«

Der 1. Mai 1891 ist tragisch verlaufen. Fünf Jahre zuvor hatten 300 000 Arbeiter in den Vereinigten Staaten die Arbeit niedergelegt, um den Achtstundentag durchzusetzen. Die II. Internationale hat seitdem den eintägigen Streik am 1. Mai übernommen, um ihre gleichlautenden Forderungen geltend zu machen. 1891 kommt es zu Massendemonstrationen. In Bordeaux, Roanne, Lyon, Saint-Quentin und Charleville wird der Streik daraufhin gewaltsam beendet.

In der nordfranzösischen Stadt Fourmies, wo fast die gesamte Bevölkerung in den Spinnereien arbeitet, beschloß ein Teil der Arbeiterschaft, für höheren Lohn, den Achtstundentag und freie Gewerkschaften zu demonstrieren, nachdem ihnen das Gehalt wegen Absatzschwierigkeiten in der Textilindustrie gekürzt worden war. Die aufgeschreckten Fabrikbesitzer forderten beim Präfekten die Unterstützung der Armee an. Am 30. April wurden zwei Kompanien der Infanterie in Marsch gesetzt. Nach vergeblichen Versuchen der berittenen Polizei, die Demonstranten auseinanderzutreiben, greift die Armee am 1. Mai ein und eröffnet das Feuer. Neun Arbeiter sterben, ein zweijähriges Kind wird verletzt.

Ein Arbeiter wird angeklagt, der Initiator des Streiks. Das Schwurgericht von Douai verurteilt ihn zu sechs Jahren Haft. Fourmies markiert bis heute das blutigste Kapitel in der Geschichte des 1. Mai in Frankreich.

Diese Ereignisse haben das Parlament aufgerüttelt. Das Elend der französischen Arbeiterklasse aber, das allein Zola thematisch aufgreift, spielt weder in Literatur, Theater, Malerei noch im Bewußtsein der Pariser Gesellschaft eine Rolle. Die Provinz ist weit weg. Und abgesehen von den Spinnereien, Bergwerken und der Stahlindustrie gibt es keine Industriebetriebe, die eine nennenswerte Anzahl von Arbeitern beschäftigen.

Die jüngst nach den Plänen von Haussmann umgestaltete Hauptstadt ist schön. Der Handel mit Luxusartikeln floriert. Stattliche neue Mietshäuser sind entlang der neu konzipierten Verkehrsadern entstanden, ohne die ortsansässige Bevölkerung aus Handwerkern und Angestellten in die Vororte zu vertreiben. Es sind die »kleinen Leute«, die das Gesicht von Paris prägen und seinen Ruf als Hauptstadt des guten Geschmacks, der Kreativität, des Geistes und manchmal auch des Aufruhrs begründen.

Das bunte, lebendige Quartier Latin, Tummelplatz der studentischen Jugend mit ihrem Einfallsreichtum, ihren Moden und Cafés, ist intellektuelles Zentrum Europas. Zwölftausend junge Männer und eine Handvoll Frauen besuchen die Universität.

An den Boulevards, »deren Ausstrahlung niemand bestreiten wird«, schreibt die auflagenstarke Zeitung *Le Petit Parisien*, reiht sich Café an Café, in denen sich »die französische Elite trifft... Glanzvoll und ruhmreich präsentiert sich die bunte Vielfalt der Menge auf dem Boulevard, Forum von Paris und der Welt... Einzig wird hier der Zeitgeist bestimmt, werden Maßstäbe gesetzt, die weltweit Gültigkeit haben...«

Derselbe Verfasser stöhnt angesichts eines Brauhauses, daß es dergleichen doch »nur in wilden Ländern mit wilden Menschen, wilden Mädchen und wildem Bier gebe«.

Der patriotische Tonfall aus diesen Zitaten ist damals weit verbreitet. Eine Werbeanzeige für das »Elixir de Virginie« erscheint in der Presse unter dem Titel »Wissenschaft und Patriotismus« und beginnt wie folgt: »Das Ausland könnte unsere internen Schwierigkeiten zum Anlaß nehmen, mit dem Finger auf uns zu zeigen und die Behauptung, wir seien ein degeneriertes Volk, bestätigt finden. Nichtsdestotrotz arbeiten in eben diesem Lande die fähigsten Wissenschaftler, werden in unserem Land bahnbrechende Entdeckungen gemacht. Eine davon ist erst in jüngster Zeit ...« etc. Was das Elixir de Virginie ist? Ein Heilmittel gegen »Hämorrhoiden, Phlebitis, alle Beschwerden, die in den Wechseljahren auftreten, und sonstige grausame Leiden«.

Die französische Wissenschaft, deren Nektar Marie in Paris schlürfen will, hat glücklicherweise noch einiges mehr vorzuweisen, darunter einen großen Mann, den inzwischen betagten Louis Pasteur. Seine umfangreichen Arbeiten waren ebenso spektakulär wie lukrativ. Sein Impfstoff gegen die Tollwut hat ihn berühmt gemacht, aber es geht noch eine Reihe weiterer Entdeckungen auf sein Konto, einige wurden sogar industriell verwertet. Unter anderem konnte sich das französische Brauereiwesen dank seiner Erfindungen gegen die deutsche Konkurrenz behaupten. Das Land hat ihm sehr viel zu verdanken. Damals erforscht und entwickelt allein Deutschland systematisch die industrielle Anwendbarkeit der wissenschaftlichen Entdeckungen.

Auf Pasteur gehen beachtliche Fortschritte im Bereich der Medizin, der Chemie und auch der Arbeitsmethoden zurück. Auf anderen Gebieten hat die französische Wissenschaft, noch zu Beginn des Jahrhunderts brillant und fruchtbar, inzwischen Nachholbedarf. Im Bereich der Wissenschaften weist das französische Bildungssystem die größten Mängel auf.

In ganz Frankreich gibt es nur einen einzigen Lehrstuhl für theoretische Physik. Ein vergleichbares Labor wie das in Cavendish, 1870 zur wissenschaftlichen Unterweisung der Cambridger Studenten gegründet, um der deutschen Überlegenheit entgegenzuwirken, existiert in Frankreich nicht. Nur die Pariser Fakultät für Mathematik, mit Henri Poincaré an der Spitze, führt den Konkurrenzkampf auf dem Gebiet der mathematischen Physik erfolgreich.
Hätte Marie ihr Physikstudium vielleicht in England oder Deutschland begonnen, wenn sie besser informiert gewesen wäre? Das ist unwahrscheinlich. Als gute Polin ist sie, wie es sich gehört, ganz auf Frankreich fixiert. Sie kommt also nach Paris oder genauer gesagt in die Rue d'Allemagne (heute Avenue Jean Jaurès), in ein abgelegenes, ruhiges Arbeiterviertel, in die Wohnung der Dluskis, in der Bronia ein Warschauer Ambiente geschaffen hat.
Am 3. November 1891 »läuft sie durch den Innenhof der Sorbonne«, an deren naturwissenschaftlicher Fakultät sie sich unter dem Namen Marie Sklodowska eingeschrieben hat. Am 7. wird sie 24 Jahre alt werden. Ziemlich genau fünfzehn Jahre später, am 5. November 1906, wird Marie Curie die erste Frau sein, der an eben dieser Sorbonne die Lehrbefugnis erteilt wird. Inzwischen sind die Gebäude zwar neu verputzt und vergrößert worden, aber die Büste von Auguste Comte, dem Vater des Positivismus, steht nach wie vor vor dem Eingang.
Diese fünfzehn Jahre sind in jeder Hinsicht außergewöhnlich. In den europäischen Wissenschaften geht es turbulent zu. In der französischen Geschichte markiert die Dreyfus-Affäre einen Wendepunkt. Und auch im Leben der Marie Curie ändert sich manches – zum Besseren.

Ihre Anfänge in Paris gestalten sich, nach kurzem Intermezzo, fast wie ein Eintritt ins Kloster.
Bronia und Kazimierz arbeiten hart, wissen aber auch, wie man sich amüsiert. Sie schwimmen nicht gerade im Geld, pflegen aber trotzdem die slawische Gastfreundlichkeit und führen ein offenes Haus, in dem die jungen Leute aus der kleinen polnischen Kolonie in Paris ein- und ausgehen. Um Samowar und Klavier geschart, wird endlos diskutiert. Bei Tee und Kuchen, den Bronia zwischen zwei Sprechstunden gebacken hat, verbessert man die Welt und Polen. An guten Tagen geht man ins Theater oder Konzert.
In einem fast leeren Saal applaudieren sie ermutigend einem Freund, einem rothaarigen Pianisten, der versucht, sich einen Namen zu machen. Er heißt Ignaz Paderewski. Sie organisieren gesellige Abende mit üppigem Festmahl, geben Anfängern eine Chance, vor Publikum zu spielen, inszenieren »tableaux vivantes«. Die junge Frau in der dunkelroten Tunica mit offenem blonden Haar, das lang über die Schultern fällt, ist Marie, stolz auf ihre Rolle als »Polonia, ihre Fesseln sprengend«, anläßlich eines patriotischen Festes, bei dem Chopin aus den Kulissen erklingt, gespielt von Paderewski.
Ihr Vater, dem sie die Aufführung geschildert hat, redet ihr daraufhin brieflich ins Gewissen:

> »Du weißt gewiß, daß es Personen in Paris gibt, die Dein Verhalten sehr aufmerksam beobachten [...] So etwas kann die Quelle großer Unannehmlichkeiten werden [...] Wer daher wünscht, in Zukunft sein Brot in Warschau zu verdienen, ohne vielfältigen Gefahren ausgesetzt zu sein, sollte sich ruhig verhalten und zurückgezogen leben, um keine Aufmerksamkeit zu erregen.«

Die Wahrscheinlichkeit ist nicht sehr groß, daß Marie deswegen plötzlich vorsichtig geworden wäre. Nach vier Monaten hat sie jedoch entdeckt, daß ihr Wissen in Physik und Mathematik im Vergleich zu ihren Kommilitonen große Lücken aufweist. Ob-

wohl sie französisch spricht, hat sie doch Mühe, den Professoren zu folgen, wenn sie schnell sprechen. Das wissenschaftliche Fachvokabular ist ihr gänzlich unbekannt. Ihr Studium erfordert also ihre ungeteilte Aufmerksamkeit, will sie diese Schwierigkeiten überwinden.
Im März zieht sie in ein möbliertes Zimmer in der Rue Flatters, von wo aus sie die Sorbonne zu Fuß erreichen kann und somit Zeit wie Geld spart. Aus der Rue d'Allemagne mußte sie nacheinander zwei von Pferden gezogene Omnibusse nehmen. Allerdings muß sie ihr Zimmer jetzt bezahlen. Sie schreibt an ihren Bruder:

> »Natürlich hätte ich mich ohne die Hilfe der Dluskis niemals so einrichten können. Ich arbeite tausendmal mehr als am Anfang meines Aufenthaltes; in der Rue d'Allemagne hatte mein kleiner Schwager die Gewohnheit, mich endlos zu stören. Er konnte es absolut nicht vertragen, daß ich mich, in seinem Hause wohnend, mit anderen Dingen beschäftigte, als gemütlich mit ihm zu schwatzen. Ich war deshalb immer im Kampf mit ihm.«

Gemütlich zu schwatzen wird niemals ihre Stärke sein. Der ihr zugetane »kleine Schwager«, der zwölf Jahre älter als sie ist und der nach dem Wunsch ihres Vaters auf sie aufpassen soll, hat bereits augenzwinkernd festgestellt, daß sie ihm »keinerlei Respekt und keinen Gehorsam« entgegenbringt. Er macht sich wohlwollend über ihren Hang zum Dramatisieren lustig.
Darin ist sie Expertin. Schließlich hat Bronia ihr nicht gerade einfaches Studium unter vergleichbaren Umständen absolviert. Sie ist allerdings auch nicht Medizinnobelpreisträgerin geworden, und niemand hat sich nachträglich für ihre Biographie interessiert. Die Jahre, die Marie in der Rue Flatters, danach in einer Dachkammer am Boulevard du Port-Royal und schließlich in der Rue des Feuillantines verbringen wird, sind dagegen in die Geschichte eingegangen.

Vor fünfzig Jahren wußte jedes Kind, daß »Madame Curie« eines abends derartig in ihrem ungeheizten Zimmerchen gefroren hat, daß sie den ganzen Inhalt ihres Koffers auf ihrem Bett ausbreitete und noch einen Stuhl obendrauf legte, während das Wasser in ihrer Waschschüssel gefror. Sie besaß wohl einen Kohleofen, aber an jenem Tag muß sie es versäumt haben, ihren Vorrat beim Kohlenhändler aufzufüllen. Oder sie schreckte davor zurück, um Kredit zu bitten.
Kein Zweifel – die Lebensbedingungen, die eine eigene Unterkunft mit sich bringen, sind hart. Aber ihre selbst auferlegten Entbehrungen grenzen manchmal schon an Masochismus. Bei Bronia erwartet sie jederzeit eine warme Mahlzeit. Und trotz ihrer äußerst spärlichen Geldmittel, zu denen ihr Vater so gut er kann beiträgt, wären die gelegentlichen Ohnmachtsanfälle aufgrund der ausschließlichen Ernährung von Rettich und Tee doch vermeidbar.
Von einer Kommilitonin Maries benachrichtigt, eilt ihr Kazimierz eines Tages zu Hilfe und nimmt sie trotz heftiger Proteste mit in die Rue d'Allemagne, wo sie einige Tage aufgepäppelt wird.
Die Taille eingeschnürt in ihr Korsett, das Haar immer sittsam bedeckt von einem ihrer beiden Hüte, Schuhe und Kleid sorgsam geschont und gepflegt, läuft sie von den Hörsälen der Sorbonne zu den Laboratorien in der Rue Saint-Jacques, von den Laboratorien zur Bibliothek Sainte-Geneviève, von der Bibliothek nach Hause. Kontakt zu den Leuten aus der polnischen Kolonie hat sie kaum noch. Studenten, die diese kleine blonde Kommilitonin mit den aschgrauen Augen attraktiv finden und die sie das auch wissen lassen, hält sich Marie durch Verschlossenheit vom Hals. Sie mit ihrem Vornamen anzusprechen, empfindet sie schon als Beleidigung – das wird sie sich übrigens ihr Leben lang verbitten. Niemand wäre auf die Idee gekommen, sie zu duzen. Nur mit einer jungen Polin, Fräulein Dydynska, pflegt sie losen Kontakt; die hatte eines Tages einen aufdringlichen Studenten mittels ihres Regenschirms in die Schranken gewiesen.

Nicht, daß Marie eine Aufpasserin benötigt hätte. Sie kommt sehr gut allein zurecht.

Als sich das erste Jahr an der Universität dem Ende zuneigt, hat Marie immer noch nicht das unentbehrliche Grundwissen nachgeholt, das sie in Polen versäumt hatte. Den Sommer verbringt sie daher in Paris und nimmt Mathematik- und Französischunterricht.

Zu Beginn des Wintersemesters sind alle »Polnizismen« aus ihrem Wortschatz getilgt. Lediglich das leicht gerollte R zeugt bis zum Ende ihrer Tage von ihren slawischen Ursprüngen und verleiht ihrer Aussprache jenen gewissen Charme, der sein Ziel selten verfehlt. Außerdem wird sie, wie die meisten zweisprachigen Menschen, zeitlebens in ihrer Muttersprache rechnen.

In ihren Studienfächern macht sie Fortschritte, wie ihre Mitschriften von Seminaren und Vorlesungen beweisen. Es handelt sich um Schulhefte, angefüllt mit ausführlichen Aufzeichnungen und Anmerkungen sowie Definitionen neuer wissenschaftlicher Termini. Ihre leicht geneigte Schrift ist klar, sauber und gleichmäßig.

Zwanzig Jahre später entdeckt ein Graphologe in ihrer Handschrift, deren Herkunft ihm nicht bekannt ist, folgende Charaktereigenschaften:

> »Bedächtiger, vorsichtiger Intellekt; begeisterungsfähig, ausdauernd bei der Arbeit. Beharrliche geistige Anstrengungen auf methodischer Basis. Entscheidungsfindung nach reiflicher Überlegung; dann fast immer mit entschiedener Bestimmtheit vorgetragen. Trotz starker Empfindsamkeit geringes Mitteilungsbedürfnis. Gewohnheitsmäßiger Rückzug auf das eigene Ich, auf ein Innenleben, das der Außenwelt verschlossen bleibt. Wenig impulsiv, vielmehr abwägend; korrekte, nüchterne Erscheinung; minimale oder keine Koketterie. Gleichgültigkeit gegenüber eigennützigem Gewinnstreben, aber ausgeprägter Ehrgeiz zur unabhängigen

> Entwicklung und Bestätigung der eigenen Persönlichkeit; gewisses Geltungsbedürfnis.
> Neigung zu Grübelei und Abkapselung. Äußerste Gewissenhaftigkeit und ausgeprägtes Pflichtbewußtsein. Loyaler, gefestigter Charakter, dessen Nervosität stets von dem unnachgiebigen Willen, jedwede Schwäche zu unterdrücken, gezügelt wird.«

Nicht nur ihr »ausgeprägter Ehrgeiz zur unabhängigen Entwicklung und Bestätigung der eigenen Persönlichkeit« treibt sie an und verbietet ihr jegliche Zerstreuung und Unterhaltung, sondern vor allem ihre Leidenschaft für die Wissenschaften. In den Vorlesungen von Lippmann, Paul Appell und Painlevé lernt sie nicht nur die Fachterminologie, sondern gewinnt auch immer tiefere Einblicke in die Geheimnisse der Wissenschaft.
Nichtsdestotrotz schreibt sie unmittelbar vor den Prüfungen an ihren Vater, sie befürchte, schlecht vorbereitet zu sein und noch einige Monate zu benötigen. Den Hörsaal, im dem die Prüfungen stattfinden, betritt sie krank vor Angst. Durchzufallen, in den Augen der anderen unfähig zu erscheinen, damit könnte sie sich niemals abfinden. Die Angst vor dem Versagen lastet schwer auf ihr.
Am Ende hat sie nicht nur bestanden – ihr Name wird sogar als erster aufgerufen, als die Ergebnisse in Anwesenheit aller Kandidaten bekanntgegeben werden, in absteigender Reihenfolge. Marie Sklodowska erhält ihr Lizentiat in Physik an der Universität von Paris. Eine großartige Leistung. »Eine der schönsten Erinnerungen in meinem Leben«, schreibt sie dreißig Jahre später, als sie an diese beiden Jahre der intensiven Arbeit, Einsamkeit und Entbehrungen zurückdenkt. Sie dürfte wunschlos glücklich sein.
Das Lizentiat in der Tasche, ihr Zimmer gekündigt, Bett, Tisch, Stuhl und Ofen bei Bronia untergestellt, sitzt sie im Zug nach Warschau. Sie fährt nach Hause. Für immer? Noch nicht. Es geht nichts über ein Studium, um sich bewußtzumachen, daß

man eigentlich nichts weiß. Im Labor ist ihr klargeworden, daß sie unbedingt ihre Kenntnisse in Mathematik vertiefen muß, um in Physik und Chemie voranzukommen.

Der Vorbereitung auf ein weiteres Lizentiat steht nach wie vor das leidige Thema Geld im Weg. Sie ist »völlig abgebrannt«. In den Ferien öffnet ihr diesmal Fräulein Dydynska die Pforten zum Paradies.

Ihre glühendste Bewunderin gibt nicht eher auf, bis Marie ein Stipendium der Alexandrowitsch-Stiftung zuerkannt wird, das die Regierung Studenten mit außergewöhnlichen Leistungen verleiht, die ihr Auslandsstudium fortsetzen möchten. Maries Verstrickung in zweifelhafte polnisch-patriotische Aktivitäten scheint sich also nicht herumgesprochen zu haben. Es gab übrigens immer weniger solcher Aktionen in Paris, bis sie schließlich ganz aufhörten.

600 Rubel sind ein Vermögen! Bis dahin mußte sie sich mit dem Gegenwert von 40 Rubeln monatlich begnügen, das entspräche heute etwa 350 DM. Und das macht ihr keiner nach: Von ihren ersten Einkünften zahlt sie der Stiftung später ihr Stipendium zurück. Maries Verhältnis zu Geld ist offensichtlich nicht gerade unkompliziert.

Die bittere Notwendigkeit und den Wert des Geldes kennt niemand besser als sie. Ihr ganzes Leben lang wird sie jede kleinste Ausgabe sorgfältig in ein Rechnungsbuch eintragen. Lange Jahre hindurch nagt sie buchstäblich am Hungertuch, zeitweilig wird die leidige Geldnot zum beherrschenden Gedanken. Mit dem »schnöden Mammon« wird sie niemals ihren Frieden finden, in Finanzfragen heißt das Zauberwort »désintéressement«.

Dank des Stipendiums kann sie sich im September 1893 den Umzug in ein Zimmer mit einer Jahresmiete von 180 Francs leisten. Im Gegensatz zu ihrem alten, gekachelten Zimmer hat sie hier Parkettboden (welcher Luxus!) und ein Fenster, durch das es nicht einmal zieht. Sie holt ihr Bett, ihren Tisch, Stuhl, Ofen und die Petroleumlampe bei Bronia ab und macht sich mit

Feuereifer an die Arbeit, ein wenig entspannter als in den beiden vorangegangenen Jahren. Analysis bei Paul Painlevé, Mechanik bei Paul Appell …

Im Juli besteht sie ihr Lizentiat in Mathematik als zweitbeste. Der Abschnitt in Maries Leben, den ihr impertinenter Schwager scherzhaft »die Zeit der Heldentaten« nennt, ist beendet. Nun könnte sie in ihr geliebtes Polen zurückkehren und sich der Befreiung ihrer Landsleute widmen, indem sie ihr Wissen weitergibt.

Hatte sie überhaupt davon gehört, daß der Präsident der Republik kurz vor ihrer Prüfung ermordet worden war? In Lyon hatte ein militanter Anarchist, der Italiener Vesario San Geronimo, den Staatspräsidenten Sadi Carnot am Sonntag, dem 24. Juni, in seiner Kutsche erstochen.

Beinah jede Woche machten damals Attentate Schlagzeilen; die Kolumne »Die Anarchisten« erschien fast regelmäßig. Im Dezember wurde während einer Sitzung des Pariser Abgeordnetenhauses eine Bombe von der Balustrade ins Plenum geworfen. Als Reaktion darauf wurden Sondergesetze erlassen, die der Regierung weitreichende Vollmachten zur Einschränkung der Presse- und Versammlungsfreiheit einräumten. Ein Todesopfer und zwanzig Verletzte forderte im Februar ein Bombenattentat am Bahnhof Saint-Lazare; eine Woche später gab es einen weiteren Toten bei einer Bombenexplosion in der Rue Saint-Jacques. Im April wurde das bekannte Restaurant Foyot bei einer Explosion zerstört.

Die Nachricht von der Ermordung des Präsidenten wurde einige Zeit unter Verschluß gehalten und erreichte Paris erst mit einem Tag Verzögerung. Zwei Tage nach dem Attentat war es in allen Zeitungen zu lesen und sorgte sicherlich auch an der Sorbonne für Gesprächsstoff.

Marie wird diesmal ganz gewiß nicht vor Begeisterung auf dem Tisch getanzt haben – wie damals mit zwölf, als Kazimierz'

Freunde den Zaren Alexander II. ermordet hatten. Sie glaubt nicht mehr an Gewalt als Mittel zur Durchsetzung von Reformen, und Präsident Sadi Carnot war ein anständiger Mann, ein Positivist und außerdem der Sohn eines Physikers und Enkel eines Mathematikers. Trotz des Gnadengesuchs von Jaurès und führenden Sozialisten hatte er die Begnadigung von Ravachol abgelehnt, der wegen eines Bombenattentats am Boulevard Saint-Germain zum Tode verurteilt war. Aber hätte Marie ihn begnadigt?

Vielleicht hat sie nicht einmal darüber gesprochen, es sei denn mit dem Physiker, den sie seit einigen Wochen regelmäßig trifft. Wie andere Leute Pralinen mitbringen, schenkt er ihr anläßlich eines Besuchs einen Sonderdruck seines Aufsatzes: »Über die Symmetrie in den physikalischen Phänomenen – Die Symmetrie elektrischer und magnetischer Felder«. Die Widmung lautet: »Für Fräulein Sklodowska, der die respektvolle Freundschaft des Verfassers gilt. P. Curie«.

Sie reden viel – über Physik und über sich selbst. Und wie jedermann weiß, muß man schon verliebt sein, um sich Geschichten aus der Kindheit eines anderen anzuhören.

Pierre Curie ist genau im richtigen Moment in Maries Leben getreten.

Marie kann sicher sein, im Juli ihr Lizentiat in Mathematik zu bestehen. Sie schmiedet bereits lange vorher Pläne für die Zeit danach und gönnt sich mehr Freizeit. Der Frühling 1894 ist ungewöhnlich schön.

Sie beschäftigt sich gerade mit der Erforschung der magnetischen Eigenschaften bestimmter Metalle im Auftrag der Gesellschaft zur Förderung der nationalen Industrie. Zunächst arbeitet sie im Labor des Physikers Gabriel Lippmann, einem ihrer Professoren. Aber in dem voll ausgelasteten Labor ist nicht genug Platz für die sperrigen Metallproben, die sie für ihre Forschungen benötigt.

Ein polnischer Physiker, der in die Schweiz gegangen ist, um dort zu unterrichten, befindet sich auf der Durchreise in Paris und schickt Marie eine Nachricht. Sie hatte ihm von ihren Forschungen und den Schwierigkeiten mit der praktischen Arbeit erzählt. Er kenne jemanden, sagt er, der vielleicht sogar einen geeigneten Raum für sie besorgen, ihr aber auf jeden Fall wertvolle Ratschläge geben könne. Ein äußerst fähiger Mann, der an der Hochschule für Industrielle Physik und Chemie arbeite. Sein Name sei Pierre Curie. Marie solle am nächsten Tag zum Tee kommen, dann würde er sie vorstellen.

Marie hat diese erste Begegnung mit folgenden Worten beschrieben:

> »Als ich eintrat, stand Pierre Curie in der Nische der Balkontür. Er sah sehr jung aus, obwohl er damals 35 Jahre alt war. Was mir an ihm auffiel, war der Blick seiner hellen Augen und eine Spur von Lässigkeit in der Haltung seines hochgewachsenen Körpers. Die etwas langsame, bedächtige Sprechweise, seine Schlichtheit, das zugleich ernste und junge Lächeln hatten etwas Vertrauenerweckendes. Es entwickelte sich ein Gespräch zwischen uns, das bald freundschaftlichen Charakter annahm; wir sprachen über wissenschaftliche Fragen, und ich war glücklich, ihn nach seiner Meinung fragen zu können, aber auch über soziale oder humanitäre Fragen, die uns beiden von Interesse schienen. Trotz der kulturellen Unterschiede unserer Heimatländer stellten sich erstaunliche Parallelen in unseren Ansichten heraus, die ohne Zweifel zum Teil auf die recht ähnlichen ethischen Werte unserer Familien zurückzuführen sind, mit denen wir beide aufwuchsen.«

Marie Curie während ihrer Studienzeit in Paris, 1894
(Foto: Archiv für Kunst und Geschichte, Berlin)

Marie Curie war schon über fünfzig, als sie diese Zeilen schrieb, und sie war nie ein Mensch, der sein Herz auf der Zunge trägt, zumindest nicht öffentlich. Läßt man den förmlichen Stil und die damals übliche Prüderie beiseite, so kann man zwischen den Zeilen lesen, daß hier bei beiden der Funke übergesprungen ist.
Es wird erzählt, daß Pierre und Marie Curie nach diesem langen Gespräch in einem kleinen Studentenrestaurant essen gegangen sind. Und als er sie endlich nach Hause begleitete, da war es bereits so spät, daß er den letzten Zug nach Sceaux, wo er damals wohnte, verpaßte und zu Fuß nach Hause gehen mußte.
Das mag stimmen oder auch nicht, es ist jedenfalls nicht unwahrscheinlich. Pierre Curie war vom ersten Augenblick an für diese ungewöhnliche blonde Frau entbrannt, und er war immer schon sehr zerstreut. Marie gab sich stets sehr natürlich. Ein gemeinsames Abendessen? Warum nicht, wenn sie Lust dazu hatte?
Marie ist nicht 26, bald schon 27 Jahre alt geworden, hat nicht drei Jahre in Paris gelebt, ohne auf Vertreter des männlichen Geschlechts zu treffen, die sie verführen wollten, sei es bei den Dluskis, an der Universität oder im Labor. Als sie noch bei Bronia wohnte, hielt es einmal ein verliebter polnischer Student für angebracht, Laudanum zu schlucken, um sich interessant zu machen. Maries Reaktion: »Dem jungen Mann fehlt der Sinn für das Wesentliche.« Ihre Vorstellungen waren offensichtlich unvereinbar.
1894 ist Marie zur Frau herangereift. Taille und Gesicht sind schmaler geworden, als Folge des ungesunden Lebenswandels ist ihr ländlich-frischer Teint einer fast durchsichtigen Blässe gewichen; ihre ausdrucksstarken, aschgrauen Augen wirken größer unter den Brauen, die jetzt noch stärker auf der schönen, gewölbten Stirn hervortreten. Ihre Zartheit, die später bei allen, die ihr begegnen, ein Gefühl der Rührung hervorrufen wird, ist noch nicht so ausgeprägt, aber irgend etwas in der Erscheinung

dieser unbeugsamen jungen Frau weckt unwillkürlich den Wunsch, sie zu beschützen.
Ein gewisser Lamotte macht ihr in diesem Jahr nach allen Regeln der Kunst hartnäckig den Hof. Man weiß nicht genau, wer oder was er war; er taucht nur deshalb als Randfigur in den Annalen auf, weil sie seine Briefe aufgehoben hat. Sie scheint ihm seine Beharrlichkeit nicht übelgenommen zu haben, obwohl seine Gefühle wohl nicht erwidert wurden.
Dieser verbissene Kavalier, der die Hoffnung nährt, Marie »durch seine geduldige Freundschaft zu gewinnen«, wird in einem übermächtigen Rivalen seinen Meister finden.
Marie ist aus anderem Holz als ihre Zeitgenossinnen, die sich üblicherweise den Konventionen beugen, sich unterordnen und nachgeben. Selbstbestätigung, die anständige Frauen damals nur in Ehe und Mutterschaft, weniger anständige im Ehebruch finden können, sucht Marie in ihrer Arbeit.
Das bedeutet nicht, daß sie nicht ebenso wie ein Mann das Bedürfnis nach Liebe und Geborgenheit verspürt, daß sie nicht auch gern Kinder hätte. Aber gleichzeitig möchte sie eben auch, genau wie ein Mann, ihre Fähigkeiten unter Beweis stellen. Und dies um so stärker, als sie sich in einer Gesellschaft behaupten muß, die Frauen das Recht abspricht, ihre angestammte Rolle zu durchbrechen. »Hausfrau oder Kurtisane« – so charakterisierte Pierre Joseph Proudhon, Vater der französischen Gewerkschaftsbewegung, die Stellung der Frau in der Gesellschaft.
Berücksichtigt man die damalige Zeit, in der alles Körperliche tabuisiert wurde, in der jungen Mädchen bestenfalls die Lust zugestanden wurde, ein Kind auszutragen, von dem sie nicht einmal genau wußten, wie es in ihren Bauch gekommen war, kann man mit Sicherheit davon ausgehen, daß Marie ihren Verehrern keinerlei plumpe Vertraulichkeiten gestattete.
Was die »biologischen Abläufe« angeht, wird sie vermutlich besser informiert gewesen sein als andere Frauen ihrer Generation. Außerdem ist sie hinreichend unabhängig – oder emanzi-

piert –, um mit Pierre Curie essen zu gehen, ihm sogar ihre Adresse bei der ersten Begegnung mitzuteilen und es normal zu finden, daß er sie dort allein besucht. Ein Verhalten, das für eine junge Französin ihrer gesellschaftlichen Stellung undenkbar gewesen wäre, selbst im Alter von 26 Jahren.

Und schließlich ist sie intellektuell viel zu anspruchsvoll, um sich vorstellen zu können, mit einem Mann von durchschnittlicher Intelligenz, und sei es auch nur platonisch, dauerhaft liiert zu sein. In dieser Hinsicht genügte nicht einmal Kazimierz Zorawski den Ansprüchen der Zwanzigjährigen.

Pierre Curie dagegen ist in jeder Hinsicht außergewöhnlich. Im Augenblick ihrer erwachenden Liebe, als die beiden fasziniert entdecken, daß sie »füreinander bestimmt« sind, als könne man endlich zusammenfügen, was zusammengehört, als sich alle Details der beiden Lebenswege zu einem wunderbar harmonischen Ganzen fügen, genießt Marie, so scheint es, vor allem das Vergnügen, geliebt zu werden.

Pierre findet ihren scharfen Verstand ebenso anziehend wie ihre zierliche Anmut – ein Urteil, auf das sie besonders stolz ist, da es von einem Wissenschaftler kommt, dessen fachliche Kompetenz ihre bei weitem übersteigt.

Als sie Anfang August 1894 nach Polen fährt, um die Ferien mit ihrem Vater zu verbringen, ist sie noch ungebunden. Sie hat nicht einmal versprochen, zurückzukehren ...

Wie gut sie Pierre Curie kennt und was er von ihr hält, kann man im wesentlichen aus den vorhandenen Quellen und den Briefen, die er ihr im Verlauf des Sommers geschrieben hat, rekonstruieren.

Sie hat ihm von ihrer Familie erzählt, er ihr von seiner. Sein Vater ist Arzt, wie schon sein aus dem Elsaß stammender Großvater. Doktor Curie praktiziert in Sceaux, einer ländlichen Kleinstadt, unweit von Paris. Mit 35 Jahren wohnt Pierre noch bei seinen Eltern.

Sie hat ihm die Widrigkeiten ihres Studiums geschildert. Er hat ihr erzählt, daß er nie eine Schule besucht hat. Sein Vater hatte ihm diese Erfahrung ersparen wollen. Pierre sei ein verträumtes, zerstreutes Kind gewesen, zu sensibel, sagte er, sein Verstand zu »langsam«, als daß er sich dem schulischen Drill hätte unterordnen können. Lesen und schreiben lernte er von seiner Mutter. Sein Vater lehrte ihn die genaue Naturbeobachtung und ließ ihn in der umfangreichen Hausbibliothek stöbern, bevor er ihn mit vierzehn Jahren einem Lehrer anvertraute. Damals entdeckte er die Schönheit der Mathematik. Er schwimmt im Abstrakten wie ein Fisch im Wasser. Mit sechzehn Jahren bestand er sein Abitur, mit achtzehn sein Lizentiat.

Vermutlich hat er nicht erwähnt, daß er eine außergewöhnliche Gabe besitzt, die Marie später wie folgt beschreibt: »Er besaß ein ungewöhnliches geometrisches Verständnis und ein ausgeprägtes räumliches Vorstellungsvermögen.«

Sonntags fuhren sie zusammen aufs Land. Pierre Curie war hier in seinem Element, es erinnerte ihn an seine Kindheit und Jugend. Häufig verschwand er, verlor jedes Zeitgefühl, wanderte an der Bièvre und in den umliegenden Wäldern. »Im Morgengrauen kam ich zurück«, schrieb er, »mit tausend Ideen im Kopf.« Für Marie pflückte er Immergrün oder fing einen Frosch, um ihr zu zeigen, womit er sich beschäftigte: die Symmetrie in den Formen der Natur.

Sie hat ihm von Bronia erzählt. Er von Jacques, seinem ältesten Bruder, auch er ein unbeständiger Schüler. Obwohl sehr verschieden – Jacques war ein sehr extrovertiertes, aktives Kind –, waren beide Brüder unzertrennlich gewesen, hatten zusammen gespielt, sich herumgetrieben und gemeinsam gearbeitet, bis Jacques heiratete, Sceaux den Rücken kehrte und als Dozent an die Wissenschaftliche Fakultät von Montpellier ging.

Sie hat ihm von ihren Forschungen zu den Metallen berichtet, Pierre von seinen Arbeiten zur Piezoelektrizität.

Zusammen mit Jacques hatte er den piezoelektrischen Effekt entdeckt. Elektrizität wird erzeugt, wenn es in Quarzkristallen bei Deformation durch mechanische Beanspruchung von Prismenflächen zu einer Trennung positiver und negativer elektrischer Ladungsträger kommt. Anschließend war es den beiden Brüdern gelungen, den umgekehrten Effekt nachzuweisen, den Lippmann bereits theoretisch vorausgesehen hatte: Setzt man diese Kristalle einer elektrischen Ladung aus, erfolgt eine Deformation.*

Unmittelbar nach ihrer Veröffentlichung erregten diese Arbeiten die Aufmerksamkeit von Lord Kelvin, damals in England unangefochten die Nummer eins auf dem Gebiet der Physik.

Um ihre Experimente im Institut für Mineralogie, in dem Jacques als Assistent von Professor Charles Friedel arbeitete, durchführen zu können, hatten die Gebrüder Curie zwei Apparate entwickelt und gebaut: ein Quarzkristallelektrometer zur Messung schwacher elektrischer Ströme und eine magnetische Waage, mit der sich die Kräfte bis auf ein hundertstel Milligramm genau ausbalancieren ließen. Zur Arbeit mit diesen Instrumenten mußte man außerordentlich geschickt sein und ein tiefes experimentelles Verständnis mitbringen. Das läßt sich gewiß auch erlernen, aber Pierre waren diese Fähigkeiten sozusagen in die Wiege gelegt.

Marie befragt ihn zum aktuellen Stand seiner Experimente. Da sie die einzige Frau ist, die seinen Ausführungen folgen kann, erklärt er ihr, daß er herauszufinden versuche, ob es Übergänge zwischen den drei möglichen magnetischen Zuständen von Materie gebe, also diamagnetischen, leicht magnetischen und ferromagnetischen Stoffen. Er untersuche, inwieweit sich die magnetischen Eigenschaften verändern ließen und ob es möglich sei, ein und denselben Stoff nacheinander in diese drei Zustände zu versetzen.

Über dieses Thema wird er seine Doktorarbeit schreiben, er kommt aber nur sehr langsam voran. Er verfügt weder über ein

---

* Quarzuhr und Kristallmikrophon sind aus diesen Forschungen hervorgegangen.

geeignetes Labor noch über das notwendige Material für seine Forschungen und arbeitet einstweilen in einem Flur der Pariser Hochschule für Industrielle Physik und Chemie. Zehn Jahre zuvor, mit 25, war er dort Laborleiter geworden und ist völlig überlastet, so daß er wenig Zeit für seine eigenen Forschungen erübrigen kann.

Vielleicht hat sich Marie insgeheim gewundert, daß er nie daran gedacht hat, die Aufnahmeprüfung an einer der »Eliteuniversitäten« zu machen. Er wird sie jedenfalls nicht im unklaren darüber gelassen haben, daß ihm der Konkurrenzkampf unerträglich und nicht mit seinen Ansichten und Zukunftsplänen vereinbar sei. Hat sie ihn deswegen um so mehr bewundert? Sie war es schließlich von klein auf gewohnt, sich durchzubeißen. Empfand sie diese Eigenschaft vielleicht gar als wertvolle Ergänzung zu ihrem »désintéressement«, das sie doch zum obersten Prinzip erklärt hatte?

Pierre Curie hat sich zeitlebens von den anderen abgekapselt. Er scheute die Auseinandersetzung. Zwang man ihn zu einer direkten Konfrontation, ließ er sich nur so widerwillig darauf ein, daß er zumeist Rückschläge einstecken mußte, anstatt sich durchzusetzen.

Nach seinem Tod sagte der Mathematiker Henri Poincaré über ihn: »Pierre Curie hat es zu höchsten Ehrungen gebracht mit der Mentalität eines geprügelten Hundes.«

Sollte Marie diese Einschätzung je geteilt haben, so hat sie es sich zumindest nie anmerken lassen. Man kann im übrigen getrost davon ausgehen, daß sie sich nicht dauerhaft mit einem streitlustigen Charakter hätte arrangieren können. Zwei von der Sorte wären beim Ehepaar Curie einer zuviel gewesen.

Pierres Vater war zwar protestantisch getauft, aber ein überzeugter Freigeist, der seinen beiden Söhnen keinerlei religiöse Erziehung angedeihen ließ, was in der damaligen Zeit nicht als bloße Nachlässigkeit zu werten war, sondern vielmehr als bewußtes Bekenntnis zu einer unterschiedlichen Lebensauffassung. Es ist nicht bekannt, wie seine Frau, Tochter eines Kleinindustriellen aus Savoyen, darüber dachte, aber Pierre kam offensichtlich ganz nach dem Vater.

Bei einem seiner ersten Besuche in der Mansarde im sechsten Stock brachte er Marie das unlängst erschienene »Lourdes« von Émile Zola mit und war höchst erfreut, daß sie seine Einstellung zur Religion teilte. Marie und Pierre standen nicht allem Mystischen ablehnend gegenüber – Gegenstand ihrer Mystik war jedoch einzig die Wissenschaft. Die Kirche bekämpfte die Wissenschaften, als ob der Forscher automatisch die Existenz einer anderen Realität leugnen müsse, in der physikalische Gesetze keine Gültigkeit besitzen.

Forschen, das bedeutet durchs Schlüsselloch zu spähen, den Schlüssel zu finden, eine Tür zu öffnen, um wieder vor einer verschlossenen Tür zu stehen, dahinter liegt wieder eine und noch eine – Forschen ist Leidenschaft, keine Philosophie.

Pierre Curie gehört einer Generation an, die Kirche als Instrument sozialer Unterdrückung ablehnt. Dabei besitzt gerade er ein ausgeprägtes Gefühl für die Tragik des Lebens. Als er zwanzig Jahre als war, starb seine beste Freundin, die liebgewonnene Gefährtin seit Kindertagen. Grenzenloses Vertrauen, das beruhigende Gefühl, nicht allein zu sein, hatte er mit seinem Bruder erlebt. »Wir waren so vertraut miteinander, daß wir uns auch ohne Worte verstanden«, beschrieb er Marie später ihre Beziehung. Der Abschied von seinem Bruder hatte ihn schwer getroffen und einsam zurückgelassen.

Welcher Art seine Beziehungen zu Frauen waren, wird aus dem folgenden Tagebucheintrag deutlich:

> »Geistreiche Frauen sind selten. Immer, wenn wir von einer Art mystischer Liebe getrieben gegen die Natur handeln wollen, wenn wir unser ganzes Denken auf ein Werk konzentrieren, das uns von der anerzogenen Menschlichkeit entrückt, müssen wir gegen die Frauen kämpfen. Eine Mut-

ter will die Liebe ihres Kindes mehr als alles andere, selbst wenn es darüber verrückt wird. Auch die Geliebte will ihren Liebhaber besitzen und fände es vollkommen normal, wenn man für eine Stunde der Zärtlichkeit das größte Genie der Welt opfern würde. Es ist fast immer ein ungleicher Kampf, denn Frauen haben die gute Sache auf ihrer Seite: Im Namen des Lebens und der Natur versuchen sie uns zu bekehren.«

Wie oft und mit wem er diesen Kampf schon aufgenommen hatte, ist nicht bekannt und letztlich auch unwichtig. Es bleibt festzuhalten, daß er sich ganz der Erhabenheit des Geistes und der theoretischen Physik verschrieben hat und mit 35 Jahren noch Junggeselle ist. Marie Sklodowska erschien ihm bald als die einzige Frau, die ihn auf seinem Weg begleiten könnte.

Marie ist nicht leicht dafür zu gewinnen, ihre Unabhängigkeit aufzugeben, und sei es für diesen aufrechten Physiker. Trotz ihrer Ängste und Zweifel steht sie zu einmal getroffenen Entscheidungen. Es fällt ihr jedoch sehr schwer, sich festzulegen.

Nachdem sie ihre Studien beendet hat, muß sie in diesem warmen Sommer des Jahres 1894 eine folgenschwere Entscheidung treffen. Sie muß wählen zwischen ihrem Heimatland Polen, in dem ihre familiären und kulturellen Wurzeln liegen, für das sie patriotische Gefühle hegt, und ihrer – vielleicht einzig wahren – Heimat, der Wissenschaft.

Pierre Curie hat es ihr gesagt: »In der Wissenschaft liegt Ihre Bestimmung.« Wissenschaft im Sinne von Grundlagenforschung, nicht auf konkreten praktischen Nutzen ausgelegt. Den sogenannten Erfindern begegneten die »seriösen« Wissenschaftler Frankreichs damals mit einhelliger Mißbilligung.

Die Entwicklung von Telegraph und Telephon, Phonograph und Glühlampe, Schreibmaschine und Mikrophon in den Vereinigten Staaten: nun ja, ganz praktisch. Das Kugellager des Franzosen Surtray, der Dynamo von Siemens aus Deutschland:

ziemlich kurios. Clément Ader und sein Flugzeug: tollkühn, Donnerwetter. Louis Lumière und sein Kinematograph: zum Schmunzeln.

In einer Abhandlung, die für einiges Aufsehen sorgte, skizziert Marcelin Berthelot, ein bedeutender Chemiker, der durch die Alkoholsynthese berühmt geworden war und damals ein Labor im Dienste der Industrie leitete, folgendes Szenario für das Jahr 2000:

> »Zu jener Zeit wird es keine Landwirtschaft mehr geben, weder Viehzucht noch Ackerbau. Das Problem der Ernährung der Weltbevölkerung wird von der Chemie gelöst worden sein. Es wird weder Kohleförderung noch sonstige Bergwerke mehr geben und demzufolge auch keine Bergarbeiterstreiks. Fossile Brennstoffe werden durch Neuentdeckungen seitens der Chemie und der Physik ersetzt worden sein.
>
> Es wird weder Zollschranken noch Protektionismus, weder Kriege noch blutige Grenzkonflikte geben. Heutige Entwicklungen auf dem Gebiet der Luftfahrt werden der Vergangenheit angehören, es wird neue Luftfahrzeuge geben, ausgestattet mit Motoren auf der Grundlage chemischer Energien. Wir werden dann kurz vor der Erfüllung des sozialistischen Traumes stehen ... vorausgesetzt, es wird gelingen, eine spirituelle Chemie zu entwickeln, die die moralische Natur des Menschen ebenso tiefgreifend verändert wie unsere Chemie die materielle Natur.«

Er prophezeit, daß die Chemie bis dahin in der Lage sei, Nahrung in Tablettenform herzustellen, deren Verfügbarkeit unabhängig von Regen oder Trockenheit, guten und schlechten Ernten sei. Und er fügt hinzu:

> »Das Hauptproblem wird darin bestehen, unerschöpfliche Energiequellen zu finden, die sich beinah von selbst erneuern.«

Wenn er auch nicht den Siegeszug des schwarzen Goldes als Energiequelle des 20. Jahrhunderts vorhersieht, so sagt er doch sehr präzise die Nutzung der Sonnenenergie für das 21. Jahrhundert voraus.
Aber Berthelot ist insofern eine Ausnahme, als er einer der wenigen seiner Generation ist, die den Zusammenhang zwischen wissenschaftlichem Fortschritt und gesellschaftlicher Entwicklung erkannt haben. Die meisten Wissenschaftler seiner Zeit vernachlässigen den Bereich, den wir heute Technologie nennen, als Domäne der Ingenieure. Forschen dient in ihren Augen nur einem Zweck: die Grenzen des menschlichen Wissens zu erweitern. Oberstes Prinzip ist dabei das »désintéressement«, das heißt Forschung um ihrer selbst willen, ohne auf konkreten Nutzen ausgerichtet zu sein. Wenn man so will, handelt es sich eher um eine Ästhetik oder zumindest um aristokratisches Elitedenken, das im 20. Jahrhundert fortbesteht und auch in Großbritannien vorherrscht.
»Die jungen Forscher in Cambridge waren stolz darauf, daß ihre Experimente auf keinen Fall von praktischem Nutzen sein könnten«, berichtet C. M. Snow. »Je weniger nützlich man war, desto überlegener fühlte man sich.«
Erst mit dem 1. Weltkrieg, dem Giftgaseinsatz, der Einberufung der Wissenschaftler zum Kriegsdienst änderte sich diese Einstellung. Bis dahin war die Sorge um die praktische Anwendbarkeit allein der medizinischen Forschung vorbehalten. Aber auch auf diesem Gebiet hatte Pasteur die goldene Regel eingeführt: »Förderung des wissenschaftlichen désintéressement, weil es zu den wichtigsten Voraussetzungen für Fortschritte in der Theorie gehört, woraus jedweder Fortschritt in der praktischen Anwendbarkeit resultiert.«
Marie ist eine glühende Verfechterin des désintéressement. Für sie steht fest, daß die uneigennützige Tat stets wesentlich zur Wahrung ihres inneren Gleichgewichts beitragen wird. Ihren ersten Sieg – denselben Kenntnisstand nachzu-

weisen wie ihre männlichen Kommilitonen – errang sie mit dem uneigennützigen Ziel, dieses Wissen weiterzugeben. Jetzt kann sie unbeirrt versuchen, ihre Fähigkeiten in den Dienst eines ebenso ehrgeizigen Ziels zu stellen: die Grundlagenforschung, die reine Forschung zur Erweiterung des reinen Wissens.

Obwohl Maries Ehrgeiz ihren Patriotismus in den Hintergrund gedrängt hat, schlummert immer noch die leidenschaftliche Patriotin in ihr. Auch ihre Schwester Bronia wartet sehnlichst auf eine Amnestie, damit sie mit ihrem subversiven Mann in ihr geliebtes Polen zurückkehren kann.

Diesen inneren Zwiespalt im Gepäck, fährt Marie jedenfalls Ende Juli nach Polen – zurück bleibt ein konsternierter Herr Lamotte und ein Pierre Curie, der fest entschlossen ist, sie zurückzuholen.

Wie die meisten zurückhaltenden Menschen kann auch Pierre Curie seine Gefühle schriftlich viel offener ausdrücken als im Gespräch. In dem Briefwechsel des Sommers 1894 erreicht ihre Kommunikation eine völlig neue Qualität. In dem eher nüchternen, sachlichen Buch, das Marie ihrem Mann gewidmet hat, wird sie später von »den zarten Banden aufkommender gegenseitiger Zuneigung« sprechen, das Wort »Liebe« kommt nicht vor. In bezug auf den Briefwechsel heißt es wörtlich: »Pierre Curie schrieb mir im Sommer 1894 Briefe, die ich alle zusammengenommen einfach wunderbar finde.«

Diese förmlichen Briefe sind in jeder Hinsicht Zeitzeugnisse über das Ehepaar Curie, in denen man zwischen den Zeilen lesen kann. Zum Glück für die Historiker gab es damals noch kein Telefon. Und zum Glück für Pierre Curie, den Ferngespräche nach Polen sicher finanziell ruiniert hätten.

Der erste Brief stammt von Marie, Pierres Antwort läßt nicht auf sich warten:

10. August 1894

»Nichts konnte mich mehr freuen, als von Ihnen zu hören. Die Aussicht, zwei Monate ohne Neuigkeiten von Ihnen zu verbringen, war mir außerordentlich unangenehm: das soll Ihnen sagen, daß Ihre Nachricht willkommen war.
Ich hoffe, daß Sie Vorräte von Landluft sammeln und daß Sie im Oktober zu uns zurückkehren werden. Was mich anbelangt, so glaube ich nicht, daß ich eine Reise machen werde, ich bleibe auf dem Lande, wo ich mich den ganzen Tag bei offenem Fenster oder im Garten aufhalte.
Wir haben uns versprochen (nicht wahr?), zumindest eine innige Freundschaft aufrechtzuerhalten. Daß Sie es sich nur nicht anders überlegen! Denn es gibt kein Versprechen, das gehalten wird, dies sind Dinge, die sich unserem Willen entziehen. Doch wäre es schön – ich wage nicht daran zu glauben –, das Leben gemeinsam zu verbringen, ganz im Bann unserer Träume: *Ihr* patriotischer Traum, *unser* Traum von Humanität und *unser* Traum von Wissenschaft.
Von allen diesen Träumen ist, glaube ich, nur der letztgenannte legitim. Damit will ich sagen, daß es nicht in unserer Macht steht, die soziale Ordnung zu ändern, daß wir, wenn es nicht so wäre, nicht wüßten, was wir tun sollen und nach irgendeiner Richtung handelnd niemals sicher wären, ob wir nicht mehr Böses als Gutes tun und eine unvermeidliche Entwicklung verzögern. Was im Gegensatz dazu die Wissenschaft betrifft, so können wir den Anspruch erheben, etwas zu tun: hier ist der Boden fester, und jede Entdeckung, sei sie noch so geringfügig, bringt uns einen Schritt weiter. Sehen Sie, wie sich alles verkettet... Es ist abgemacht, daß wir innige Freunde sein werden: wenn Sie aber in einem Jahr Frankreich verlassen, wird wahrlich die Freundschaft zweier Menschen, die sich nicht mehr sehen, eine allzu pla-

tonische sein. Wäre es nicht besser, wenn Sie bei mir blieben? Ich weiß, daß diese Frage Sie böse macht, ich will nicht mehr davon sprechen – denn ich fühle mich Ihrer in jeder Beziehung so unwürdig...

Ich hatte daran gedacht, Sie um Erlaubnis zu bitten, Sie *zufällig* in Freiburg zu treffen. Aber ich glaube, daß Sie nur einen Tag dort bleiben, und dieser Tag wird notwendigerweise unseren Freunden Kowalski gehören.

Glauben Sie an die Ergebenheit Ihres
P. Curie

Ich wäre sehr glücklich, wenn Sie mir schreiben und mir die Zusicherung geben würden, daß Sie im Oktober wiederkommen. Wenn Sie mir direkt nach Sceaux schreiben, kommen die Briefe schneller an: Pierre Curie, 13 Rue des Sablons, Sceaux (Seine).«

Vier Tage später:

»... Jetzt, wo es zu spät ist, bedauere ich, nicht abgereist zu sein [...] Glauben Sie an so etwas wie Schicksal? Erinnern Sie sich an den Tag der Mi-Carême?* Ich hatte Sie plötzlich in der Menge verloren. Es will mir scheinen, als ob unsere freundschaftlichen Beziehungen auf diese Weise plötzlich abreißen könnten, ohne daß einer von uns es wünschte. Ich bin nicht schicksalsgläubig, aber als Konsequenz unseres Wesens erscheint mir dies durchaus möglich. Ich werde im geeigneten Augenblick nicht zu handeln wissen. Das wird im übrigen das richtige für Sie sein, denn ich weiß selbst nicht, warum ich mir in den Kopf gesetzt habe, Sie in Frankreich zurückzuhalten, Sie von Ihrer Heimat und den Ihren zu trennen, ohne Ihnen als Ersatz für dieses Opfer etwas Wesentliches bieten zu können.

---

* Mi-Carême ist der Donnerstag der dritten Fastenwoche, der in Frankreich als Festtag gefeiert wird.

Ich finde Sie etwas anmaßend, wenn Sie sagen, daß Sie vollkommen frei sind. Wir alle sind zum mindesten Sklaven unserer gefühlsmäßigen Bindungen, Sklaven der Vorurteile derer, die uns mögen, auch müssen wir unser Brot verdienen und dadurch zum Rädchen der Maschine werden u.s.w.
Das Peinlichste sind die Konzessionen, die wir den Vorurteilen der uns eingliedernden Gesellschaftsordnung machen müssen: je nachdem man sich schwach oder stark fühlt, macht man ihrer mehr oder weniger. Wenn man nicht genug Konzessionen macht, wird man vernichtet. Macht man aber zu viele, so ist es erbärmlich, und man wird sich selbst zum Ekel. Ich habe mich weit von den Prinzipien entfernt, die ich vor zehn Jahren hatte: damals glaubte ich, daß man in allem bis zum Äußersten gehen müsse, ohne jede Rücksicht auf unsere Umgebung. Ich glaubte, daß man seine Fehler wie seine guten Eigenschaften übertreiben müsse, ich trug wie ein Arbeiter bloß blaue Hemden u.s.w.
Sie sehen also, daß ich sehr alt geworden bin [...]«

In einem weiteren Brief berichtet er ihr im September ausführlich, daß er gerade einige Tage mit seinem Bruder Jacques in der Auvergne verbracht habe. Wie lautete ihre Antwort? Wir wissen es nicht. Er jedenfalls ist beunruhigt und rät ihr im nächsten Brief dringend, »im Oktober nach Paris zurückzukommen. Es würde mich sehr kränken, wenn Sie dieses Jahr nicht wiederkämen.«
Wieder in Polen und mit ihren Freunden von der Fliegenden Universität vereint, scheint Marie das Ausmaß sozialer Ungerechtigkeit, den Egoismus und die Gleichgültigkeit ihrer Landsleute diesen Zuständen gegenüber und das übermächtige Verlangen, etwas dagegen zu tun, heftiger denn je empfunden zu haben. Denn Pierre antwortet:

»... Was würden Sie von jemandem denken, der mit dem Kopf gegen eine Steinmauer anrennt, in der Absicht, sie umzustürzen? Dies könnte eine Idee sein, die ihren Ursprung in sehr schönen Gefühlen hat, doch wäre diese Idee tatsächlich lächerlich und dumm. Ich bin der Ansicht, daß gewisse Fragen nach einer allgemeinen Lösung verlangen und heute keine lokal begrenzte Lösung mehr zulassen und daß man Schlimmes anstellen kann, wenn man einen Weg einschlägt, der in eine Sackgasse mündet. Ich glaube auch, daß die Gerechtigkeit nicht von dieser Welt ist und daß das stärkste, oder vielmehr das ökonomischste System die Oberhand behalten wird. Ein Mensch wird von der Arbeit aufgerieben und lebt trotzdem im Elend: das ist empörend, doch ändern wird sich deshalb nichts. Ändern wird es sich wahrscheinlich deshalb, weil der Mensch gewissermaßen eine Maschine ist und weil es vom ökonomischen Standpunkt aus von Vorteil ist, Maschinen jedweder Art reibungslos funktionieren zu lassen, ohne ihnen Gewalt anzutun.

Sie haben eine erstaunliche Auffassung von Egoismus: als ich zwanzig Jahre alt war, ist mir ein großes Unglück geschehen, ich habe eine Jugendfreundin, die ich sehr lieb hatte, unter schrecklichen Umständen verloren – es fehlt mir an Mut, Ihnen das zu erzählen ... Ich habe nachher Tage und Nächte mit einer fixen Idee verbracht, ich empfand eine Art Lust, mich selbst zu peinigen. Dann gelobte ich mir guten Glaubens, ein priesterliches Dasein zu führen, ich hatte mir selbst das Versprechen gegeben, mich nur mehr für Dinge zu interessieren und weder an mich noch an Menschen zu denken. Seitdem habe ich mich oft gefragt, ob dieses Lossagen vom Leben nicht einfach eine List war, die ich vor mir selbst anwandte, um mir das Recht des Vergessens zu erkaufen.

Gibt es eine Briefzensur in Rußland? Ich glaube ja und halte es für besser, in Zukunft in unseren Briefen keine Dissertationen mehr zu schreiben, die, wenn es sich auch bloß um

Philosophie handelt, falsch ausgelegt werden und Ihnen Unannehmlichkeiten bereiten können.
Wenn Sie wollen, können Sie mir 13 Rue des Sablons schreiben.

Ihr treuer Freund«

Sein vorangegangener Brief war unbeantwortet geblieben. Da er sich darüber wundert, schreibt er im Postskriptum, daß er »nichts Besonderes« geschrieben habe.

»Ich habe Sie um Ihre Meinung ersucht, gemeinsam eine Wohnung in der Rue Mouffetard zu mieten. Man hat dort eine schöne Aussicht auf die umliegenden Gärten, und die Wohnung läßt sich leicht in zwei separate Bereich einteilen.«

Nichts Besonderes?
Diese wenigen Zeilen deuten jedenfalls darauf hin, daß er verstanden hat, welchen Wert Marie ihrer Unabhängigkeit beimißt und immer beimessen wird und wie wenig sie auf Konventionen gibt.
Am 17. September kann er endlich beruhigt sein.

»Sie werden also nach Paris zurückkommen, und das freut mich sehr. Ich habe den lebhaften Wunsch, daß wir wenigstens unzertrennliche Freunde werden. Sind Sie nicht auch dieser Ansicht?«

Und er fährt beiläufig fort:

»Wenn Sie Französin wären, könnten Sie leicht Gymnasiallehrerin oder Lehrerin in einer École Normale für Mädchen werden. Würde Ihnen das zusagen?«

Wenn sie einen Franzosen heiraten würde, wäre sie Französin, nicht wahr? Pierre unterschreibt diesmal mit »Ihr sehr ergebener Freund« und fügt im Postskriptum hinzu:

»Ich habe meinem Bruder Ihre Photographie gezeigt. Hätte ich das nicht sollen? Sie gefallen ihm sehr. Er hat hinzugefügt: ›Sie sieht sehr bestimmt und sogar eigensinnig aus.‹«

Eigensinnig? Und wie!
Pierre glaubt fest an sein Projekt mit der geteilten Wohnung, aber Marie denkt gar nicht daran, sich darauf einzulassen. Bei ihrer Rückkehr weiß sie bereits, daß ihr ein Zimmer in der Wohnung zur Verfügung steht, die Bronia in der Rue de Châteaudun für ihre Sprechstunden gemietet hat. Hier lebt sie immer noch bescheiden, aber frei von Mietsorgen, und kann sich nun gänzlich auf die Arbeit im Laboratorium an der Sorbonne konzentrieren, wo sie sich intensiv mit experimenteller Physik beschäftigt. Pierres Anliegen werden derweil hintangestellt.
Der »sanfte Dickkopf«, wie ihn sein Vater nennt, schlägt ihr daraufhin vor, ihr nach Polen zu folgen, wenn es das sei, was sie von einer Heirat abhalte. Darüber hinaus startet er eine Offensive in Richtung Bronia, damit diese sich bei ihrer Schwester für ihn einsetzt. Marie zögert, bevor sie sich bereit erklärt, seine Eltern kennenzulernen. Die »arme Ausländerin«, wie sie sich selbst bezeichnet, ist wenig gewillt, unangenehme Erfahrungen zu wiederholen – das Verhalten von Kazimierz Zorawskis Eltern hat eine bleibende Narbe bei ihr hinterlassen. Pierre ist zwar schon 36 Jahre alt und unabhängig, aber er hängt auch in tiefer Verbundenheit an seinen Eltern, von denen er ihr gesagt hat: »Sie sind einzigartig.«
Der jungen exotischen Frau, in die ihr Sohn offensichtlich so verliebt ist, sind sie jedenfalls vom ersten Augenblick an zugetan. In diesem Frankreich, der Welt der Curies, fühlt Marie sich schnell heimisch. Eines Tages wird sie Frankreich aber auch von einer anderen Seite kennenlernen.
Doktor Curie hatte sich den Aufständischen von 1848 angeschlossen – die von einer Schußverletzung stammende Narbe auf der Wange ist sichtbares Zeichen seines politischen Enga-

gements. In der Zeit der Pariser Kommune hatte er ein Lazarett zur Versorgung der Verwundeten eingerichtet, die er mit seinen beiden jungen Söhnen von den Barrikaden holte. Er wäre sehr gerne in die Forschung gegangen, aber schließlich mußte er den Lebensunterhalt für die Familie verdienen. Seit einigen Jahren praktiziert er in Sceaux und bewohnt dort mit seiner Frau ein gemütliches Haus mitten im Grünen, dessen Einrichtung typisch für gutbürgerliche Wohnungen dieser Zeit ist: viel Mahagoni und viel Samt. Überall stapeln sich Bücher, und die Rosen stammen aus dem eigenen Garten, in dem sonntags mit den Nachbarn Boule oder Schach gespielt wird. Die Küche ist delikat, die Konversation lebhaft.

Als leidenschaftlicher Republikaner empört sich der Doktor, ereifert sich, steigert sich in Rage und versucht, Pierre für die hitzigen Parlamentsdebatten zu interessieren, die die politische Landschaft erschüttern.

Das beherrschende Thema ist die heftige Auseinandersetzung zwischen dem sozialistischen Abgeordneten Jaurès und dem Staatsminister Louis Barthou, die schließlich in einem Duell der beiden Kontrahenten gipfelt.

Ein der Spionage für Deutschland angeklagter jüdischer Generalstabshauptmann war zu lebenslanger Gefängnisstrafe und Verbannung verurteilt worden. Der Todesstrafe entging er nur, weil diese in der Verfassung von 1848 für politische Vergehen abgeschafft worden war. Sein Prozeß fand seltsamerweise unter Ausschluß der Öffentlichkeit statt. Im Abgeordnetenhaus fordert Jaurès daraufhin entrüstet gleiches Recht für alle, unabhängig von Rang und sozialem Status. Artikel 76 des Kriegsrechts sei hier anzuwenden, damit dieser Vaterlandsverräter exekutiert werden könne. Aber die Regierung beschütze Verräter!

In der Presse kursieren Verunglimpfungen aller Art, das anschließende Pistolenduell zwischen Minister und Abgeordnetem bestimmt die Schlagzeilen. Zur Rettung des Hauptmanns

– er heißt übrigens Alfred Dreyfus – habe »der enorme jüdische Druck nicht unwesentlich beigetragen«, erklärt Jaurès den Journalisten.

Pierre lassen diese Geschehnisse unbeeindruckt. Als ein Standgericht drei Jahre später den wahren Schuldigen freispricht, den Oberst Esterhazy, und der sozialistische Schriftsteller Charles Péguy Protestunterschriften sammelt, unterzeichnet Pierre Curie selbstverständlich auch. Und das lange bevor Jaurès sich auf die Seite der »Dreyfusards« stellt.

Aber die politischen Wortgefechte, die sein Vater so leidenschaftlich gern führt, schrecken Pierre eher ab. »Ich habe kein Talent dazu, in Wut zu geraten«, sagt er.

Die erste Begegnung der jungen polnischen Intellektuellen mit dem alten französischen Republikaner, deren Konsequenzen Maries Karriere entscheidend mitbestimmen sollen, ist geglückt. Die Zuneigung beruht auf Gegenseitigkeit.

Das nächste Treffen der beiden findet an der Sorbonne statt, anläßlich der Vorstellung von Pierres Doktorarbeit zum Thema Magnetismus.*

Als Marie den Diskurs zwischen Pierre und den Professoren Bouty, Lippmann und Hautefeuille, die der mündlichen Prüfung des künftigen Doktors der Physik vorsitzen, verfolgt, ist sie tief beeindruckt. »Es schien mir, daß an diesem Tag der kleine Raum die Verzückung menschlichen Denkens in sich barg«, schreibt sie später. »Ich war ganz erfüllt von diesem Gefühl.«

Die Verzückung menschlichen Denkens wird schlecht entlohnt. Mit 36 Jahren verdient Pierre Curie gerade einmal 3 600 Francs** pro Jahr an der Hochschule für Industrielle Physik und Chemie.

---

* Pierre Curie hat unter anderem entdeckt, daß der Koeffizient der Magnetisierungsstärke in umgekehrtem Verhältnis zur Temperatur steht, das sogenannte Curiesche Gesetz. Seine Arbeiten zum Magnetismus stellen die Grundlage zu herausragenden Leistungen der französischen Wissenschaft auf diesem Gebiet dar, die 1970 in der Verleihung des Nobelpreises an Louis Néel für seine Forschungen zum Antiferromagnetismus ihren vorläufigen Höhepunkt fanden.

** Nach heutigen Francs handelte es sich um eine Summe von ca. 36 000 FF, also etwa 12 000 DM.

Zeitgenössischen Statistiken zufolge verteilten sich die Jahreseinkommen der Pariser Haushalte wie folgt:

- Arme (77,0 %): 1 070 Francs
- Wohlhabende (16,2 %): 5 340 Francs
- Reiche (5,3 %): 15 500 Francs
- Multimillionäre (0,1 %): 385 000 Francs

Mit 3 600 Francs jährlich kann Pierre Marie folglich keinen Wohlstand bieten.

Die bescheidenen Summen, die er für die Vermarktungsrechte der von ihm entwickelten Apparate erhält – eine Waage wurde von einem Chemieunternehmen gekauft, ein Objektiv von einem Hersteller optischer Geräte –, reichen nicht einmal aus, um die Materialien für seine Forschungen zu kaufen.

Im Januar 1895 nimmt er deshalb zusätzlich einen Beraterposten bei ebenjenem Hersteller optischer Geräte an, der ihm eine monatliche Vergütung von 100 Francs sichert.

Sicherlich ist es nicht die bescheidene finanzielle Perspektive, die Marie bis zum Abschluß des Universitätsjahres dazu bewegt, Pierre im ungewissen zu lassen. Es ist auch nicht der unglückliche Lamotte, der die Hoffnung immer noch nicht aufgeben mag und den sie erst endgültig loswerden wird, als sie ihm mit der Ankündigung ihrer bevorstehenden Hochzeit den »Gnadenstoß« versetzt, wie er es in seinem letzten Brief bezeichnet.

Der einzige Konkurrenzkampf, den Pierre je auf sich genommen und den er gerade siegreich bestanden hat, ist der mit Polen. Im Juli schreibt Marie an eine Warschauer Freundin:

> »Wenn Du diesen Brief erhältst, wird Deine Maria einen anderen Namen tragen. Ich werde den Mann heiraten, von dem ich Dir im vorigen Jahre in Warschau erzählt habe. Es ist mir sehr schmerzlich, für immer in Paris zu bleiben, aber was soll ich tun? Das Schicksal hat es gewollt, daß wir uns tief verbunden fühlen und den Gedanken, uns zu trennen, nicht ertragen können.«

Und so läßt sich Marie im Juli 1895 insgeheim von Bronia in bis dahin unbekannten Fächern unterweisen: Wie wird ein Brathähnchen zubereitet? Und Pommes frites? Wie ernährt man einen Ehemann? Nebenbei laufen die Anproben für das Hochzeitskleid, das ihr Kazimierz' Mutter, Frau Dluska, schenken will, bei einer einfachen Schneiderin, die Bronia ausfindig gemacht hat. »Schlicht und bequem« wollte Marie das Kleid, »damit ich es nachher auch im Labor tragen kann.«
Vater Sklodowski und Hela reisen zwecks Teilnahme an der Zeremonie aus Warschau an – wenn man den kurzen Aufenthalt im Rathaus von Sceaux überhaupt so nennen kann, wo Pierre Curie und Marie Sklodowska zu Mann und Frau erklärt werden. Eine Heirat ohne Ehering und kirchlichen Segen.
Pierres Mutter wird vermutlich eine kleine Feier ausgerichtet haben, um die Hochzeit ihres Sohnes gebührend zu begehen und die polnischen Verwandten würdig zu empfangen, aber darüber existieren keinerlei Aufzeichnungen.
Man weiß jedoch, daß ein Cousin auf die gute Idee kam, anstelle eines Geschenks einen Scheck zu schicken. Und daß dieser Scheck gegen zwei Fahrräder eingetauscht wurde. Mit der »Kleinen Königin«, wie die Franzosen diese neue Erfindung damals liebevoll nannten, die sofort die Herzen aller erobert hatte, bricht das Ehepaar Curie in die Flitterwochen auf. Den unerläßlichen Reisehut verankert Marie beim Radeln mit einer langen Hutnadel in ihrem blonden Dutt.

II. TEIL

Das Genie

Die Fahrräder bedeuten unbegrenzte Freiheit. Keine festen Abfahrtszeiten, keine bestimmte Routenplanung, sondern nur Abenteuer und spontane Entschlüsse. Mit anderen Worten: Alles, was Pierre Freude macht. Kaum ein zweites junges Paar wird in wenigen Jahren so viele versteckte Waldwege, neblige Landschaften, Täler und Hügel erradelt haben, wie die beiden Curies.

Im September 1895 erforschen sie die Wälder in der Gegend von Chantilly. Bronia und Kazimierz haben in der Nähe ein großes Haus gemietet, wo sich die ganze Sippschaft in den Ferien versammelt: Herr Sklodowski, Hela, Frau Dluska, Pierre, Marie und Lou, Bronias kleine Tochter. Sozusagen ein zweites Warschau in Chantilly. Pierre findet es herrlich und beginnt sogar seiner Frau zuliebe Polnisch zu lernen. Marie lebt unbeschwert in den Tag hinein. Bronia hält die Zügel in der Hand.

Gelegentlich kommen Pierres Eltern zum Essen. Doktor Curie unterweist seine neuen Freunde in den Feinheiten französischer Politik, deren bestimmende Themen gerade Kolonialisierung und der Pakt mit Rußland sind.

Die Kolonialpolitik... Wenn den Eingeborenen dadurch Bildung und ärztliche Betreuung zuteil werden... Der Pakt mit Rußland hingegen beschäftigt die Sklodowskis sehr viel stärker.

Zehn Jahre später, während der Unruhen in Rußland im Jahre 1905, wird Marie den russischen Revolutionären über ihren Schwager Geld zukommen lassen. Im August 1914, am Vorabend der Schlacht an der Marne, wird sie zu den Mitgliedern der polnischen Kolonie gehören, die in die russische Botschaft in der Rue Grenelle zitiert werden, um sie von einer etwaigen Unterstützung der Truppen um General Pilsudski abzuhalten. Diese polnischen Truppen, die sich in der Hoffnung auf eine Befreiung Polens mit den Deutschen verbündet hatten, bedrohten die Flanken des russischen Heeres, dessen Offensive vom französischen Generalstab mit Ungeduld erwartet wurde.

Aber im September 1895 denkt in dem Haus in Chantilly noch niemand an Krieg.

Es gibt gute Neuigkeiten: Pierre wird endlich zum Professor ernannt. Indirekt verdankt er das Lord Kelvin. Der englische Altmeister hatte als erster die vielfältigen Anwendungsmöglichkeiten der Piezoelektrizität erkannt. Er war sogar eigens aus London angereist, um mit dem jungen französischen Physiker dessen Thesen zu erörtern. Außerdem widmete er ihm einen Artikel in einer wissenschaftlichen Fachzeitschrift, der so großes Aufsehen erregte, daß Professor Mascart vom Collège de France auf Pierre Curie aufmerksam wurde und für ihn beim Direktor der Hochschule intervenierte, so daß ihm schließlich eine Lehrtätigkeit angeboten wurde.

Um die Wahrheit zu sagen, fand die offizielle Anerkennung ihrer Leistungen auch im weiteren Verlauf der Karriere von Pierre und Marie Curie stets auf Betreiben des Auslands statt.

Mit einem Jahresgehalt von 6 000 Francs sind die beiden nunmehr besser abgesichert. Marie arbeitet an der Umsetzung ihrer Pläne: Vorbereitung der Zulassung als Gymnasiallehrerin zur Aufnahme des Lehramts im darauffolgenden Jahr; Suche nach einer bezahlten Forschungstätigkeit; Einrichtung der kleinen Wohnung in der Rue de la Glacière, unweit der Hochschule. Sie bemüht sich um straffe Organisation, um nicht unnötig Zeit und Energie zu vergeuden, und sie legt Wert auf schlichte Zweckdienlichkeit. Keine Möbel, die poliert werden müssen, kein Bilderrahmen oder Nippes, auf denen sich nur Staub ablagert, keine überflüssigen Zierdeckchen, die gewaschen werden müßten.

Die Einrichtung beschränkt sich auf das Allernötigste, der Stil ist weder typisch für ein Warschauer noch für ein Pariser Ambiente jener Zeit.
Pierre ist das gleichgültig, solange er nur Bäume sieht, wenn er aus dem Fenster schaut, immer frische Blumen auf dem weißen Holztisch stehen, an dem die beiden gemeinsam arbeiten, solange er nur seine Bücher hat und ein Bett...
Im November 1895 schreibt Marie an ihren Bruder Jozef:

> »Ich richte nach und nach meine Wohnung ein, aber ich gedenke, einen Stil beizubehalten, der mich jeder Sorge enthebt und keinerlei besondere Pflege erfordert, denn ich habe sehr wenig Bedienung: eine Frau kommt täglich für eine Stunde, um Geschirr zu waschen und die groben Arbeiten zu verrichten. Ich koche und räume selbst auf.«

Hinzu kommen die morgendlichen Marktbesuche auf dem Weg zur Arbeit. Die Banalität des Alltags.
Maries Verhältnis zur Kochkunst kann man sich vorstellen. Pierre weiß kaum, was er ißt. Aber wenn Marie einmal etwas angefangen hat, will sie es auch besonders gut machen. Ihr ganzer Stolz ist es, daß sie besser als jeder andere weiß, wie man ein gutes Holzfeuer entfacht und wie man den Ofen in Gang hält. Sie kauft sich ein Kochbuch mit dem Titel »Die bürgerliche Küche« und versieht es umgehend mit einer Fülle von Randbemerkungen.
Es ist nicht bekannt, ob sie das Zeug zu einer guten Köchin hatte. Jedenfalls steht ihre Ehre auf dem Spiel, und so setzt sie hartnäckig ihren Ehrgeiz daran, das Kochen zu erlernen. Ihr ausgeprägter Sinn für Sparsamkeit kommt ihr dabei zugute. Damit liegt sie im übrigen durchaus im Trend, in einer Zeit, da das Kreditwesen noch unbekannt ist und jemand, der doch einmal gezwungen ist, sich Geld zu borgen, nicht umhinkann, Verwandte oder Freunde anzubetteln. Jene, die wenig haben, sparen aus Furcht vor Krankheit soviel sie können, und jene,

die viel haben, auch weil es in den großbürgerlichen Familien besser gelitten ist, von Zinseinkünften zu leben als sein Erbe anzutasten.
So fortschrittlich Pierre Curie ist, wenn er der Arbeit seiner Frau eben solchen Respekt zollt wie seiner eigenen – wahrscheinlich hat er niemals auch nur einen Besen richtig halten können. Vielleicht hat er von Zeit zu Zeit Brot eingekauft, wenn sie es vergessen hatte, oder gelegentlich die Betten gemacht... Aber nein. Er ist nie beim Militär gewesen, da er wie alle jungen Männer, die Lehrberufe ausübten, freigestellt war. Und Marie hat nie etwas vergessen. Aber abends nach der Arbeit gehen sie gemeinsam in die Milchhandlung, zum Bäcker, ins Lebensmittelgeschäft.
Abgesehen von den Dluskis und Pierres Eltern pflegen sie keine sozialen Kontakte. Ihre traute Zweisamkeit reicht ihnen zum Glücklichsein. Pierre bereitet an den Abenden beim Schein der Petroleumlampe seine Kurse vor, und Marie hilft ihm dabei. Zu Anfang widmete er der Kristallographie ebenso viele Sitzungen wie der Elektrizität, später, als er »zunehmend den Nutzen einer fundierten Elektrizitätslehre für angehende Ingenieure erkannte, konzentrierte er sich ausschließlich darauf, und es gelang ihm, die damals umfassendste und modernste Unterrichtsreihe in ganz Paris zusammenzustellen (ca. 120 Lektionen)«, berichtet Marie. Seine klare, präzise Denkweise und seine ansteckende Neugier hinterlassen einen bleibenden Eindruck bei seinen Schülern.
Ihre Tage verbringen die beiden an der Hochschule für Industrielle Physik und Chemie. Direktor Schützenberger, genannt Papa Schütz, der Pierre nicht nachträgt, daß er seine Empfehlung zur Verleihung der »Palmes académiques« ausgeschlagen hat (»Ich bin fest entschlossen, niemals eine Auszeichnung anzunehmen, egal welcher Art«, lautete Pierres Erklärung), gestattet Marie, das Laboratorium der Hochschule zu nutzen, vorausgesetzt, sie komme für die anfallenden Forschungskosten selbst auf.

Ihre ersten wissenschaftlichen Gehversuche unternimmt sie auf dem Gebiet des Magnetismus, wo Pierre bereits eine anerkannte Kapazität ist und er Maries Bemühungen durch seine langjährige theoretische und praktische Erfahrung begleiten kann. Sie hat einen Weg gefunden, sich die Metallproben für ihre Forschungen kostenlos bei den Stahlwerken zu besorgen. Henri Le Châtelier, ein bekannter Professor an der Fachschule für Bergbauwesen, hat sich bereit erklärt, ihr bei den Analysen zu helfen.

Die junge Frau erfreut sich also allseits kompetenter Beratung. Ihre Abhandlung über die temperaturabhängige Veränderung der magnetischen Eigenschaften bei bestimmten Stahlsorten bringt auf wissenschaftlichem Gebiet nichts Neues. Aber Marie erbringt durch Umfang, Sachverstand und Gewissenhaftigkeit ihrer Arbeit den Beweis, daß auch eine Frau die notwendige Konzentrationsfähigkeit besitzen kann, um akribische Studien durchzuführen, und sich in einer reinen Männerdomäne, der wissenschaftlichen Forschung, durchaus behaupten kann.

Wenn sie daran auch nie gezweifelt hat – genausowenig wie Pierre, zumindest im Hinblick auf seine Frau –, so handelt es sich dennoch um eine Premiere. Unter den wenigen Physikerinnen, die damals schon in Laboratorien arbeiten, hat noch keine dieses Niveau erreicht. Während sie die Untersuchung durchführt, bereitet sie nebenbei noch ihre Zulassungsprüfung zum Lehrberuf vor und besteht natürlich als Beste.

Danach machen sich die Curies erneut mit den Fahrrädern in die Auvergne auf. Anfang 1897 ist sie dann schwanger. Sie bereut es keineswegs, kommt aber schlecht zurecht.

»Ich bekomme ein Kind, und diese Hoffnung macht sich empfindlich bemerkbar«, schreibt sie an eine Warschauer Freundin.

Schwächeanfälle, lähmende Müdigkeit... »Ich bin sehr schwach und müde, und obwohl ich nicht schlecht aussehe, bin ich arbeitsunfähig und psychisch in schlechter Verfassung.«

Sie hält sich bis Juli »unausgesetzt leidend« mühsam aufrecht, zusätzlich belastet durch den Zustand ihrer Schwiegermutter, die an Brustkrebs erkrankt ist, und läßt Bronia und die Männer alle Entscheidungen für sie treffen. Dann kommt ihr Vater aus Warschau, um mit ihr Urlaub in der Bretagne zu machen, während Pierre in Paris seine Unterrichtsreihe zu Ende führt.
Dieser ersten Trennung seit zwei Jahren verdanken wir einen der seltenen Briefwechsel zwischen den Eheleuten, da sie sonst fast immer zusammen sind. Die Briefanfänge aus dieser Zeit vermitteln einen Einblick in die Art ihrer Beziehungen. Sie lauten »Mein kleines Mädchen, meine Herzallerliebste«, »Mein geliebtes kleines Mädchen, so zart und lieblich«, »Mein Geliebter«. Dies ist der Tonfall, in dem die beiden miteinander korrespondieren, zu einer Zeit, als Marie noch nichts weiter als die junge Ehefrau eines talentierten Neununddreißigjährigen ist, dessen hervorragender Ruf auf den gemeinsamen Grundfesten beruht, und den sie bewundert. Für ihn ist sie Geliebte und intellektuelle Mitstreiterin in einer Person.
Pierre an Marie im Juli 1897:

> »Mein kleines Mädchen, mein Geliebtes, ich habe Deinen Brief heute bekommen und bin sehr glücklich. Hier nichts Neues, es wäre denn, daß Du mir sehr fehlst: meine Seele hat mich mit Dir verlassen.«

Seine Briefe verfaßt er nun gelegentlich in leicht gebrochenem Polnisch, der Sprache, die er ohne Zögern erlernt hat, als dürfe ihm nicht das geringste von Maries Wesen verborgen bleiben. Er schickt ihr außerdem ein Paket mit Babysachen. Der beigefügte Brief enthält folgende Hinweise einer gewissen Frau P., die die Sachen gestrickt hat:

> »Die kleine Größe ist für Jäckchen aus elastischem Trikot richtig, aus Leinen oder Baumwolle muß man sie etwas weiter machen. Du mußt also Jäckchen in zwei Größen haben.«

Und weiter:

»Ich denke an meine Liebste, die mein Leben erfüllt, und wünsche mir noch nicht dagewesene Kräfte. Es will mir scheinen, daß ich durch äußerste Konzentration auf Dich, wie eben in diesem Augenblick, dahinkommen müßte, Dich zu sehen, zu verfolgen, was Du tust, und Dich auch fühlen zu lassen, daß ich in diesem Augenblick ganz dir gehöre – doch gelingt es mir nicht, das Bild zu erzeugen.«

Dieser Wissenschaftler glaubt seltsamerweise an übersinnliche Phänomene, an Tischerücken und dergleichen, denen er auf den Grund gehen würde, wenn er Zeit dazu hätte.
Marie, so scheint es, ist am Ende der Schwangerschaft recht niedergeschlagen. Sie schreibt ihm in polnisch:

»Mein Lieber, es ist schön, die Sonne scheint, es ist warm. Ich bin sehr traurig ohne Dich, komm bald. Ich warte vom Morgen bis zum Abend auf Dich und sehe Dich nicht kommen. Es geht mir gut, ich arbeite so gut es geht, doch ist das Buch von Poincaré unzugänglicher als ich gedacht hätte. Ich muß mit Dir darüber sprechen und mit Dir durchgehen, was mir schwierig vorgekommen ist.«

Man kommt sich indiskret vor, wenn man diesen intimen und zärtlichen Briefwechsel liest und abdruckt, aber Pierre und Marie sind längst nur noch Staub auf dem Friedhof von Sceaux, wo sie übereinander bestattet wurden, weil Marie es zu Lebzeiten so bestimmt hatte, und es ist schön zu sehen, daß sie nicht nur die Atomkraft verband, die sie am Ende beide dahinraffte.
Der stets rege Briefkontakt mit dem geliebten Menschen, den Marie in fehlerfreiem Französisch, aber ohne die stilistische Freiheit ihrer Muttersprache verfaßt, wird ihr eines Tages zum Verhängnis werden und so dramatische und belastende Konsequenzen nach sich ziehen, daß es unmöglich ist, dies zum gegebenen Zeitpunkt zu verschweigen.

Anfang August schreibt ihr Pierre: »Mama ist so betrübt, wenn ich von meiner Abreise spreche, daß ich noch nicht das Herz hatte, einen Tag festzulegen ...«
Als er schließlich ankommt, fühlt Marie sich besser. Obwohl sie im achten Monat ist, schwingt sie sich aufs Rad und fährt mit Pierre von Port-Blanc nach Brest. Das Ergebnis hätten auch weniger kluge Köpfe als die beiden vorhersehen können: Sie muß mit dem Zug nach Paris zurückgebracht werden. Bronia ist ausgerechnet jetzt im Urlaub, zu weit weg, um noch rechtzeitig zurückzukehren. Die Entbindung der kleinen Tochter nimmt Doktor Curie vor. Sie nennen sie Irène. Einige Tage später stirbt Pierres Mutter.
Am 12. Dezember 1897, dem Tag der Niederkunft, notiert Marie in ihrem Rechnungsheft unter der Rubrik »Sonderausgaben«: »Champagner: 3 F. Telegramme: 1,10 F«. Unter der Rubrik »Krankheit«: »Apotheke und Pflegerin: 71,50 F«.
»Summe der Septemberausgaben: 430,40 F.« Summe ist doppelt unterstrichen. Pierre verdient 500 Francs im Monat.
War Irène ein Wunschkind, oder müssen die Komplikationen während der Schwangerschaft und ihre kräftezehrenden Radtouren als Zeichen innerer Auflehnung gewertet werden? Man weiß es nicht. Eine sichere Methode zur Empfängnisverhütung war damals ohnehin noch nicht entwickelt. Sicher ist jedenfalls, daß sich Marie sechs Jahre später ihr zweites Kind sehnlichst gewünscht hat. In der heutigen Zeit hätte sie die Geburt des ersten zweifellos besser geplant. Wie dem auch sei, es – oder vielmehr sie – ist auf der Welt. Marie stillt »ihre kleine Prinzessin«, hegt und pflegt sie, geht mit ihr spazieren, steht nachts auf, wenn sie schreit, und macht sich über einen plötzlichen Gewichtsverlust des Kindes Sorgen. Ihrem Vater schreibt sie, daß sie befürchte, doch eine Amme nehmen zu müssen, »obwohl ich darüber sehr traurig wäre und die Kosten mich ärgern: um nichts in der Welt würde ich der Entwicklung meines Kindes schaden wollen«.

Der Gedanke, ihre Studien Irène zuliebe auf längere Zeit zu unterbrechen, sagt jedoch weder Marie noch Pierre zu. Auch ihr Umfeld, die Dluskis, Doktor Curie und die Wissenschaftler, mit denen sie beruflich zu tun haben, sind von der Vorstellung wenig begeistert.

Die wirklichen Hürden, die Marie zu überwinden hat, sind finanzieller Natur. Sie braucht bald eine Amme mit guter Milch für das Baby und eine ständige Haushaltshilfe für die nunmehr gestiegenen häuslichen Belastungen. Und schon ist sie mitten drin in den Stürmen des Alltags.

Außerdem kommt sie nicht wieder zu Kräften, sondern nimmt im Gegenteil sogar noch ab, wirkt zusehends blasser und kränklicher. Bronia ist beunruhigt. Doktor Curie besteht auf einer Untersuchung durch den Hausarzt, dessen Diagnose Kazimierz' Vermutung einer Tuberkuloseerkrankung im linken Lungenflügel bestätigt und der ihr einen Sanatoriumsaufenthalt empfiehlt. Ein beängstigender Befund: Schon ihre Mutter war daran gestorben. Und in ganz Europa fallen Zehntausende der Tuberkulose zum Opfer – jeder siebte Todesfall geht damals auf ihr Konto.

Marie hört sich alles geduldig an, lehnt es aber ab, sich weiter damit auseinanderzusetzen. Bestes Hausmittel für alle Wehwehchen ist für sie die Arbeit. War sie damals tatsächlich lungenkrank, oder litt sie vielleicht wieder an den alten Nervenkrisen? Es ist keineswegs selten, daß die Schwangerschaft insbesondere Frauen, die zu Depressionen neigen, schwer zu schaffen macht. Und Röntgenbilder, mit denen sich der Verdacht einer gefährlichen Lungenerkrankung zweifelsfrei hätte bestätigen oder entkräften lassen, waren damals noch nicht erfunden. Genauer gesagt, sie wurden gerade erfunden.

Ein junger deutscher Physiker hatte Anfang des Vorjahres, im Januar 1896, mit den ersten Früchten seiner Forschungsarbeit eine wissenschaftliche Sensation ausgelöst. Während einer Konferenz hatte er die Hand eines Anatomieexperten fotografiert

und dann dem Plenum das Ergebnis präsentiert: Der Knochenbau der Hand war deutlich auf dem Photo zu erkennen. Wilhelm Röntgen hatte den Nachweis eines Phänomens präsentiert, das sich niemand erklären konnte – er selbst auch nicht. X-Strahlen nannte er deshalb diese geheimnisvolle, durch Zufall gemachte Entdeckung.
In Wahrheit wird nichts durch puren Zufall entdeckt. Der Zufall mußte schon eine beträchtliche Anzahl Äpfel auf eine beträchtliche Anzahl Köpfe fallen lassen, bevor Newton die Gravitation entdeckte und auf die Idee kam, daß alle Dinge im Universum derselben Gesetzmäßigkeit unterliegen. Und er war mit Sicherheit nicht der erste, den die Frage beschäftigte, warum alle Objekte auf die Erde fallen und nicht auf den Mond.
Der Zufall fördert nur Phänomene zutage. Für alle Phänomene gibt es eine Ursache. Kinder wissen das genau, wenn sie ihre beliebten Warum-Fragen stellen – wie zum Beispiel: »Mama, warum gehen Schiffe eigentlich nicht unter?«
Unter entsprechenden Bedingungen begünstigt der Zufall die Entdeckung eines unbekannten Phänomens. Aber um eine wirklich große Entdeckung zu machen, bedarf es darüber hinaus der nötigen Kenntnisse, Neugier, Intuition und der intellektuellen Fähigkeiten, um, ausgehend von dem beobachteten Phänomen, einen neuen Forschungsansatz zu entwickeln und so dessen Ursachen zu ergründen. Voraussetzung dafür ist ein analytischer Verstand.
Eine eindrucksvolle Demonstration ihres analytischen Verstandes lieferte Marie Curie Anfang der zwanziger Jahre während einer Seereise nach Amerika. Man erwartete sie vergeblich im Speisesaal, bis schließlich ein junges Mädchen losgeschickt wurde, sie zu suchen. Sie fand Marie in ihrer Kabine, wie angewurzelt vor dem Kleiderschrank. Der Schrank war von innen beleuchtet, und da Marie sehr gewissenhaft war, wollte sie die Kabine nicht verlassen, ohne das Licht ausgeschaltet zu haben. Aber weit und breit war kein Lichtschalter zu finden. Sie hatte

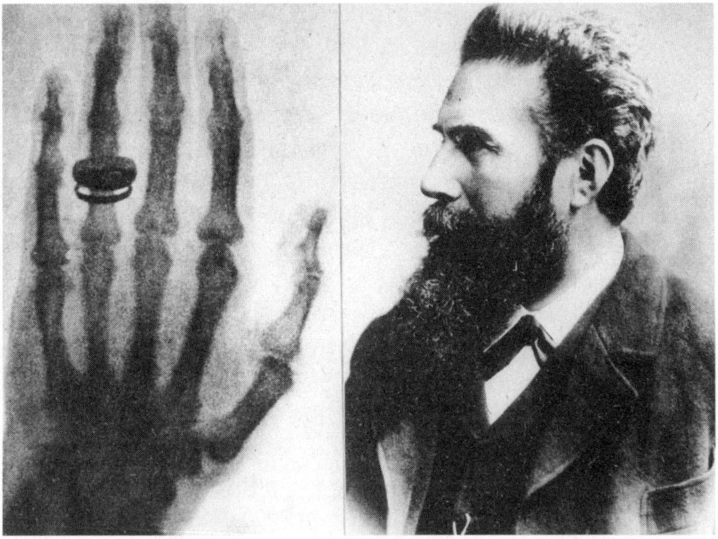

Wilhelm Conrad Röntgen (1845–1923) und seine erste Röntgenaufnahme: die Hand seiner Frau (Foto: Süddeutscher Verlag, München)

sich allein deshalb verspätet, weil sie vergeblich versucht hatte, herauszufinden, woher das Licht kam und wie es auszuschalten war. »Das Licht geht aus, wenn Sie den Schrank zumachen«, sagte das junge Mädchen.

Eine einleuchtende Erklärung, die aber nichtsdestotrotz experimentell überprüft werden mußte. Nur wie? Das junge Mädchen versuchte verzweifelt, sie zu überzeugen, während Marie sorgfältig den Wandschrank untersuchte. Schließlich kam ihr eine Idee. »Setzen Sie sich in den Schrank«, sagte das Mädchen. »Ich werde die Türen schließen, und dann können Sie sich vergewissern, daß das Licht aus ist.«

Marie Curie setzte sich in den Wandschrank, kam zufrieden wieder heraus und ging zum Essen. Das unbekannte Phänomen, Neugier, Ursachenforschung, experimentelle Prüfung der

Hypothese – diese Anekdote beinhaltet alles, was wissenschaftliche Forschung ausmacht.
Röntgen hatte seinerzeit ein schwaches Leuchten in einem abgedunkelten Raum wahrgenommen, als er sich vergewissern wollte, daß der schwarze Karton, mit dem er eine Kathodenstrahlröhre abgedeckt hatte, hundertprozentig lichtundurchlässig war. Das war der Fall. Woher kam aber dann dieses Leuchten? Von einer kleinen Platte, die mit einer chemischen Verbindung auf der Basis von Barium beschichtet war – wie er feststellte, als er ein Streichholz anzündete. Er unterbrach den Kathodenstrahl: Das Leuchten verschwand. Er reaktivierte ihn: Das Leuchten war wieder da. Aus der Röhre konnte aber definitiv kein Licht entweichen.
Er überprüfte zunächst, von welchem Stoff der Verbindung die unbekannte Strahlung ausging, und stellte dann verblüfft fest, daß sie alle möglichen Stoffe durchdringen konnte, u. a. auch menschliches Gewebe. Nun galt es, die exakten Eigenschaften der Strahlen zu erforschen und deren Ursache zu ermitteln. Überall in Europa stürzten sich Wissenschaftler umgehend auf diese Entdeckung, während die Öffentlichkeit dieses spektakuläre Phänomen begeistert und bestürzt zugleich aufnahm. Im Bereich der Wissenschaften sonst eher selten, war die neuentdeckte Strahlung für jedermann leicht wahrnehmbar, wenn auch nicht leicht verständlich.
Wenn die Menschen damals gewußt hätten, was die Röntgenstrahlen einmal bewirken würden und daß sie in nicht allzu ferner Zukunft das gültige Weltbild der Physik und sogar der Philosophie erschüttern würden …
Aber das Unvermögen der Menschheit, das Undenkbare zu denken, hat die wissenschaftliche Entwicklung noch nie lange bremsen können. Die gesamte europäische Fachwelt beschäftigt sich mit den rätselhaften Strahlen. Der britische Physiker Thompson schreibt an einen Freund: »Die Welt scheint gleich in doppelter Hinsicht dem Wahn anheimgefallen zu sein: dem

Fahrrad und den X-Strahlen. Was letztere angeht, muß ich zugeben, daß auch ich mich bereits ernsthaft angesteckt habe.«
Auch der junge Neuseeländer Ernest Rutherford, der später einmal weltweite Anerkennung finden wird, stürzt sich auf den neuen Forschungsgegenstand.
In allen Laboratorien wird recherchiert, beobachtet, berechnet, entschlüsselt. Eine Vielzahl von Artikeln und Büchern erscheint. Jedermann will sein Scherflein zur Erklärung des Phänomens beitragen, will der erste sein, der sie formuliert.
Wenn die Dinge ihren üblichen Verlauf genommen hätten, dann hätte Marie, die auf der Suche nach einem Thema für ihre Dissertation war, sich von der allgemeinen Euphorie anstecken lassen müssen. Ursprung und Eigenschaften der X-Strahlen waren schließlich noch längst nicht erforscht. Aber die Götter hatten andere Pläne mit ihr. Nun ja, die »Götter« – eine Verlegenheitsbezeichnung für alles, was von der Wissenschaft noch nicht erforscht wurde. Sie statt dessen einfach X zu nennen, verbietet sich dennoch. Der Name ist nämlich bereits vergeben.

Eine Kurzfassung der Ereignisse der nächsten vier Jahre, wie sie allgemein erzählt werden, könnte etwa folgendermaßen lauten: »Pierre und Marie Curie arbeiten gemeinsam in einem schäbigen Laboratorium, sind dennoch glücklich, weil sie sich lieben, und entdecken das Radium. Dank dieser Entdeckung durch Pierre Curie mit Unterstützung seiner Frau ist Krebs heilbar.«
Die Geschichte der Wissenschaften setzt in bezug auf diese Jahre den Schwerpunkt auf andere Aspekte. Ebenso, wenn auch auf einer anderen Ebene, die Autorin dieses Buches.
Im Februar 1896 beschließt der französische Physiker Henri

Becquerel, Spezialist für Fluoreszenz, ein Experiment durchzuführen. Als Fluoreszenz bezeichnet man die Eigenschaft bestimmter Substanzen, zu leuchten, wenn man sie zuvor Licht ausgesetzt hat.
Becquerel will überprüfen, ob dieses Phänomen nicht auch bei der Erzeugung der von Röntgen entdeckten X-Strahlen auftritt. Die Wände der dazu verwendeten Kathodenstrahlröhre werden tatsächlich fluoreszent. Er wickelt fotografische Platten in schwarzes Tuch, deckt sie mit Aluminiumfolie ab und streut Uranyl- und Potassiumsulfate darüber, die er zuvor der Sonne ausgesetzt hat. Die Platten weisen nach der Entwicklung verschwommene Flecken auf. Daraus folgt, daß tatsächlich Strahlung aufgetreten ist.
Am 26. Februar bereitet Becquerel ein weiteres Experiment vor. Da aber der Himmel bewölkt ist, legt er die vorbereiteten Platten samt Aluminiumfolie und Salzkristallen in eine Schublade. Auch an den darauffolgenden Tagen, Freitag und Samstag, ist der Himmel bedeckt. Es ist nicht bekannt, warum Becquerel die fotografischen Platten am Sonntag aus der Schublade holt und sie entwickelt. Dort, wo sich die Salzkristalle befanden, sind die Platten geschwärzt.
Am Montag berichtet er von seiner Entdeckung auf der wöchentlichen Sitzung der Akademie der Wissenschaften in Paris: Uransalze senden eine Strahlung aus, die genau wie X-Strahlen Materie durchdringt. Man hört ihn höflich an und geht dann zur Tagesordnung über.*
Ob Marie oder Pierre die Aufmerksamkeit des anderen auf die diesbezüglichen Veröffentlichungen Becquerels lenkt, ist unwichtig.

---

* Laut Pierre Auger sorgte die Entdeckung Röntgens aufgrund der großen Anzahl Physiker, die damals mit der Crookesschen Röhre experimentierten, für ungeheures Aufsehen, wohingegen Becquerels Entdeckung kaum Beachtung fand und ohne weiteres noch ein halbes Jahrhundert hätte vergehen können, bevor sie gemacht worden wäre.

Bis dahin hat es noch keine Frau auf der Welt gewagt, den Doktortitel in Physik anzustreben. Marie weiß, daß sie unbedingt dieselben Titel wie ihre männlichen Kollegen erwerben muß, wenn sie als gleichberechtigt in einem von Männern dominierten Fachgebiet anerkannt werden will, und daß ihr nichts geschenkt würde. Eine von einer Frau eingereichte Doktorarbeit bedarf also eines besonders originellen und fundierten Forschungsansatzes.
Sie kommt zu dem Schluß, daß ihr das von Becquerel entdeckte Phänomen möglicherweise ein reiches Betätigungsfeld eröffnet, das überdies kaum bearbeitet ist, und Pierre teilt diese Einschätzung. Bei diesem Phänomen handelte es sich um nichts anderes als die Radioaktivität, wie sie es kurz darauf selbst benennen wird.
Will man heute die Forschungsnotizen von Marie Curie in der Pariser Nationalbibliothek einsehen, muß man durch seine Unterschrift bestätigen, daß man darauf verzichtet, die Bibliothek für »eventuelle Strahlenschäden« verantwortlich zu machen. Die Gefährdung, die von der Lektüre dieser Notizen ausgeht, ist minimal. Sie sind allerdings radioaktiv verstrahlt – wenn auch nicht für immer, so doch für Jahrtausende.*
Marie ist ab ihrem dreißigsten Lebensjahr radioaktiver Strahlung ausgesetzt, ohne zu wissen, daß die von Becquerel entdeckten Strahlen durch ungeahnte Kräfte im Atomkern ausgelöst werden und somit ursächlich mit der uns bekannten Atomenergie zusammenhängen.
Was das Privatleben der Curies angeht, ist alles in bester Ordnung. Auch hier hatten wieder die Götter ihre Hand im Spiel. Die Familie ist in ein kleines Haus mit Garten am Boulevard Kellermann umgezogen. Die Einrichtung »im Stil Marie« wurde durch einige Kommoden und Sessel aus Sceaux ergänzt, als der Doktor nach dem Tod seiner Frau die dortige Praxis aufgab und

* Die Halbwertszeit von Radium beträgt 1 300 Jahre.

zu ihnen zog. Endlich kann Marie nicht nur wieder frei über ihre Zeit verfügen, sondern hat auch den Kopf frei. Wenn sie das Haus verläßt, braucht sie sich nicht länger um Irène zu sorgen. Der Doktor kümmert sich liebevoll um seine Enkelin und verbringt viel Zeit mit ihr. Eine Bedienstete, damals Mädchen für alles genannt, entlastet sie von der beschwerlichsten Hausarbeit, für die noch keine Maschinen erfunden sind. Morgens kümmert sich Marie um ihre Tochter, füttert sie und zieht sie an, aber mittags muß sie nicht mehr extra nach Hause kommen, um ihr etwas zu essen zu machen, und abends kann sie ausgehen, nachdem Irène gebadet, zu Bett gebracht und eingeschlafen ist. Der gutmütige alte Mann, intelligent und geistreich, der sich weiterhin über alles auf dem laufenden hält, hat sie vor der höllischsten Entscheidung bewahrt, die Frauen treffen müssen: sich selbst oder andere zu opfern.

Zunächst benötigt Marie einen geeigneten Raum für ihre Forschungen. Papa Schütz, ein weiterer gutmütiger, intelligenter Mann, findet im Erdgeschoß der Hochschule eine ungestörte Arbeitsstätte für sie, in einem verglasten, feuchten Saal, der auch als Maschinenraum und Lager genutzt wird. Es stehe jedoch zu befürchten, daß dort die Gesundheit der Ehefrau von Herrn Professor Curie, einer jungen Frau ganz nach seinem Geschmack, aber von labiler, fast schwächlicher Konstitution, aufgrund der Kälte und Feuchtigkeit leiden könne. Aber sie bestreitet das. Höchstens die angestrebten Experimente seien eventuell gefährdet, aber sei's drum, vielen Dank, Herr Direktor. Sie ist immer recht wortkarg. Wenn sie spricht, formuliert sie sehr präzise und beschränkt sich auf das Wesentliche.

Alles, was sie jetzt noch benötigt, ist Material, denn das Instrument für ihre Versuche ist kostenlos verfügbar: Das von Pierre entwickelte piezoelektrische Elektrometer, das er im Labor an der Hochschule aufbewahrt. Nachdem sie eine Uranprobe erhalten hat, beginnt sie mit der Messung der Ionisationsfähigkeit der Strahlen, das heißt ihrer Fähigkeit, die Luft zum elektrischen Leiter zu machen. Eine elektrische Leitfähigkeit, die Becquerel nachgewiesen hatte.

Marie ist sehr geschickt im Umgang mit wissenschaftlichen Instrumenten und verfügt überdies über eine dreijährige experimentelle Praxis. Mit akribischer Sorgfalt, die später ihr methodisches Markenzeichen werden sollte, führt sie nach einem ausgezeichneten theoretischen Konzept ihre Messungen durch. Jeden Professor, jeden Ingenieur, der ihr an der Hochschule über den Weg läuft, bittet sie um Metall- oder Mineralproben, um der Frage nachzugehen, ob noch andere Substanzen die beim Uran beobachtete Ionisationsfähigkeit besitzen.

Sie findet sehr schnell heraus, daß auch Thorium diese Fähigkeit besitzt, und folgert daraus, daß es sich um eine analoge Strahlung zu der von Becquerel festgestellten handeln muß.

Diese erstaunliche Eigenschaft sollte mit einem eigenen Begriff belegt werden. Marie Curie tauft dieses Phänomen Radioaktivität. Dann benutzt sie wieder ihr Elektrometer, um die Intensität der Stromstärke zu bestimmen, die von Uran- bzw. Thoriumverbindungen hervorgerufen wird. Sie beobachtet, daß die jeweilige Stromstärke immer proportional zu der Uran- bzw. Thoriummenge ist, durch die der Stromfluß ausgelöst wird, unabhängig davon, ob die beiden Elemente rein vorliegen, mit anderen vermischt oder in chemischen Verbindungen enthalten sind, sie in Pulverform oder am Stück, trocken oder naß untersucht werden.

Marie hat soeben den unwiderlegbaren Beweis dessen erbracht, was Becquerel nur vermuten konnte: Die Radioaktivität ist untrennbar mit den Atomen bestimmter Elemente wie Uran und Thorium verbunden, sie wird durch Reaktionen im Atomkern hervorgerufen. Ausgehend von dieser Entdeckung konnten im 20. Jahrhundert die Rätsel um die Struktur von Atomen gelöst werden – und so weiter und so fort, wenn man so sagen darf.

Der Tragweite ihrer wenige Wochen nach Beginn ihrer Forschungen angestellten Beobachtungen ist Marie sich nicht sofort bewußt. Sie nimmt Messungen an weiteren Mineralien vor, darunter Pechblende und Chalkolith. Ein Physiker an der Hochschule, Eugène Demarçay, hatte ihr Proben überlassen. Sie sind ebenfalls radioaktiv, aber die Intensität der Strahlung macht Marie stutzig: sie ist deutlich höher, als ihr Uran- bzw. Thoriumgehalt vermuten lassen würde.

Marie beginnt eine weitere Versuchsreihe, um jeden experimentellen Fehler auszuschließen. Dann sucht sie nach einer Erklärung für das jüngst beobachtete überraschende Phänomen.

Am Ende stellt sie eine gewagte Hypothese auf: Die von ihr untersuchten uranhaltigen Mineralien müssen noch eine weitere Substanz enthalten, die sehr viel stärker radioaktiv ist als Uran oder Thorium, und bei dieser Substanz müsse es sich um ein neues Element handeln. (Neu bedeutet hier, daß es noch nicht in dem von Mendelejew aufgestellten Periodensystem der Elemente enthalten war, das damals noch Lücken für unbekannte Elemente aufwies).

Nach jedem Arbeitstag unterrichtet sie natürlich Pierre über den Fortgang ihrer Forschungen, aber aktiv beteiligt ist er nicht.

Als Anfang 1898 der Lehrstuhl für Physikalische Chemie an der Sorbonne frei wurde, hatte er sich darum beworben, unterlag aber einem Konkurrenten: »Was können Sie schließlich gegen einen Elitekandidaten und die Voreingenommenheit der Mathematiker ausrichten?« schrieb ihm Professor Friedel, der seine Kandidatur unterstützt hatte.

Soweit es ihm seine Verpflichtungen an der Hochschule für Industrielle Physik und Chemie erlauben, nimmt er – immer noch auf einem der Flure – seine Forschungen an Kristallen wieder auf, die ihn nie losgelassen hatten.

Pierre, der den Freuden und Leiden des Konkurrenzkampfes mit Gleichgültigkeit begegnet und sich durch eine rigorose intellektuelle Unbestechlichkeit auszeichnet, rät Marie davon ab, ihre bis dahin erzielten Forschungsergebnisse zu veröffentlichen. Er sieht dazu keinen Anlaß. Man soll nichts überstürzen. Wozu auch? Um der bedeutungslosen Genugtuung willen, als der erste anerkannt zu werden – oder, wie in diesem Fall, als die erste?

Marie liebte ihren Mann auch deswegen, weil seine Haltung unter allen Umständen die eines »Ehrenmannes ist, der in höchstem Maße zivilisiert ist«. Aber hier geht es um sie, um *ihre* Arbeit, um *ihre* Hypothese.

Sie beschließt, eine kurze Mitteilung für die Akademie der Wissenschaften zu verfassen, die dann wie üblich innerhalb der ersten zehn Tage nach Vorlage gedruckt und in der wissenschaftlichen Fachwelt in Umlauf gebracht werden würde. Die Arbeit muß allerdings von einem Mitglied der Akademie vorgestellt werden. Ihr ehemaliger Lehrer Gabriel Lippmann trägt sie am 12. April 1898 im Namen von Frau Sklodowska-Curie auf der wöchentlichen Sitzung der Akademie vor.

Wie sich herausstellt, ist Eile tatsächlich geboten, denn ein anderer hatte es leider noch eiliger. Ein Deutscher hatte ebenfalls herausgefunden, daß Thorium genau wie Uran strahlt, und seine Beobachtungen zwei Monate zuvor in Berlin veröffentlicht.

Aber Maries Arbeit enthielt noch etwas mehr. Einem Absatz, der die erhöhte Radioaktivität von Pechblende und Chalkolith im Vergleich zum Uran thematisiert, hat sie mit der gebotenen Vorsicht, die bei der Aufstellung nicht überprüfter Hypothesen von Wissenschaftlern erwartet wird, hinzugefügt:

»Diese Tatsache ist sehr bedeutungsvoll und führt zu der Annahme, daß diese Mineralien möglicherweise ein Element enthalten, das weit aktiver ist als Uran.«

An weit unvorsichtigere Thesen gewöhnt, bleiben die Physiker jedoch unbeeindruckt. Ob ihre Neugier größer gewesen wäre, wenn die Arbeit im Namen eines Mannes eingereicht worden wäre? Vermutlich nicht.

Tatsache ist jedenfalls, daß sich Marie danach Zeit lassen konnte. Unendlich mehr Zeit allerdings, als sie in ihren kühnsten Vorstellungen für die Überprüfung der gewagten Hypothese veranschlagt hätte, die sie als junge Frau mit dreißig Jahren aufstellte. Sechs Jahre zuvor hatten ihre Kenntnisse nicht einmal für das zweite Hochschuljahr ausgereicht.

Wie verlief nun aber ihr Leben im Jahre 1898? In ihrem ersten schwarzen Labornotizbuch hat sie am 26. Februar vermerkt:

»Apparat defekt; repariert
(eine Zahl und:) Ich warte eine Weile ...
(noch eine Zahl und:) Ich warte weiter.
Ich entferne das überflüssige Pulver.
Nichts.«

Ebenfalls im Februar, oben auf einer Seite: »Temperatur im Zylinder: 6,25°C!!!!!!«
Die sechs Ausrufezeichen bedeuten, daß die Temperatur im Labor ebenfalls sechs Grad beträgt.
Im selben Jahr schreibt sie in ihr Rezeptbuch:

»Ich habe acht Pfund Johannisbeeren und die gleiche Menge Kristallzucker genommen. Nach einer Kochzeit von zehn Minuten habe ich die Masse durch ein ziemlich feines Sieb gedrückt. Ich habe vierzehn Gläser sehr guten,undurchsichtigen Gelees daraus gewonnen, das tadellos fest geworden ist.«

Sie kocht Gelee für den Winter ein.
Am 15. August desselben Jahres, in einem grauen Notizbuch:

»Irène hat ihren siebten Zahn bekommen, links unten. Sie kann eine halbe Minute lang allein stehen. Seit drei Tagen wird sie im Bach gebadet. Sie schreit, aber heute (viertes Bad) hat sie nicht mehr geschrien und hat im Wasser herumgeplanscht.«

Sie verbringen gerade die Ferien in der Auvergne.
In ein grünes Notizbuch mit der Aufschrift: »M. Curie, Uran, 1898« schreibt sie:

»künstlicher Chalkolith
Schicht: 1mm, sehr feucht, 1,0...«
[etc., etc.]

Sieben Zähne, vier Bäder, acht Pfund, eine halbe Minute, ein Millimeter, vierzehn Gläser...
Und im Rechnungsbuch:

»1 Paar große Socken für Pierre zum Radfahren: 5,50 F
2 Fahrradreifen: 31 F
Wäscherei: 4,50 F«

Sie notiert jede Kleinigkeit, schreibt aber nie: Mir ist kalt; Irène hat Fieber; ich bin müde...
Kälte kann man messen, Fieber auch. Aber die seelische Verfassung läßt sich nicht in Zahlen ausdrücken. Müdigkeit auch nicht. Wenn sie darüber schreiben wollte, würde sie notieren: »Ich bin 22 Stufen hochgestiegen und mußte 2 Minuten pausieren.«
Es sind keine Beschreibungen, sondern Beobachtungen, wissenschaftliche Notizen. Ihre Sensibilität, die sie immer zu unterdrücken suchte, wird erst sehr viel später auch schriftlich durchbrechen, unter dem Einfluß heftiger Schmerzen.

Ein neues Element! Was könnte spannender sein? Pierre unterbricht sogar seine eigenen Studien, um Marie zu helfen. Vorübergehend, so glaubt er.
Am 14. April 1898 wiegen die beiden gemeinsam eine Probe

Pechblende. Die Zusammensetzung dieses Minerals ist durch chemische Analysen bekannt. Sie gehen davon aus, daß darin 1 Prozent des neuen radioaktiven Elements enthalten ist, 1 Prozent einer neuen Substanz.
Bis dahin sind die Curies manchmal abends ins Theater oder Konzert gegangen, haben mit Bronia und Kazimierz gespeist. Sonntags nähten die beiden Schwestern gemeinsam Kleider für ihre Töchter, die Marie stets selbst schneidern wird.
Aber nun ermöglicht die Generalamnestie im russischen Teil Polens die Rückkehr der Dluskis in ihr Heimatland.
Verzweiflung. Einsamkeit.
Marie schreibt ihrer Schwester:

> »Du kannst Dir nicht vorstellen, welche Leere Du hinterlassen hast. Mit Euch beiden habe ich alles verloren, was ich in Paris hatte, meinen Mann und mein Kind ausgenommen. Es kommt mir vor, als ob Paris außerhalb unserer Wohnung und unseres Arbeitsplatzes nicht mehr existierte.
> Frage Deine Schwiegermutter, wie oft die Blattpflanze, die Ihr bei uns gelassen habt, gegossen werden muß. Hat sie viel Sonne und Wärme nötig?
> Es geht uns trotz des schlechten Wetters gut. Irène wird ein großer Fratz. Sie ist sehr schwierig zu ernähren und will außer Tapioca in Milch nichts regelmäßig essen, nicht einmal Eier. Schreib mir, welche Kost für ein Kind dieses Alters am bekömmlichsten ist...«

Im Labor füllt sich das schwarze Buch allmählich mit Notizen und Zahlen. Bisweilen unterbricht eine schnell hingeworfene Eintragung von Pierres Hand die Akkuratesse des Schriftbildes. Meist kritzelt er seine Beobachtungen krumm und schief irgendwo auf das Blatt. Die eigentümliche Mischung der beiden Handschriften macht den besonderen Charme dieser Notizen aus.
Die Curies haben eine Methode entwickelt, die verschiedenen Komponenten der Pechblende zu trennen und dann die Radio-

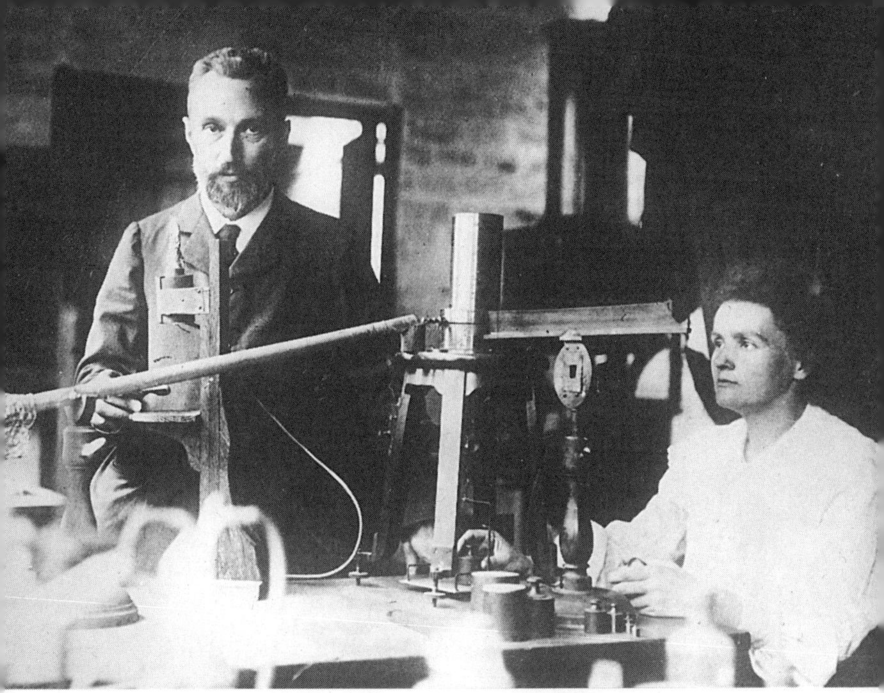

Marie und Pierre Curie erforschen in ihrem Labor das Phänomen der Radioaktivität, um 1900 (Foto: Archiv für Kunst und Geschichte, Berlin)

aktivität jeder einzelnen zu messen. Ein langwieriges Verfahren, dessen Einzelschritte sie jeweils minutiös in dem schwarzen Notizbuch festhalten. Ihre Vorgehensweise und ihre Beobachtungen lassen sich dementsprechend sehr genau, gewissermaßen für jeden Tag, rekonstruieren.

Man kann sich gut vorstellen, wie die beiden still und konzentriert arbeiten, Pierre mit seinen langen geschickten Fingern, Marie mit ihren zarten kleinen Händen. Die Stunden vergehen, ohne daß auch nur einer den Kopf heben oder an Nahrungsaufnahme denken würde; manchmal besprechen sie ein Zwischenergebnis, beginnen von neuem, enttäuscht oder glücklich. In gespannter Erwartung messen sie am 13. Juni die Radioaktivität eines chemischen Niederschlags, und Marie stellt fest, daß es

»150mal aktiver ist als Uran«. Sie schreibt es umgehend mit ihrem stets spitzen Bleistift in das Notizbuch.
Pierre bemerkt am selben Tag, daß sich ein schwarzes Pulver auf dem Glas ablagert, als er Bleisulfid auf 300°C in einem Reagenzglas erhitzen will, das schließlich zerbricht. Gemeinsam messen sie die Radioaktivität des Pulvers und finden heraus, daß dessen Strahlungsintensität 330mal höher ist als beim Uran.
Sonntags gönnen sie sich trotz allem eine Pause. Vielleicht schlafen sie sogar ein wenig länger? Nein. Irène weckt sie auf. Sie ist ein schwieriges Kind. Kinder wissen alles. Maries Erziehungsmethoden sind perfekt, sie läßt größte Sorgfalt walten. Sie ist eine gute Mutter, wie man so schön sagt. Pierre spricht immer sehr sanft mit Irène, ist vernarrt in sein kleines Mädchen. Im Labor wächst und gedeiht derweil ihr anderes Kind, das ihre ungeteilte Aufmerksamkeit erfordert, sie vereint, zusammenschweißt, die Außenwelt vergessen läßt. Irène weiß das natürlich.
Je mehr Substanzen sie isolieren, je höher deren Reinheitsgehalt ausfällt, desto radioaktiver werden die Proben. Am 18. Juli 1898 sind sie sich ihrer Sache schließlich hinreichend sicher, um die Entdeckung eines neuen Elements, eines neuen Metalls anzukündigen.
Wie soll es heißen? In der diesbezüglichen Veröffentlichung, die beide unterzeichnen, ist zu lesen:
»Wenn sich das Vorhandensein dieses neuen Metalls bestätigen sollte, schlagen wir vor, es nach dem Heimatland des einen von uns Polonium zu nennen.«
Marie hat es eilig, dieses Kind zu taufen, denn kaum haben sie dessen Existenz nachgewiesen, führen auch schon weitere Experimente, die sie in den Ferien diskutiert haben, zu der Erkenntnis, daß die Pechblende noch ein weiteres unbekanntes Element enthalten müsse.
Polen ist wirklich vom Pech verfolgt. Die Radioaktivität des

nach ihm benannten Elements ist zu stark, die Zerfallsrate zu hoch, als daß seine Gewinnung industriell verwertbar wäre. Das nächste Kind der Curies, das Radium, wird ihm den Rang ablaufen.
Polonium weist allerdings eine Besonderheit auf, die ihm 34 Jahre später doch noch zu der gebührenden Ehre verhelfen wird. Im Gegensatz zum Radium gibt Polonium nur eine einzige, sehr energieintensive Strahlenart ab, die Alphastrahlen. Bei einem Experiment mit Polonium gelang James Chadwick 1932 nach zehnjähriger Suche die Entdeckung eines der drei Elementarteilchen: des Neutrons. Die Idee zu diesen Versuchen war ihm gekommen, als er die Forschungsergebnisse eines Polonium-Experiments studierte, das Irène Curie und ihr Ehemann Frédéric Joliot in Maries Laboratorium durchgeführt hatten.

Warum sind die Curies nur so erschöpft, als sie mit Irène, die gerade ihren siebten Zahn bekommt, in Auroux eintreffen, wo sie ein Haus für den Sommer gemietet haben?
Selbst das Schwimmen im Fluß und das Radfahren fällt ihnen schwer. Maries Fingerkuppen sind schmerzhaft entzündet. Weder sie noch Pierre ahnen, daß sie bereits an ersten Strahlenschäden leiden, die durch den ungeschützten Umgang mit radioaktiven Elementen hervorgerufen werden.
Das Wort »Radium« taucht erst im Dezember zum ersten Mal in dem schwarzen Labornotizbuch auf, in Pierres Handschrift.
Mit einem Fragezeichen versehen, ist auf einer Seite ohne genaue Datierung zu lesen:

»folglich ist: Radiumsulfat
löslicher in: H_2SO_4
als: Bariumsulfat.«

Nur wenigen Eingeweihten ist der Zutritt zu ihrem Laboratorium gestattet. Einer von ihnen ist Eugène Demarçay, der die experimentellen Fortschritte der beiden mit leidenschaftlichem Interesse verfolgt. Seit einer Explosion im Labor fehlt ihm ein Auge. Mit dem anderen sieht er dafür um so mehr. Er nimmt eine Probe der von Pierre und Marie isolierten Substanz mit in sein Labor, wo ihm ein Spektroskop zur Verfügung steht. Es gelingt ihm, eine Spektrallinie* zu fotografieren, die um so intensiver ist, je reiner die von den Curies gelieferten Proben sind.

Am 26. Dezember 1898 erstattet Lippmann der Akademie der Wissenschaften erneut Bericht: »Die verschiedenen Gründe, die wir eben aufgezählt haben, veranlassen uns, zu glauben, daß die neue radioaktive Substanz ein neues Element enthält, dem wir den Namen RADIUM geben wollen.«

Die Unterzeichner dieser Mitteilung sind Pierre Curie, Marie Curie und G. Bémont.

Über den Anteil, den Georges Bémont an der Entdeckung des Radiums hatte, ist nichts bekannt. Man weiß lediglich, daß er in leitender Funktion an der Hochschule tätig und der Chemiker im Team war. Er trug einen roten Bart und hörte auf den Spitznamen Bichro. Seine Handschrift taucht im Mai 1898 mehrmals in den Labornotizbüchern auf. Er war zweifellos ein sehr bescheidener Mann.

Jetzt muß die Existenz des neuen Elements nur noch bewiesen werden. »Ich wünschte, es hätte eine schöne Farbe«, sagte Pierre. Reines Radiumsalz ist leider schlichtweg farblos. Aber dessen Strahlung läßt die Reagenzgläser bläulich schimmern. Bei entsprechend großen Mengen Radiums ist der Blauschimmer sogar im Dunkeln mit bloßem Auge erkennbar.

Als er diesen Schimmer im Dunkel des Labors wahrnimmt, ist Pierre glücklich.

---

* Jedes Element sendet Licht mit charakteristisch verschobenen Wellenlängen aus. Durch die Spektralanalyse erhält man daher gewissermaßen einen unverwechselbaren »Fingerabdruck«.

Es war eine Kreuzung zwischen Stall und Kartoffelkeller, und wenn ich nicht die chemischen Apparate auf dem Arbeitstisch gesehen hätte, hätte ich das ganze für einen Witz gehalten.«

So beschreibt der an der Arbeit der Curies interessierte, deutsche Chemiker Wilhelm Ostwald den Ort, an dem das Radium isoliert und dessen Atomgewicht bestimmt werden würde, vier Jahre, nachdem Marie die Hypothese seiner Existenz aufgestellt hat.

Jean Perrin berichtet: »Als Physiker interessierte sich Pierre Curie vor allem für die eigentlichen Strahlungseigenschaften. Er glaubte weniger an die Notwendigkeit, die ungeheuren Anstrengungen zu unternehmen, die neue Substanz zu isolieren und ein ›Fläschchen‹ davon zu erhalten, wie die Chemiker sagen. Diese Anstrengungen verdanken wir sicherlich dem eisernen Willen und der Ausdauer Madame Curies. Es ist keine Übertreibung, wenn ich heute sage, daß damit der Grundstein gelegt wurde, auf dem die gesamte Forschung zur Radioaktivität aufbaut.«

Daß sich der französische Physiker Jean Perrin genötigt sah, die Dinge so deutlich beim Namen zu nennen, zeigt, wie hartnäckig sich das Bild »der Mitarbeiterin des großen Mannes« hielt. Und vielleicht bis heute gehalten hat?

Es finden sich jedoch keinerlei Indizien, daß je versucht worden wäre, die Wahrheit über die Rolle Maries in dieser Verbindung zu verschleiern, weder was die berufliche Zusammenarbeit angeht noch hinsichtlich ihrer Ehe.

Nicht einmal zu Beginn ihrer Ehe, als Marie noch die experimentelle Praxis fehlte, hatte Pierre versucht, sie zu bevormunden, wie etwa Sartre die junge Simone de Beauvoir, und Marie hat sich ihm gegenüber auch nie devot gezeigt.

An dieser seltenen Eintracht zwischen Eheleuten haben beide den gleichen Anteil; Pierre mit seiner kultivierten Ehrenhaftigkeit und Marie mit ihrer ruhigen Sicherheit, was ihre eigenen

Qualitäten angeht. Das Wissen um diese Meisterleistung müßte eigentlich ebenso verbreitet sein wie das Wissen um ihre wissenschaftlichen Erfolge. Es ist bedauerlich, daß bis heute in einigen Lexika Einträge wie der folgende zu finden sind: »Curie, Pierre; frz. Physiker (1859–1906). Mit seiner Frau Marie Curie, geb. Sklodowska, wies C. nach, daß radioaktive Strahlung …« Marie wird keiner weiteren Erwähnung gewürdigt. Bedauerlich ist dies nicht so sehr im Hinblick auf feministische Forderungen, obwohl die hier durchaus berechtigt wären, sondern vor allem, weil es beiden bitter unrecht tut.

Zwischen 1899 und 1902 scheint das Ehepaar ein perfektes Gleichgewicht gefunden zu haben. Die »nervösen Krisen«, wie man es damals nannte, die Marie früher heimgesucht hatten, treten nicht mehr auf. Mit zweiunddreißig Jahren lebt sie in inniger, zärtlicher Verbundenheit mit ihrem Mann und ist überglücklich. 1899 schreibt sie Bronia:

> »Ich habe den besten Mann, den man sich nur wünschen kann. Ich hätte nie gedacht, einen solchen zu finden. Es ist eine wahre Gottesgabe, und je länger wir zusammenleben, desto mehr lieben wir uns.«

Marie hält ihren Haushalt in Ordnung, läßt sich aber niemals von dem allgemeinen Sauberkeitswahn anstecken, der das französische Bürgertum ihrer Zeit ergriffen hat. Man hatte die Hygiene entdeckt … Das Ideal der »perfekten Geliebten« war von dem der »perfekten Hausfrau« abgelöst worden. Ersteres überließ man weitgehend Frauen aus dem ältesten Gewerbe der Welt. Für alle übrigen galt die Kunst des Aufräumens, Parkettschrubbens, des Staubwischens und Silberputzens als höchstes Ziel.

Marie weckt aus Sparsamkeit Gelee ein und näht Kinderkleider, nicht aus Begeisterung.

Pierres Kollegen oder Schülern, die manchmal im Labor vorbeischauen, begegnet sie stets reserviert und wortkarg. Einer von ihnen bemerkt, daß ihr Schweigen ebenso entwaffnend sei wie die Scharfzüngigkeit anderer Leute. Und daß sie, obwohl sie sehr wenig sage, in den theoretischen Diskussionen mit Pierre, die sie vor der Wandtafel des Labors führen, meist tonangebend sei.

Wenn es um mathematische Fragen geht, hält er sie für kompetenter als sich selbst und sagt das auch unverhohlen. Sie bewundert an ihrem Partner »seine sichere und überzeugende Argumentationsweise... Die überraschende Leichtigkeit, mit der er das Forschungsgebiet wechseln kann...« Beide haben eine sehr hohe Meinung voneinander.

Aber welche Ausdauer ihre Forschung in den folgenden Jahren fordern wird, welche rein physische Anstrengung ihren strahlengeschädigten Körpern zugemutet wird, welche Rückschläge und Enttäuschungen sie verkraften müssen, was das Radium den Curies abverlangen wird – es bedarf schon der Hartnäckigkeit einer Frau, um das durchzustehen.

Wie das Uran ist auch das Radium in der Pechblende enthalten, aber in winzigsten Mengen. Um wenige Milligramm reinen Radiums zu gewinnen, damit dessen Atomgewicht bestimmt werden kann, muß tonnenweise Pechblende verarbeitet werden. Und Pechblende ist teuer.

Für die Urangewinnung aus Pechblende gibt es damals schon Fabriken. Für die Radiumgewinnung gibt es eine Frau in einem Hangar.

Die wichtigste Uranfabrik befindet sich in Böhmen. Dank der Intervention durch die österreichische Regierung, die von der Wiener Akademie der Wissenschaften eingeschaltet wird, erklärt sich die Fabrikleitung bereit, den Curies die Rückstände aus der Pechblende, die bei der Urangewinnung anfallen, zu günstigen Konditionen zu verkaufen. Bislang wurden sie in einem nahe gelegenen Waldstück deponiert. Im Hof der Hochschule stapelt sich daraufhin säckeweise brauner Staub, vermischt mit böhmischen Kiefernnadeln. Aber wo sollen sie ihn verarbeiten?

Auf der anderen Seite des Hofes, Maries Arbeitsraum gegenüber, befindet sich »der Hangar«, ein leerstehender Holzschuppen, der früher einmal als Seziersaal für Medizinstudenten genutzt wurde. Sein Glasdach ist undicht, bei Sonnenschein verwandelt er sich in ein Treibhaus. Der Boden ist asphaltiert. An diesem ungastlichen Ort stellen die Curies ein paar alte Tische, Ofen und Gasbrenner auf – überglücklich, daß ihnen der neue Direktor der Hochschule, mit dem sich Pierre nicht besonders gut versteht, dazu die Genehmigung erteilt hat. Was Marie dort leistet, wird allen, die es gesehen haben, in lebhafter Erinnerung bleiben.

Sie holt die Pechblende aus den Säcken und schleppt sie zu einem Schmelzkessel, bis zu 20 Kilogramm gleichzeitig, soviel sie tragen kann. Dann hievt sie die schweren Behälter aufs Feuer, filtert die siedende Masse, gießt um, rührt, trennt die Flüssigkeit vom Bodensatz, gießt wieder um, mißt die Strahlung. Und beginnt von neuem.

> »Manchmal mußte ich einen ganzen Tag lang eine siedende Masse mit einer Eisenstange umrühren, die fast ebenso groß war wie ich. Abends war ich zum Umfallen müde ... Es war eine kräftezehrende Arbeit, die Behälter zu transportieren, die Flüssigkeiten umzugießen und die siedende Materie stundenlang in einem eisernen Zuber umzurühren.«

Der Trennvorgang macht den Einsatz von giftigem Schwefelwasserstoff notwendig, und der Hangar hat keinen Abzug. Wenn das Wetter es zuläßt, schleppt Marie daher die Behälter auf den Hof. Andernfalls muß sie Türen und Fenster im Hangar offenhalten.

Fällt ein Staubkorn, ein Schwebeteilchen in einen der Behälter oder kristallisiert eine der Lösungen, ist die Arbeit von Tagen zunichte gemacht.

Pierre Curie, der weiterhin an der Hochschule lehrt und die Arbeiten der Studenten überwacht, hat keinerlei Anspruch auf Assistenten. Sein Laborgehilfe Petit müht sich nach Kräften, ihn sooft es geht zu unterstützen. Aber Marie fegt, putzt, räumt auf... Ordnung, Disziplin, Ruhe – sie kann Krach nicht ertragen – und Glück. Absolutes Glück.
Der Chemiker Georges Jaffé, der zu den wenigen Auserwählten gehört, die gelegentlich die Schwelle des Hangars überschreiten dürfen, berichtet, er habe den Eindruck, an einer Art ritueller Zeremonie an geheiligtem Ort teilzunehmen.
Bei Marie klingt das leicht abgewandelt:

> »In unserem armseligen Hangar herrschte tiefe Ruhe; manchmal, wenn wir irgendeine Prozedur überwachten, gingen wir auf und ab und sprachen von gegenwärtiger und zukünftiger Arbeit; wenn uns kalt war, stärkten wir uns mit einer Tasse heißen Tees, die wir beim Ofen einnahmen. Wir lebten wie in einem Traum, von der einen, einzigen Sache erfüllt.«

Und sie fügt hinzu:

> »An manchen Abenden kamen wir noch einmal zurück, um in unserem Reich nach dem Rechten zu sehen. Unsere ungeschützten Schätze lagen auf Tischen und Brettern verstreut; von allen Seiten nahm man die schimmernden Umrisse wahr; und dieser schwache Schein in der Dunkelheit erfreute und beglückte uns stets aufs neue.«

Die gehüteten Schätze sind auch der Grund für eine unerklärliche Mattigkeit. Pierre beginnt, unter Schmerzen in den Beinen zu leiden, die der Hausarzt auf Rheumatismus zurückführt, hervorgerufen durch die Feuchtigkeit im Hangar. Er setzt ihn auf Diät, verbietet ihm Fleisch und Rotwein. Marie wird kreidebleich. Tuberkulose? Die Untersuchungen, die sie auf Drängen ihres Schwiegervaters über sich ergehen läßt, ergeben nichts. Beide versinken zeitweilig in eine Art Lethargie.

Etwa zur gleichen Zeit schreibt Marie an ihren Bruder:

> »Da das Gehalt meines Mannes unser Leben nicht gänzlich deckt, müssen wir es sehr genau einteilen; doch haben wir bisher jedes Jahr einige unerwartete Einnahmen gehabt, so daß wir ein Defizit vermeiden konnten.«

Es handelt sich wohl um die spärlichen Geldmittel, die Pierre in unregelmäßigen Abständen aus den Lizenzen seiner Erfindungen von verschiedenen Firmen erhält.
Im selben Brief sorgt sie sich um die finanziellen Rücklagen, die sie eigentlich bilden müßten, »um die Zukunft unseres Kindes zu sichern«, und sie fügt hinzu: »Ich will nur mein Doktorat machen, bevor ich eine Stellung suche.«
Bis dahin nimmt Pierre im März 1900 notgedrungen einen Posten als Repetitor am Polytechnikum an, um sein Gehalt um 200 Francs im Monat aufzustocken. Im Sommer ist er am Ende seiner Kräfte.
Im Labor stehen die Dinge auch nicht zum besten. Das Thermometer klettert in Paris auf 37,9°C, der Hangar verwandelt sich in einen Brutkasten. Marie harrt tapfer aus und glaubt am 23. Juli, ihr Ziel erreicht zu haben.
»Reines Radium in der Kapsel«, schreibt sie in ihr schwarzes Notizbuch.
Am 27. notiert sie das Gewicht eines Radiumatoms: 174. Auf der nächsten Seite stehen einige Berechnungen und: »Das ist unmöglich.«
Das ist in der Tat unmöglich. Nun muß sie von vorne beginnen und die Arbeit von zwei Jahren, die Verarbeitung von acht Tonnen Pechblende, wiederholen.
Ihrer Methode ist sie sich sicher. Aber die Finanzsituation ist desolat.
Obwohl Frankreich Pierre Curie nicht gänzlich ignoriert, obwohl die Pariser Akademie der Wissenschaften Marie zweimal, im Abstand von zwei Jahren, mit einem ihrer Preise be-

denkt, werden ihre Verdienste und die Bedeutung ihrer Forschungen wieder einmal nur im Ausland gebührend gewürdigt. Auf dem Physikerkongreß von 1900 richtet sich das Interesse der in- und ausländischen Physiker vorwiegend auf die neuen radioaktiven Elemente, über die Pierre und Marie lange Vorträge halten. Allen, die sich mit dem Thema beschäftigen, stellen sie einige Proben zur Verfügung. Zuallererst Henri Becquerel, dessen Interesse an seinen Strahlen wieder erwacht ist.

Und schon kommt der Dekan der Genfer Universität mit einem mehr als verlockenden Vorschlag nach Paris: Lehrstuhl für Physik, Jahreseinkommen von 10 000 Schweizer Franken, freies Wohnen und die Leitung eines Laboratoriums, »dessen Kredit im Einvernehmen mit Professor Curie erhöht werden wird und dem zwei Assistenten zugeteilt werden. Nach Prüfung der Bestände des Laboratoriums werden die Instrumente ergänzt werden.«

Marie würde eine offizielle Stelle im selben Labor erhalten.

Pierre nimmt an und erzählt einem Freund davon. Eilig fährt er mit Marie nach Genf, wo sie herzlich empfangen werden. Die Würfel sind gefallen. Dennoch erhält der Dekan der Genfer Universität einige Wochen später einen Brief, in dem Pierre seine Absage und sein tiefstes Bedauern darüber zum Ausdruck bringt.

Was ist passiert?

Dazu Marie: »Pierre Curie war sehr versucht, [das Angebot aus der Schweiz] anzunehmen, unsere Forschungsarbeit zum Radium duldete jedoch keinen Aufschub, so daß er sich letztlich dagegen entschied.«

In Wahrheit hatte er bereits akzeptiert. Aber nach allem, was man über die Ereignisse jenes Sommers weiß, scheint es, daß Marie sich wieder einmal durchsetzte. Vielleicht erst nach einer kurzen Zeit der Ernüchterung.

Es ist nicht bekannt, wie und durch wen Henri Poincaré erfuhr, daß die Curies Frankreich verlassen wollten. Aus Sorge, die beiden Wissenschaftler zu verlieren, schaltet er sich jedenfalls ein, mobilisiert seine Kollegen und erreicht, daß Pierre im Falle seiner Bewerbung ein Lehrvertrag für P.C.N. (Physik, Chemie, Naturwissenschaften) an der Sorbonne zugesichert wird. Die Bewerbung trifft ohne jede Verzögerung ein.

Zur selben Zeit läßt der Vizerektor der Mädchenoberschule in Sèvres Marie wissen, daß sie auf seine Fürsprache hin, während des Schuljahres 1900/1901, für den Physikunterricht in der Oberstufe verantwortlich ist.

In finanzieller Hinsicht kann die Familie Curie also aufatmen.

Ihre Arbeitsbedingungen haben sich dagegen nicht verbessert. Das Gegenteil ist der Fall. Marie ist mit der Unterrichtsvorbereitung beschäftigt und muß zweimal in der Woche mit der Straßenbahn nach Sèvres fahren, während das Forschungsfeld, das sie erschlossen haben, in ausländischen Instituten eifrig beakkert wird. Pierre hat gleich zwei Lehraufträge an verschiedenen Orten zu bewältigen, nebst Vorbereitung.

Als er im darauffolgenden Jahr erschöpft seine Kandidatur um den frei gewordenen Lehrstuhl für Mineralogie an der Sorbonne einreicht, wird ihm ein weiteres Mal ein beliebterer Konkurrent vorgezogen.

Außerdem hat er immer noch keinen Anspruch auf ein richtiges Labor. Nur zwei armselig kleine Räume in der Rue Cuvier wurden ihm zur Verfügung gestellt, vollkommen ungeeignet für Maries Trennverfahren. Während Pierre also schreibt, sich abhetzt, sich bewirbt, seine Bemühungen verdoppelt, arbeiten die ausländischen Wissenschaftler in großzügig ausgestatteten Laboratorien mit dem radioaktiven Material, das Marie so mühevoll gesammelt und getrennt hat. So will es ihre persönliche Moral und der wissenschaftliche Zeitgeist.

Aber die Moral verlangt nicht, daß man sich ausstechen läßt.

Robert Reid zitiert folgenden Brief, den Ernest Rutherford am 5. Januar 1902 aus Kanada, wo er damals arbeitete, an seine Mutter geschrieben hat: »Ich bin eifrig dabei, Abhandlungen

zur Veröffentlichung zu schreiben und neue Experimente durchzuführen. Ich muß mich ranhalten, weil mir dauernd andere Leute auf den Fersen folgen. Meine gefährlichsten Gegner auf diesem Gebiet sind Becquerel und die Curies in Paris, die im Laufe der letzten Jahre sehr bedeutende Arbeit zu radioaktiven Stoffen geleistet haben.«
Eine bedeutende Arbeit – trotz aller Widrigkeiten, die sie verzögern. Pierre Curie hat beobachtet, daß Maries zunehmend reinere Radiumproben spontan Wärme abgeben. Und was für eine Wärme! Er beziffert die Energie auf 100 Kalorien pro Stunde bei 1 Gramm Radium!
Kaum ein Wissenschaftler wagt es Ende des 19. Jahrhunderts, seit zweitausend Jahren geltende Gesetzmäßigkeiten im Universum in Zweifel zu ziehen. Energie kann weder geschaffen noch zerstört werden; Massen sind träge; Atome sind die kleinsten Partikel im Universum und somit unteilbar. Daher ihr Name.
Pierre und Marie Curie werden die Hypothese aufstellen, daß radioaktive Atome Eigenschaften besitzen, die sie von allen anderen unterscheiden. Die Quelle der rätselhaften Energie sei vermutlich im Atom selbst zu suchen. Aber sie stellen diese Vermutung neben andere mögliche Erklärungen. Ernest Rutherford wird sie wieder aufgreifen und zusammen mit Frederick Soddy den radioaktiven Zerfall von Atomen nachweisen. Eine revolutionäre Entdeckung! Marie wird später vom »Orkan atomarer Transformation« sprechen.
Ernest Rutherford war ein begnadeter Wissenschaftler. Pierre Curie auch. Hätte er Rutherford zuvorkommen können, wenn er im Vollbesitz seiner Kräfte gewesen wäre und keine weiteren Verpflichtungen gehabt hätte?
Offenbar neigte Pierre damals eher zu der Vermutung, daß die Quelle der von den radioaktiven Atomen ausgesandten Energie in einer noch unbekannten Sonnenstrahlung zu suchen sei. In einem Brief an Berthelot schreibt er, sein Traum sei, die chemi-

schen Reaktionen zu entdecken, die Sonnenenergie einfangen und nutzen könnten.
Rutherford hat sich dazu folgendermaßen geäußert: »Pierre und Marie Curie neigen insgesamt zu einer sehr allgemeinen Betrachtung der Phänomene der Radioaktivität und haben keine klar definierte Theorie entwickelt.«
Pierre macht sich um potentielle Rivalen jedenfalls keinerlei Gedanken. Und Marie hat keine Konkurrenz zu fürchten bei ihrer verbissenen Suche nach dem Beweis, den sie zu erbringen gedenkt – »jener Art von Beweis, den die Chemie verlangt, den Nachweis, daß das Radium ein eigenständiges Element ist«. Weder die stetige Überlastung noch die entzündeten Finger, noch die Müdigkeit, deren Ursache Doktor Curie vergeblich nachspürt, können ihre Entschlossenheit dämpfen.

Nach einem Urlaub in Polen sind sie im Herbst 1900 wieder in ihrem Hangar. Alle Sklodowskis hatten sich in Zakopane versammelt, wo Bronia und Kazimierz ein Sanatorium planen.
Inzwischen haben sich die Dinge ein wenig verändert. Eine beeindruckende, anziehende Aura ist um die beiden Curies entstanden. Die Ergebnisse ihrer Forschung, Pierres Ausstrahlung, die Stärke Maries, die um so ergreifender ist, da die junge blonde Frau zusehends schwächlicher in ihrem schwarzen Kittel wirkt, ihre vorbildliche Ehe, der beinah religiöse Geist ihrer wissenschaftlichen Anstrengungen, ihre Askese – all das hat eine Vielzahl junger Forscher in ihren Bann gezogen.
Aus einigen dieser beruflichen Kontakte sind freundschaftliche Beziehungen entstanden. So etwa mit dem Physiker Georges Sagnac, der später eine Abhandlung mit Pierre veröffentlichen wird, dem einstigen Bildhauer Georges Urbain und einem weiteren Physiker, Aimé Cotton. Sie alle gehen am Boulevard Kellermann ein und aus, wo sich sonntags nachmittags auch ehemalige Schüler von Pierre versammeln, unter ihnen Paul Langevin.

Auch der strubbelige Chemiker André Debierne tritt damals in ihr Leben – er sollte es nie wieder verlassen. Wenn man denjenigen, die ihn gekannt haben, glauben darf, war er in Marie verliebt. Er wird ihr jedenfalls fortan nicht mehr von der Seite weichen, ihr helfen, sie unterstützen, wann immer er kann, bis zu ihrem letzten Atemzug.
Wie hat sie ihm seine lebenslange Zuneigung entlohnt? Hat sie ihm zeitweilig mehr geschenkt als ihre bloße Gegenwart? Das wurde behauptet, aber dieses Gerücht wird gewöhnlich verschwiegen. Auch ihre skandalträchtige Beziehung einige Jahre nach dem Tod ihres Mannes wird normalerweise unter den Teppich gekehrt.
Wie es seinerzeit um die Ansichten zur Ehre der Frau bestellt war, ist bekannt und erscheint uns heute rätselhaft. In den 80er Jahren schwärmte ein Mitglied des Pariser Abgeordnetenhauses vom Ideal der »körperlosen« Frau. Marie Curie sollte als Heilige und Märtyrerin in Erinnerung bleiben.
Es spricht einiges dafür, daß Marie weder das eine noch das andere war, zumindest nicht in dieser Hinsicht. Sie war jung zu einer Zeit, als die meisten Frauen zwischen Schuldgefühlen und Hysterie schwankten, als sie entweder schuldig werden oder »körperlos« sein mußten.
Wenn man sie als Heilige und Märtyrerin darstellt, beraubt man ihr Leben nicht nur wahrheitswidrigerweise der Dimension der Schuld – man kann auch die Seelenqualen nicht erfassen, die diese zurückhaltende, prüde Frau erlitt, als ihr Intimleben öffentlich ausgebreitet wurde.
Was André Debierne oder jenen Mathematiker betrifft, dessen Name fällt, wenn man mit denjenigen spricht, die Marie Curie gekannt haben, ist nichts Genaues bekannt. Wenn es etwas zu wissen gab, so hat sie dafür gesorgt, daß alle Beweise vernichtet wurden. Um in ihren letzten Lebensjahren schreiben zu können: »Ich glaube, seinen ganzen Lebensinhalt im Gefühl stürmischer Liebe zu suchen ist eher enttäuschend«, muß

sie zumindest Erfahrungen mit stürmischer Liebe gemacht haben.
Der bescheidene, unauffällige André Debierne, der mit Worten eher unsicher, dafür aber ein exzellenter Chemiker ist, beteiligt sich umgehend an Pierres Forschungen zur Radioaktivität und entdeckt kurze Zeit später ein weiteres radioaktives Element, dem er den Namen Actinium gibt. Jean Perrin, der Leiter des chemisch-physikalischen Labors an der Sorbonne, hatte ihm einen Posten verschafft.
Marie ist mit der Entwicklung ihrer Methode zur Radiumtrennung fertig. Als ihr die Zentralgesellschaft Chemischer Produkte, die bereits die Rechte an einer von Pierres Erfindungen verwaltet, vorschlägt, ihre Methode in industriellem Maßstab anzuwenden, nehmen die Curies dankbar an. Die Aufsicht seitens der Firma übernimmt André Debierne.
Maries Lehrtätigkeit an der Mädchenoberschule in Sèvres eröffnet ihr ein neues Betätigungsfeld. Sie ist die erste Frau, die diesen Posten innehat. Die Schule war gegründet worden, um junge Mädchen zu Gymnasiallehrerinnen auszubilden. Exzellente Lehrkräfte gewährleisten eine Ausbildung auf hohem Niveau. Unter anderem gehört der drei Jahre jüngere, illustre Jean Perrin zu Maries Kollegen.
Angesichts der Qualität der dortigen Lehre beschleicht Marie wie üblich die Angst, dem nicht gewachsen zu sein. Sie zögert, sich zu beweisen, stellt ihr Können in Frage. Hinzu kommt ihr Feminismus: Es steht für sie außer Frage, daß den Schülerinnen, ebenso wie Jungen an anderen Schulen, beste Arbeitsbedingungen und uneingeschränkter Wissenserwerb ermöglicht werden sollten.
Eine ihrer Schülerinnen erinnert sich: »Sie hat uns nicht geblendet, sondern durch ihre Natürlichkeit beeindruckt, sie hat uns angeleitet und bestärkt durch ihre Sensibilität, ihren Wunsch, uns von Nutzen zu sein, durch ihr Gespür sowohl für unsere Fähigkeiten als auch für unsere Unwissenheit ... Sie war

die erste, die eine menschliche Beziehung zu uns aufgebaut hat.«

Bis dahin hatten die Schülerinnen noch nie mit wissenschaftlichen Apparaten gearbeitet. Marie verdoppelt ihre Stundenzahl, die normalerweise nur neunzig Minuten betragen hätte, um sie an die experimentelle Arbeit heranzuführen. Auch die Einführung von Differential- und Integralrechnung in Sèvres geht auf ihre Initiative zurück. Kurzum, sie nimmt die Aufgabe nicht auf die leichte Schulter, aber wann hätte sie das jemals getan ...

Zwar läßt die Lehrtätigkeit ihr und Pierre wenig Zeit für die Forschung. Sie hat jedoch den erfreulichen Nebeneffekt, daß sie nun der radioaktiven Strahlung seltener ausgesetzt sind. In jeder freien Minute kommen die beiden allerdings wieder mit ihr in Berührung.

Marie muß nicht länger Tonnen von Pechblende bewegen. Unter der Aufsicht von André Debierne führen von ihr ausgebildete Chemiker die ersten Schritte bei der Radiumtrennung durch, die darin bestehen, aus einer Tonne Pechblende ungefähr 10 bis 20 Kilogramm Bariumsulfat zu gewinnen und diese dann in Chlorid umzuwandeln. Selbst in dem so gewonnenen Chlorid ist das Radium nur im Verhältnis von ca. 3 : 100 000 enthalten.

Danach übernimmt Marie die weitere Reinigung des Radiums von den Bariumbestandteilen mittels der von ihr entwickelten Kristallisationsmethode. Radiumsalze reichern sich in Kristallen an. Nach jedem Kristallisationsprozeß geben Messungen Aufschluß über den Reinheitsgrad.

An dem Tag, als sie Eugène Demarçay eine Probe von ungefähr einem Zehntelgramm Radium bringt, um dessen – im Endeffekt tatsächlich nahezu perfekten – Reinheitsgrad überprüfen zu lassen, hat sie mehrere Tausend Kristallisationsprozesse hinter sich und sieben Kilo abgenommen.

Hier ist natürlich nicht ihr eigenes Gewicht von Interesse, sondern dasjenige, welches sie am 28. März 1902 in ihr schwarzes

Notizbuch einträgt: Ra = 225,93. Das relative Gewicht des Radiumatoms.

Jener Tag markiert das Ende eines in der Geschichte der Wissenschaften beispiellosen Abenteuers. Auch eine Zeit des Glücks geht damit zu Ende. Die gestellte Aufgabe ist vollbracht.

Einige Tage später ist das Radium in aller Munde. Die Besprechung der Uraufführung von Debussys Vertonung von »Pelleas und Melisande« an der Pariser Oper und die begeisterte Lobrede im *Figaro* über die Ausstellung eines spanischen Malers, der »lebendig, spirituell, fröhlich und virtuos im Umgang mit seinen Farben von frischer, leuchtender Kraft« ist, wenn man den Worten des Kritikers über den jungen Picasso glauben darf, geraten zur Nebensache. Auch der hitzige Wahlkampf zwischen Republikanern und Klerikalen oder die fortdauernden gegenseitigen Verunglimpfungen im Zusammenhang mit der Dreyfus-Affäre stehen nicht im Mittelpunkt des Interesses, sondern das Radium. Denn es vermag Krebs zu heilen!

Die Akademie der Wissenschaften bewilligt den Curies 20 000 Francs zur Isolation radioaktiver Elemente.

Eine Therapie, ein Industriezweig und eine Legende werden geboren.

Als die ersten Journalisten in den Hangar drängten, wo das Radium entdeckt worden war, und sich die Nachricht verbreitete, daß das Wunderheilmittel von einer jungen Frau entdeckt worden war, von einer vorbildlichen Ehefrau und Mutter, die vier qualvolle Jahre an diesem abscheulichen Ort geschuftet hatte, schlugen die Herzen höher.

Marie hat sicherlich viel gearbeitet. Aber erst kurz zuvor hatte das französische Parlament die gesetzliche Höchstdauer eines

Arbeitstages für Frauen und Minderjährige auf elf Stunden mit einer Stunde Mittagspause festgeschrieben. Elf Stunden. Es war damals unvorstellbar, das weibliche Geschlecht als eine Art Einheit zu betrachten und der schweißtreibenden Arbeit einer Fabrikarbeiterin ebensolchen Respekt zu zollen wie der angesehenen Tätigkeit in einem Laboratorium. Als die Arbeitszeit 1902, wie im Gesetz vorgesehen, auf 10,5 Stunden am Tag reduziert wird, antworten die Fabrikbesitzer mit entsprechenden Lohnkürzungen.

Ein Viertel der werktätigen Frauen (genauso viele wie 1970) arbeitet in Fabriken. Ihre männlichen Kollegen finden es vollkommen normal, daß beispielsweise ein Stanzer in einer Büroklammerfabrik 5,70 Francs am Tag verdient, eine Stanzerin dagegen nur 1,50 Francs. (Ein Kilo Zucker kostet damals 1,15 Francs.) Frauen mußten sich noch bis zum Jahr 1910 gedulden, bis ihnen das Recht zugestanden wurde, ihren Lohn zu behalten, anstatt gesetzlich verpflichtet zu sein, ihn an ihre Ehemänner abzutreten.

Lohngerechtigkeit? Eine Handvoll Arbeiterinnen wagt es, gleichen Lohn zu fordern, allein auf weiter Flur... So manche ist darüber alt geworden...

Während die Arbeiter der großen Pariser Modehäuser in der Rue de la Paix demonstrieren, um 6 Francs am Tag durchzusetzen, spendiert die Leitung von Worth, Paquin und Doucet ihren Arbeiterinnen ein Frühstück, damit sie nicht in Versuchung kommen, sich den Demonstranten anzuschließen.

In den großbürgerlichen und literarischen Kreisen und im höheren Beamtentum nimmt der Kampf der Frauen an Schärfe zu – allerdings wird er dort nicht um Geld geführt. Der Zusammenhang zwischen wirtschaftlicher Gleichstellung und Gleichberechtigung wird damals noch nicht gesehen, aber die erste Bastion fällt, als eine der 77 Ärztinnen die Zusatzprüfung zum Assistenzarzt besteht und zum Krankenhausdienst zugelassen wird.

Zwei erfolgreiche Schriftstellerinnen, die ihre Romane bis dahin unter männlichen Pseudonymen veröffentlicht hatten, um ernst genommen zu werden, Daniel Lesueur und Henry Gréville, führen eine Kampagne zur Wahl in den Vorsitz des Schriftstellerverbandes. Ihr Engagement ruft bei dem sehr angesehenen Schriftsteller Octave Mirbeau folgende Reaktion hervor: »Frauen sind nicht mit Verstand gesegnet. Sie sind bloßes Geschlecht, und das ist auch viel schöner. Frauen kommt nur eine Aufgabe im Universum zu: Liebe zu schenken, das heißt, die Art zu erhalten. Zu anderen Dingen als Liebe und Mutterschaft sind Frauen nicht geeignet. Einige Frauen – seltenste Ausnahmen – haben es in Kunst oder Literatur geschafft, den Anschein von Kreativität zu erwecken. Dies sind aber anormale Wesen oder bloße Spiegelbilder des Männlichen. Ich bevorzuge die sogenannten Prostituierten, denn sie leben in Harmonie mit dem Universum.«
Als man erfährt, daß ein »anormales Wesen« namens Marie Curie ein Heilmittel gegen Krebs entdeckt hat, ist die Sensation perfekt. In den Jahren 1902 bis 1904 beruht die Bekanntheit der Curies in Fachkreisen einerseits und in der Öffentlichkeit andererseits allerdings auf unterschiedlichen Faktoren.
Es war in Wissenschaftskreisen längst nicht mehr umstritten, daß Radium ein Element ist. Die Forscher in aller Welt faszinierte vielmehr die Radioaktivität und die daran zu beobachtenden Phänomene, die im wahrsten Sinne des Wortes weltbewegend waren, da sie die Gesetze der Physik in Frage stellten. Aber wer kennt heutzutage schon noch den Namen Ernest Rutherford? Oder Niels Bohr? Alexander Fleming dagegen ist wegen des Penicillins in Erinnerung geblieben.
Der Name Curie ist bis in die letzten Winkel der Erde vorgedrungen, hat sich bis heute weltweit eingeprägt, weil er sofort mit der Krebsheilung in Verbindung gebracht wurde. Es dauerte nicht lange, bis einige Scharlatane sogar behaupteten, Radium könne einfach alles heilen.

Marya Skłodowska-Curie.

BADANIE CIAŁ RADIOAKTYWNYCH.

Odbitka z „Chemika Polskiego".

WARSZAWA.
SKŁAD GŁÓWNY W KSIĘGARNI E. WENDE i S-ka.
1904.

Ergebnisse der unermüdlichen Forschungen von Marie und Pierre Curie sind in dem Buch »Untersuchung der radioaktiven Körper« zusammengefaßt. Das Foto zeigt die Titelseite der 1904 in Warschau gedruckten Fassung.
(Foto: Interfoto, München)

»Die wunderbarste Entdeckung des Jahrhunderts
DIE RADIUMLOTION Rezall
Zur Erhaltung der Haarpracht
Kein Haarausfall mehr
Keine Glatze
Keine grauen Haare«

Solche und ähnliche Anzeigen erschienen damals in den Zeitungen.

Zwei deutsche Wissenschaftler hatten tatsächlich einen Einfluß radioaktiver Substanzen auf den menschlichen Organismus festgestellt. Pierre setzte daraufhin seinen Arm sogleich absichtlich einer Radiumquelle aus. Er beobachtete genüßlich die Veränderungen der Haut und teilte der Akademie das Ergebnis seines Selbstversuchs mit:

> »Die Haut hat sich auf einer Oberfläche von sechs Quadratzentimetern gerötet; das Aussehen ist dem einer Verbrennung ähnlich, doch ist die Haut nicht oder kaum schmerzhaft. Nach einigen Tagen begann die Rötung stärker zu werden, ohne sich auszubreiten; am zwanzigsten Tag bildeten sich zuerst Krusten, dann eine Wunde, die man mit Verbänden behandelte, am 42. Tag hat die Haut begonnen, von den Rändern ausgehend, gegen die Mitte zu verheilen, und 52 Tage nach der Bestrahlung bleibt noch eine Fläche von einem Quadratzentimeter als Wunde zurück, die einen ins Graue spielenden Ton annimmt, der darauf schließen läßt, daß eine tiefere Verwundung vorliegt.
>
> Fügen wir noch hinzu, daß Madame Curie, als sie in einer kleinen versiegelten Glasröhre einige Zentigramm hochaktiver Materie trug, ähnliche Verbrennungen erlitt, obwohl die kleine Röhre in einer dünnen Metallschachtel verwahrt war.
>
> Außer dieser heftigen Wirkung haben wir während der mit hochaktiven Stoffen ausgeführten Experimente an den Händen verschiedene Einwirkungen empfangen. Die Hände zei-

gen eine allgemeine Tendenz zur Schuppenbildung: die Fingerspitzen, die die hochaktive Substanzen enthaltenden Tuben oder Kapseln berührt haben, verhärten sich und werden manchmal sehr schmerzhaft. Bei einem von uns hat die Entzündung der Fingerspitzen vierzehn Tage angehalten und mit der Häutung ihren Abschluß gefunden, doch ist die Schmerzempfindlichkeit nach zweimonatiger Dauer noch nicht verschwunden.«

Auch Henri Becquerel, der eine Radiumprobe in seiner Westentasche transportiert hatte, erlitt Verbrennungen. Erbost berichtete er den Curies von seiner Erfahrung und erklärte: »Ich mag ja das Radium, aber das nehm' ich ihm übel!«

Seine Beobachtungen wurden zeitgleich mit denen von Pierre veröffentlicht, am 3. Juni 1901. Becquerel hatte außerdem festgestellt, daß ein Bleimantel Radium unschädlich macht. Doch zuerst muß der Wille da sein, sich zu schützen ...

Einige Mediziner werden auf das Phänomen aufmerksam. Doktor Daulos am Saint-Louis-Krankenhaus beginnt, seine Patienten mittels Radiumproben zu behandeln, die ihm die Curies zur Verfügung stellen. Radium zerstört die krankhaften Zellen bei Hautkrebspatienten. Wenn sich die Epidermis an den betreffenden Stellen regeneriert hat, ist sie gesund.

Jetzt muß das Radium nur noch in industriellem Maßstab hergestellt werden.

Von ihresgleichen anerkannt zu werden erfüllt die Curies natürlich mit einer gewissen Genugtuung. Marie empfindet das als »nur gerecht«. Wie Pierre bisher von offizieller Seite in Frankreich behandelt wurde, empört sie nicht aus verletzter Eitelkeit – sie besitzt nur Stolz –, sondern weil es eine Ungerechtigkeit darstellt.

Würde sie wenigstens entschädigt werden, nachdem sie fotografiert, interviewt, manchmal sogar während der Arbeit ge-

stört wurde und nachdem sie jetzt sogar die eine oder andere Einladung annehmen mußte?
Auf Drängen Mascarts erklärt sich Pierre schließlich bereit, vor der Akademie der Wissenschaften zu erscheinen. Die Verantwortlichen für Physik befürworten einstimmig seine Kandidatur, das Ergebnis der Wahlen scheint somit gesichert. Aber er muß sich zuerst dem üblichen Ritual unterziehen: allen seine Aufwartung machen, den wichtigsten Mitgliedern schmeicheln, seine Publikationen vorlegen, seine Verdienste preisen. Das ist nicht seine Art, und prompt verliert er nicht nur die Wahl – mit 23 zu 20 Stimmen –, sondern ist auch unzufrieden mit sich selbst, verbittert, entmutigt.
In Wahrheit belastet ihn zweifellos die Radioaktivität, der er weiterhin zusammen mit Marie im Hangar ausgesetzt ist, sehr viel stärker als diese Zurückweisung. Radioaktivität beeinträchtigt eben auch Leben und Energie.
Marie hat ihrerseits einen Schock erlitten, von dem sie sich kaum erholt. Ihr Vater war kurz nach einer Operation gestorben. Sie traf zu spät in Warschau ein, um noch einmal mit ihm sprechen zu können. Sie bestand darauf, daß der Sarg geöffnet wurde. Niederkniend, über das geliebte Gesicht gebeugt, machte sie sich lange die heftigsten Vorwürfe: Ihn verlassen zu haben, aus Egoismus in Frankreich geblieben zu sein, ihr Versprechen gebrochen zu haben... Erst Bronias Einschreiten setzte dieser Selbstgeißelung ein Ende.
Diese vermeintlich starke Frau kann den Tod nicht ertragen, nicht einmal den Gedanken an den Tod, dieses skandalöse Schnippchen, das die Natur der Wissenschaft schlägt.
Nun steht sie manchmal nachts auf und irrt durch das schlafende Haus. Pierre ist beunruhigt. Manchmal lassen auch ihn die Schmerzen keine Ruhe finden. Dann wacht Marie bei ihm, besorgt und ohnmächtig. Wenn sie morgens aufstehen, um zur Hochschule, ins Labor oder nach Sèvres zu fahren, sind sie ausgelaugt.

»Es ist ein hartes Leben, das wir uns ausgesucht haben...« rutscht Pierre eines Tages heraus.
Nach einem der gemeinsamen Sonntage am Boulevard Kellermann ist Georges Sagnac so bestürzt über ihr Aussehen, daß er Pierre einen zehnseitigen Brief schreibt:

»23. April 1903. Donnerstag morgen. Ich möchte Sie daran erinnern, daß ich ihr Freund bin, zweifellos ein junger Freund, aber letztlich doch ihr Freund. Deswegen hoffe ich, daß Sie mit Geduld und Aufmerksamkeit lesen werden, was ich zu sagen habe.
Als ich Madame Curie in der Gesellschaft für Physik sah, war ich über die Veränderung ihres Aussehens erschrocken. Ich wußte sehr wohl, daß sie wegen ihrer Dissertation die Dinge übertrieben hatte, daß sie sich gewiß seitdem erholt und daß sie, wenn sie ihre Arbeit erst einmal vorgelegt hat, fähig sein wird, sich in Frieden auszuruhen. Aber dies gibt mir die Gelegenheit, darzulegen, daß sie nicht genug Energiereserven hat, um ein so rein geistiges Leben zu führen, wie Sie beide es getan haben; und was ich von ihr gesagt habe, können Sie ebenso gut auf sich selbst beziehen. Ich wäre schon längst am Ende, wenn ich meinen Körper in der Weise mißhandelt hätte, wie Sie beide es mit den Ihren getan haben. Ich möchte nur ein Beispiel geben. Sie essen fast gar nichts, alle beide. Mehr als einmal, wenn Sie so freundlich waren, mich zum Essen einzuladen, habe ich gesehen, daß Madame Curie zwei Stückchen Wurst knabbert und dann ihre Mahlzeit mit einer Tasse Tee beschließt. Denken Sie doch einmal einen Augenblick nach. Glauben Sie, daß selbst eine kräftige Konstitution eine so ungenügende Diät aushalten könnte? ... Sie sollten nicht die Gleichgültigkeit oder Sturheit, die sie Ihnen entgegensetzt, als Entschuldigung benutzen. Ich stelle mir schon die Reaktion vor: ›Sie hat keinen Hunger! Und sie ist alt genug, um zu wissen, was sie will!‹

Nein, das würde ich nicht tun. Sie benimmt sich wirklich wie ein Kind. Ich sage Ihnen das mit aller Überzeugung meines Urteilsvermögens und meiner Freundschaft. Und es ist auch leicht zu sehen, wie sie sich selbst zu einem eigensinnigen Benehmen zwingt. Sie nehmen sich nicht genug Zeit für die Mahlzeiten. Sie nehmen sie zu irgendeinem Zeitpunkt ein, und am Abend essen Sie so spät, daß Ihre Mägen nach der langen Wartezeit die Funktion verweigern. Zweifellos können einige Ihrer Forschungsarbeiten Sie veranlassen, so spät am Abend zu essen; das läßt sich gelegentlich entschuldigen. Aber Sie haben kein Recht, es zur Gewohnheit zu machen. [...]
Lieben Sie Irène nicht? Mir käme es jedenfalls nicht in den Sinn, einen Aufsatz von Rutherford zu lesen, statt mich um die Bedürfnisse meines Körpers zu kümmern oder mich mit einem so lieben kleinen Mädchen zu beschäftigen. Geben Sie ihr einen Kuß von mir. Wenn sie ein wenig älter wäre, würde sie wie ich denken und es Ihnen sagen. Denken Sie ein wenig an sie ...«

Die Freunde der Curies sind betrübt und empört wegen der schlechten Arbeitsbedingungen, zu denen die beiden verdammt scheinen.
Im Laufe des Jahres bittet der neue Dekan der naturwissenschaftlichen Fakultät, Paul Appell, Pierre brieflich um »den Gefallen«, ihn für die Ehrenlegion vorschlagen zu dürfen. Mit der Bitte um Unterstützung in dieser Angelegenheit schreibt er auch an Marie: »Ich würde Sie sehr bitten, Ihren ganzen Einfluß aufzubieten, um Herrn Curie an der Ablehnung zu hindern. Die Sache an sich ist ja weiter nicht von besonderem Interesse, aber vom Standpunkt der praktischen Konsequenzen aus (Laboratorien, Kredite u.s.w. ...) ist sie sehr bedeutungsvoll.«
Pierre Curies Antwort an Dekan Appell:

»Wollen Sie die Güte haben, dem Herrn Minister zu danken und ihm mitzuteilen, daß ich gar kein Bedürfnis habe, einen

Orden, aber ein um so größeres, ein Laboratorium zu bekommen.«

In der Flut von Zuschriften, die sie nun täglich erhalten und die Pierre zu beantworten sucht, obwohl es ihm langsam schwerfällt, einen Stift zu halten, befindet sich auch ein Brief aus Buffalo in den USA. Amerikanische Ingenieure hatten sich entschlossen, ein Verfahren zur industriellen Radiumgewinnung zu entwickeln und bitten um die nötigen Informationen.
Bevor er antwortet, fragt er Marie nach ihrer Meinung, denn schließlich hat sie das Verfahren zur Isolation und Reinigung von Radium erfunden. Wenn die Curies darauf ein Patent anmelden würden, wären sie die alleinigen Rechteinhaber für die weltweite Radiumgewinnung.
Marie überlegt. Und lehnt ab. Nein, wir werden kein Patent anmelden. Alle Physiker veröffentlichen ihre Forschungsergebnisse in vollem Umfang, und das werden auch wir uneingeschränkt tun. Ihr Verfahren soll allen zur Verfügung stehen, die davon Gebrauch machen wollen.
Diese Entscheidung gehört sicherlich nicht zu den realistischsten der ehemaligen Positivistin. Mit den Radiumrechten ließe sich ein stattliches Vermögen verdienen. Der erste Industrielle etwa, der auf die Idee kam, den Curies Räumlichkeiten und Mineralien kostenlos zur Verfügung zu stellen, damit Chemiker die Vorarbeiten leisten konnten, während Marie sich, voller Dankbarkeit, die Finger wund schuftete, um hinreichend reines Radium für die medizinische Anwendung zu gewinnen, verdankt sein Vermögen seinem guten Gespür und Unternehmergeist.
Anfang der zwanziger Jahre war der Preis für ein Gramm Radium auf 100 000 Dollar gestiegen (damals etwa 1 Million Francs; nach heutigem Wert ca. 2,5 Millionen DM). Dann sicherte sich die Minengesellschaft von Katanga (im Süden der heutigen Demokratischen Republik Kongo) das Monopol, nachdem sie reiche Uranvorkommen entdeckt hatte. Aufgrund der geringen

Kosten für Material und Arbeitskräfte im Kongo konnte sie Uran konkurrenzlos günstig anbieten, und der Weltmarktpreis für 1 Gramm Radium sank infolgedessen auf 70 000 Dollar.
In den dreißiger Jahren führte die Entdeckung weiterer Uranvorkommen in Kanada zu einem erbitterten Preiskampf, der 1938 mit einem Kartellabkommen endete, in dem ein Festpreis von 25 000 Dollar vereinbart wurde.
Dies sei nur erwähnt, um einen Eindruck zu vermitteln, welche Reichtümer die Curies erwartet hätten. Maries Entscheidung im Jahre 1904 entspricht aber sowohl ihrem Leitprinzip, dem »désintéressement«, als auch dem wissenschaftlichen Geist.
Als ihr in den zwanziger Jahren klar wird, daß Geld nicht Teufelswerk, sondern notwendige Grundlage jeglicher Forschung ist, startet sie eine Kampagne zur Anerkennung der Eigentumsrechte des Forschers an seinen Entdeckungen durch die internationale Staatengemeinschaft. Wir werden später darauf zurückkommen.
Zwar hatten Wissenschaftler auch zuvor ihre Erfindungen patentieren lassen, im übrigen auch Pierre Curie, aber es handelte sich dabei ausschließlich um technische Apparate und Instrumente, niemals um Entdeckungen, die in den Bereich der Grundlagenforschung fielen. Diese waren seinerzeit in der wissenschaftlichen Fachwelt jedermann frei zugänglich. Später mußte erst eine ganze Reihe internationaler Hürden überwunden werden, bis Kernspaltung und atomare Kettenreaktion entdeckt werden konnten, an deren Erforschung Franzosen, Amerikaner und Deutsche gleichzeitig arbeiteten. Soweit war man allerdings erst 1939.
Bei den Curies trifft ein weiterer Brief ein, diesmal aus London. Die Royal Society wäre erfreut, wenn Pierre Curie die Einladung zu einem Vortrag am Freitag, dem 13. Juni 1903, annehmen würde.
Der englische Veranstaltungstypus, zu dem Pierre einen Beitrag leisten soll, ist im übrigen Europa unbekannt, da die Vorträge

auch interessierten Laien zugänglich sind. Robert Reid berichtet, daß die Veranstaltungen an den Freitagabenden so gut besucht waren, daß die Straße, an der sich die Royal Society befand, wegen des regen Verkehrs zur ersten Einbahnstraße in ganz London erklärt werden mußte. Es war eine sehr gediegene Veranstaltung – die Herren trugen Smoking, die Damen erschienen im Abendkleid und legten ihren kostbarsten Schmuck an. Die Größen der britischen Physik, die damals als die beste der Welt galt, waren anwesend, wenn führende Wissenschaftler aus aller Welt ihre neuesten Erkenntnisse allgemeinverständlich darlegten.

Pierre Curie erfreute sich in Großbritannien bereits eines ausgezeichneten Rufs, da insbesondere Lord Kelvin und James Dewar, nicht erst seit der Entdeckung des Radiums, auf die Bedeutung seiner Arbeiten zu Piezoelektrizität und Magnetismus hingewiesen hatten.

Im Mittelpunkt des wissenschaftlichen Interesses stand zu jener Zeit natürlich das Radium, und so wurde Pierre gebeten, das Publikum mit einem Vortrag zur Radioaktivität zu unterhalten. Als er unter tosendem Beifall das Podium des Hörsaals betrat, war er sichtlich von Krankheit gezeichnet. Seine Beine zitterten, die Hände schmerzten. Er hatte nicht einmal die Weste zu seinem schwarzen Anzug selbst zuknöpfen können, in dem er auch seine sonstigen Vorlesungen abhielt und den Marie für den festlichen Anlaß aufgeputzt hatte.

Obwohl er französisch sprach – auf Anraten seiner englischen Kollegen sehr langsam und betont –, war das Publikum begeistert. Er verstand es, auch die Laien unter den Zuhörern anzusprechen, indem er seinen Vortrag, wie verabredet, mit optischen Effekten auflockerte. Die Eigenschaften des Radiums waren dazu ideal geeignet. So setzte er beispielsweise schwarz umwickelte fotografische Platten der Strahlung aus und bat um Abdunkelung des Saals, damit die Zuschauer den bläulichen Schimmer sehen konnten, und zeigte außerdem allen die noch

von seinem Selbstversuch stammenden Auswirkungen auf seinem Unterarm.
Es ist nicht bekannt, ob er sich einen Spaß daraus machte, die Echtheit der Diamanten zu überprüfen, die ihm von einigen Dekolletés hübscher Damen entgegenfunkelten. Unechte Diamanten bestehen den Radiumtest nämlich nicht. Man weiß dagegen, daß ihm versehentlich ein wenig Radium aus dem Transportbehälter entwich. Fünfzig Jahre später mußte der betreffende Hörsaal, infolge der immer noch nachweisbaren Strahlung, dekontaminiert werden.
Und Marie? Sie sitzt in ihrem »guten Kleid« neben Lord Kelvin. Es ist immer noch dasselbe wie vor zehn Jahren, ein schwarzes, leicht ausgeschnittenes Kleid. Um der Wahrheit Genüge zu tun, muß man wohl sagen, daß sie keinerlei modischen Geschmack besaß und sich auch niemals »zurechtmachte«. Ihre typischen Farben Schwarz und Grau, die sie aus Bequemlichkeit trägt, sind damals unüblich und daher sehr auffällig, ebnen ihr andererseits aber auch oft den Weg und passen sehr gut zu ihrem aschblonden Haar.
In dem Londoner Kreis wirkt sie übrigens noch auffälliger als andernorts, und gerade diese Andersartigkeit macht sie so anziehend. Außerdem ist sie wieder schwanger, diesmal ohne Beschwerden, und das bekommt ihr sehr gut.
An jenem Freitagabend befinden sich viele Frauen unter den Zuschauern. Die Royal Society hatte auf ihr möglichst zahlreiches Erscheinen Wert gelegt. Es wurde nur Sorge getragen, daß sich unter den Eingelassenen nicht etwa »Angehörige des weiblichen Geschlechts« befinden, die »den Regeln des Anstands« zuwiderhandeln könnten.
Die beflissenen Organisatoren haben allerdings nicht damit gerechnet, daß Marie an der Seite ihres Mannes auf dem Podium erscheinen und neben Lord Kelvin Platz nehmen würde. Pierre redet, sie hört zu. Bei dieser Gelegenheit findet sie heraus, daß sie eine Leidensgenossin hat, mit der sie sich später an-

freunden wird: Hertha, die Ehefrau von Professor Ayrton, eine begnadete Wissenschaftlerin, deren Anwesenheit allseits akzeptiert wird, vorausgesetzt, sie verhält sich still.
Sechs Tage später ist das Ehepaar in derselben Situation, nur diesmal mit vertauschten Rollen. Vor dem Prüfungskomitee, bestehend aus den Herren Professoren Lippmann, Bouty und Moissan, stellt »Madame Sklodowska-Curie« ihre Doktorarbeit vor. Die Zeremonie findet in einem kleinen Saal an der Sorbonne statt und ist eine echte Weltpremiere, da zuvor noch niemals eine Frau ihre Dissertation eingereicht hat.
Marie ist sich der Bedeutung dieses Ereignisses sehr wohl bewußt und auch der Aufmerksamkeit, die es bei Physikern und Chemikern weltweit erregt. Erstmals werden sie eine Frau in ihren Reihen dulden müssen. Und diese Frau wird sie sein.
Der kleine Saal ist hoffnungslos überfüllt. Ihretwegen, wegen des Themas: »Forschungen über radioaktive Substanzen«. Eingeladen hatte sie Jean Perrin, Paul Langevin, ihre Schülerinnen. Neben Pierre und Doktor Curie ist natürlich auch Bronia dort, die extra aus Polen angereist war und die dieses Ereignis fast noch mehr berührt als Marie selbst.
Es ist ein ergreifender Anblick, die junge, blasse Frau mit den blonden Haaren dort sitzen zu sehen, die in ihrem schwarzen Kleid so zierlich wirkt und die Fragen der drei Prüfer mit leicht slawischem Akzent beantwortet. Bald wird auch deutlich – zumindest für einige der Anwesenden –, daß sie von der Thematik mehr versteht als ihre Prüfer.
Die Zeremonie endet mit den üblichen Floskeln. Der Vorsitzende des Prüfungskomitees erklärt: »Die Universität von Paris verleiht Ihnen hiermit den Titel eines Doktors der Physik ...«
Mit dem Zusatz: »summa cum laude.«
Aber er gebraucht darüber hinaus noch eine weniger übliche Formulierung: »Im Namen des Komitees möchte ich Ihnen unsere herzlichsten Glückwünsche aussprechen, Madame.«

Der Vorsitzende ist Gabriel Lippmann. 1908 wird er den Nobelpreis erhalten. Später als Marie.
Ein weiterer künftiger Nobelpreisträger (neben Jean Perrin) hat Maries Triumph nur knapp verpaßt: Ernest Rutherford. Er ist für kurze Zeit in Paris und macht einen Abstecher zum Labor der Curies, um die beiden kennenzulernen. Dort sagt man ihm, daß Marie gerade ihre Doktorarbeit an der Sorbonne vorstelle, aber als er dort eintrifft, ist die Zeremonie bereits vorbei. Paul Langevin lädt ihn aber zu dem Abendessen ein, das er Marie zu Ehren organisiert hat.
Ernest Rutherford, Jean Perrin, Paul Langevin, Pierre Curie... Ein illustrer Kreis, der sich an jenem Abend um Marie versammelt, im Speisezimmer des kleinen Hauses in der Rue Gazan, unweit des Boulevard Kellermann, wo Langevin mit seiner Familie wohnt. Obwohl ihm die offiziellen Titel fehlen, führt Pierre die Runde an, da er mit vierundvierzig Jahren der Älteste ist. Außerdem hat er zu der Zeit die meisten Forschungsergebnisse von allen vorzuweisen.
Jean Perrin ist zweiunddreißig. Er hat als einer der ersten die Existenz des Elektrons bewiesen, dieser kleinstmöglichen Ladungsträger, die den Atomkern umkreisen und in der Atomhülle beachtliche Geschwindigkeiten erreichen. Auch hatte er kurz zuvor die moderne Atomtheorie begründet.
Die Vermutung, Materie bestehe aus Atomen, war damals schon etwa hundert Jahre alt. Der englische Chemiker John Dalton hatte sie formuliert. Diese Theorie war aber in der Fachwelt, insbesondere von positivistischer Seite, heftig umstritten, da sie von einem Modell ausgeht, das sich der menschlichen Wahrnehmung entzieht.
Jean Perrin wird auch der erste sein, der wissenschaftlich erklären kann, warum Sterne leuchten und warum die Sonnenstrahlen die Erde erleuchten und aufheizen. Und er wird den Raketeneinsatz zu Raumfahrtzwecken vorschlagen. Vor 1910.

Lustig, fröhlich, begeisterungsfähig, dynamisch und schelmenhaft wie er ist, erinnert er mit seinem Rotschopf an einen Kobold.
Auch er ist mit seiner Familie in die Nachbarschaft der Curies gezogen, ihre Gärten grenzen unmittelbar aneinander. Seine Frau Henriette Perrin ist die einzige, die Marie je mit ihrem Vornamen anreden darf. Ihre Freundschaft wird lebenslang keinerlei Trübung erfahren.
Mit einunddreißig Jahren ist Paul Langevin der Jüngste in der Runde. Mit seiner aufrechten Haltung, seinem kurzen Bürstenschnitt, dem gezwirbelten Schnauzbart und den dunklen Augen ist er der Prototyp des französischen Charmeurs. Er rezitiert bereitwillig aus seinem unerschöpflichen Versfundus und genießt das Leben, so daß ihm die Herzen zu Füßen liegen. »Langevin sieht aus wie ein Kavallerieoffizier«, wird Anna de Noailles sagen. Das war ein Kompliment.
Langevin ist tatsächlich die Verkörperung des männlichen Ideals der laizistischen französischen Republik, in der Leistung zu den wichtigsten Tugenden zählt und man an sozialen Aufstieg durch Bildung glaubt. Langevin hat den klassischen Lebensweg des armen, begabten Kindes hinter sich. Im Gegensatz dazu ist Pierre Curies Werdegang der eines Außenseiters, des ewigen Träumers, der die engen Grenzen bürgerlicher Normen und Konventionen überschreitet, soweit es ihm möglich ist.
Langevins Vater ist Schlossergeselle. Paul hat nur deshalb ein Gymnasium besucht, weil ein Volksschullehrer bei der Vergabe der Abschlußzeugnisse zu seiner Mutter sagte: »Wenn Sie es irgendwie ermöglichen können, sollte er unbedingt weiterlernen ...« Das konnte sie nicht, tat es aber trotzdem. Bei Abschluß des Gymnasiums sagte dann ein Lehrer zu ihm: »Wenn Sie es irgendwie ermöglichen können, sollten Sie unbedingt Ingenieur werden ...« Und er bestand die Aufnahmeprüfung an der Hochschule für Industrielle Physik und Chemie als Bester und finanzierte sich sein Studium durch Nachhilfeunterricht. Dort

war er begeisterter Schüler von Pierre Curie. Dann schlug ihm ein anderer Professor eine der Eliteuniversitäten vor. Er konnte kein Latein und besaß auch sonst nicht die erforderlichen Kenntnisse für die Aufnahmeprüfung. Er holte alles in vier Monaten nach, wurde auch hier als Bester zugelassen und schloß das Studium ebenfalls als Jahrgangsbester ab. Sein erstes Stipendium erhielt er für einen Auslandsaufenthalt und entschied sich für das berühmteste aller physikalischen Laboratorien, Cavendish in Cambridge, das zweite für seine Doktorarbeit zur Ionisation von Gasen.

Professor Mascart, der Inhaber des Lehrstuhls für experimentelle Physik am Collège de France, wurde auf ihn aufmerksam und ernannte ihn zu seinem Stellvertreter, später zu seinem Nachfolger.

Ein untadeliger Werdegang.

Die Größen der Wissenschaft, allen voran Pierre Curie, sind nicht immer von »edler« Geburt. Nicht einmal gute Schüler. »Allein durch Ihre Anwesenheit untergraben Sie schon meine Autorität«, sagte ein Lehrer zum jungen Albert Einstein, bevor er durch die Aufnahmeprüfung zum Polytechnikum in Zürich fiel. Einen »Mir-doch-egal« nannte man so jemanden damals.

Manche jedoch sind sehr wohl gute Schüler – wie Ernest Rutherford zum Beispiel, von dem man in den fünfziger Jahren sagen wird, daß er zusammen mit Niels Bohr der Physiker des 20. Jahrhunderts war, der am ehesten an die hohe Latte des Genies heranreichte, will sagen: an Albert Einstein.

An dem Abend bei Langevin, den er in Cambridge kennengelernt hat und den er bewundert (»ein Pfundskerl«), ist Rutherford zweiunddreißig Jahre alt. Er ist ein Draufgänger, ein Ausnahmetalent, Sohn eines Hausdieners. Nach guter britischer Sitte macht er keinen Hehl daraus, daß er Geld liebt und möglichst viel davon zu verdienen hofft. Auch dem Ruhm ist er nicht abgeneigt. In Cambridge hörte man ihn eines Tages skandieren:

»Wir leben im Zeitalter wissenschaftlicher Heldentaten! Wir leben im elisabethanischen Zeitalter!«
Nach Aussage eines Zeugen »bestand nicht der geringste Zweifel, wem Rutherford die Rolle Shakespeares zugedacht hatte«.
Wunderbar seine Schlagfertigkeit. Eines Tages wurde ihm die abfällige Äußerung eines »Mittelmäßigen« hinterbracht:
»Was hat dieser Rutherford nur für ein unverschämtes Glück! Auf jeder Welle reitet er ganz oben mit!«
»Nun ja, schließlich habe ich diese Welle erschaffen«, entgegnete Rutherford.
Bereits kurz nach Becquerels Entdeckung der Uranstrahlen fand er heraus, daß es verschiedene Strahlenarten gibt: Alpha- und Betastrahlen. »Meine« Alphastrahlen, sagte er. Danach machte er zusammen mit dem jungen Chemiker Frederick Soddy die wichtigste Entdeckung auf dem Gebiet der Radioaktivität, seit Marie das Radium isoliert hatte. Und er war sich dessen sofort bewußt, als er mit Soddy beobachtete, daß radioaktive Elemente beim Abgeben von Alpha- oder Betastrahlen in eine Reihe von Zwischenstufen zerfallen, die gänzlich neue Elemente sind. Sie konnten auch beobachten, daß die Zerfallsrate konstant ist, sich also weder beschleunigen noch verlangsamen läßt, und daß jedes radioaktive Element eine spezifische Zerfallsrate hat.
Aber an dem Abend bei Langevin hütet er sich, etwas davon zu verraten.
Sein erstes Zusammentreffen mit der zurückhaltenden, distanzierten Frau, die gerade zur »Königin der Radioaktivität« gekrönt worden war – einem Gebiet, das er unangefochten selbst beherrschen wollte –, hätte eigentlich katastrophal verlaufen müssen. Aber das genaue Gegenteil war der Fall. Es wurde der Beginn einer lebenslangen Freundschaft.
Rutherford ergriff später ihre Partei gegenüber Wissenschaftlern, die Marie mit ihrem Hochmut zur Verzweiflung trieb: »Madame Curie ist schwer zu nehmen. Sie vereinigt sowohl die

Vor- als auch die Nachteile, eine Frau zu sein, in einer Person.« Er verstand das sofort. Er benahm sich ihr gegenüber ungehobelt, sprach mit ihr wie mit seinesgleichen, keineswegs galant. Sie benahm sich wie immer – das heißt, sie wirkte auf ihre Art verführerisch, ohne es zu wollen. Und Rutherford schätzte auch »ihre vernünftige Art, sich zu kleiden«.

Es wurde ein anregender, heiterer, gelungener Abend. Paul Langevin schwamm nicht gerade im Geld, er hatte schon zwei Kinder zu versorgen. Aber er war verschwenderisch, großzügig, kein Freund der Mäßigung. Der Wein dürfte, Marie zu Ehren, ebenso erlesen gewesen sein wie die Käseplatte.

Auch an Gesprächsthemen und Diskussionsstoff herrschte kein Mangel. Es war ein warmer Juniabend, nach dem Essen saßen sie draußen im Garten. Als die Nacht hereinbrach, holte Pierre ein zur Hälfte mit Zinksulfid verkleidetes Röhrchen aus der Tasche, das eine Radiumlösung enthielt. In der Dunkelheit leuchtete das Zinksulfid hell. Mit kindlicher Begeisterung führte Pierre dem faszinierten Publikum dieses Phänomen vor und sagte: »Schaut her. Das ist das Licht der Zukunft.«

Aber er hatte Mühe, das Röhrchen mit seinen geröteten, schmerzenden Händen zu halten.

Dann ist die Zeit der Ferien gekommen. Marie fährt in die Bretagne voraus, um ein Haus zu mieten. Und sie radelt wieder. Diesmal kann sie allerdings nicht mehr rechtzeitig mit dem Zug nach Paris zurückgebracht werden. Es kommt zu einer Frühgeburt, wenige Stunden später stirbt das Kind.

Niemand kann sich dieses tragische Unglück erklären, obwohl Pierres jüngste Experimente, die er in Zusammenarbeit mit zwei Ärzten an Mäusen und Meerschweinchen durchgeführt hat, gezeigt haben, daß es unter Radiumeinwirkung zu gravierenden Blutstaus in der Lunge und Veränderungen der weißen Blutkörperchen kommt.

Nach diesem Zusammenbruch muß sie sich den Sommer über

Die eigene Leuchtkraft von Radium-Bromid demonstriert dieses Foto: Es wurde keine zusätzliche Lichtquelle benutzt. Einen ähnlichen Leuchteffekt erzielte Pierre bei seinem Experiment mit Radium und Zinksulfid, mit dem er an einem Sommerabend seine Freunde überraschte.
(Foto: Deutsches Museum, München)

schonen. Pierre, Doktor Curie und Irène sind an ihrer Seite. Und eine ihrer Schülerinnen, die künftige Eugénie Cotton, die sie für die Ferien eingeladen haben. Auch der treue Debierne eilt an ihr Krankenlager. Marie gibt sich unbeschwert, schreibt aber an Bronia:

»In Gedanken hatte ich mich so an dieses Kind gewöhnt, daß ich nun vollkommen verzweifelt und untröstlich bin. Schreib mir bitte, ob Du glaubst, daß es an meiner allgemeinen Erschöpfung liegt, denn ich muß zugeben, daß ich meine Kräfte nicht geschont habe. Ich habe meinem Organismus zuviel zugetraut und bereue das nun bitter, nachdem ich so teuer dafür bezahlt habe. Das Kind, ein kleines Mädchen, war in gutem Zustand und lebte. Und ich hatte es mir so sehr gewünscht!«

Aus Polen trifft noch eine weitere Schreckensnachricht ein: Bronias zweites Kind, ein kleiner Junge, ist innerhalb weniger Tage an tuberkulöser Meningitis gestorben. An ihren Bruder Jozef schreibt Marie:
»Wenn ich meine Tochter ansehe, beginne ich zu zittern. Bronias Kummer zerreißt mir das Herz.«
Leidend, von Gedanken an den Tod verfolgt, der ihre Familie im zurückliegenden Jahr gleich dreimal heimgesucht hat, kehrt Marie nach Paris zurück. Kaum angekommen, erwischt sie »eine Art Grippe«, wie sie es nennt, die einfach nicht enden will, so daß sie Pierre nicht nach London begleiten kann, wo ihnen die angesehene Davy-Medaille der Royal Society verliehen werden soll.
Im Dezember nimmt stellvertretend der französische Gesandte in Stockholm eine Urkunde aus den Händen des schwedischen Königs entgegen: den Physiknobelpreis für Pierre und Marie Curie. Die beiden teilen sich den Nobelpreis mit Henri Becquerel, der als einziger persönlich bei den Verleihungsfeierlichkeiten anwesend ist.
Pierre hat sich zuvor brieflich bei Professor Aurivilius, dem ständigen Sekretär der Schwedischen Akademie, erkundigt, ob die Akademie die Verleihungszeremonie verschieben könne. Der Termin ist allerdings in den Statuten für die Vergabe des Nobelpreises festgeschrieben. Als Begründung führt er an:

»Wir sind zur Zeit nicht abkömmlich, weil die uns anvertrauten Studenten schwer unter dem damit verbundenen Unterrichtsausfall zu leiden hätten. Außerdem war Madame Curie in diesem Sommer krank und ist noch nicht wieder vollkommen genesen.«

Henri Becquerel (1852–1908) machte die revolutionäre Entdeckung, daß das Element Uran ohne äußere Beeinflussung Strahlen aussendet. Seine Forschungsergebnisse waren die Grundlage für Maries Dissertation. Becquerel erhält 1903 gemeinsam mit den Curies den Nobelpreis für Physik. (Foto: Süddeutscher Verlag, München)

Die offizielle Ankündigung aus Stockholm hatte am 10. Dezember 1903 wie eine Bombe eingeschlagen. Die Nobelpreise wurden erst zum dritten Mal vergeben; als erster Physiker war Wilhelm Conrad Röntgen ausgezeichnet worden. Bereits damals erregte die Preisvergabe der Schwedischen Akademie weltweites Aufsehen, machte die Entscheidung der Jury die ausgezeichneten Wissenschaftler über Nacht berühmt.
Die Neuigkeit fand aber diesmal noch größere Beachtung, weil eine zierliche, blonde Frau geehrt wurde, für ein Wunderheilmittel, das sie unter größten Strapazen in einem heruntergekommenen Hangar entdeckt hatte. Eine romantische Geschichte, die für Schlagzeilen sorgte!
Diese beispiellose Heldentat wird die Menschheit noch lange beschäftigen. Marie und Pierre Curie stehen mit einem Schlag im Licht der Öffentlichkeit. Eine harte Probe nach der langen Abgeschiedenheit.
Die begeisterten Zeitgenossen würden die Curies am liebsten jetzt schon auf einen Sockel stellen, ja sie sogar mit einem Heiligenschein versehen.

III. TEIL

Der Ruhm

Die Unterbrechung unserer freiwilligen Einsamkeit wurde für uns die Quelle wirklicher Leiden und wirkte sich wie ein Unheil aus«, schreibt Marie.

Man könnte meinen, daß Marie Curie die Regeln des Anstands verletzt und sich als undankbar erwiesen hat, wenn sie sich alles in allem über die Verleihung des Nobelpreises an sie und Pierre beklagt. Aber es besteht kein Zweifel, daß die Curies tatsächlich stärker unter dem ständigen Trubel und den Ehrenbezeugungen gelitten haben als unter der entbehrungsreichen Abgeschiedenheit.

Durch ihren Anteil am Nobelpreis in Höhe von 70 000 Francs und den Erhalt des Daniel-Osiris-Preises*, der zwischen Marie (60 000 Francs) und Edouard Branly (40 000 Francs) aufgeteilt wird, sind die beiden von finanziellen Sorgen befreit. Sie leihen den Dluskis Geld für ihr Sanatorium, bedenken auch Pierres Bruder mit einer Leihgabe, machen einige Geschenke und leisten sich ein modernes Badezimmer am Boulevard Kellermann... Der Rest wird sicherheitshalber in französischen Staatsanleihen und Obligationen der Stadt Warschau angelegt. Aber mit dem Geld ist es schließlich wie mit der Gesundheit: Man weiß es erst richtig zu schätzen, wenn es daran fehlt.

Was den sonstigen Stand der Dinge betrifft... Von Albert Einstein wird berichtet, er sei völlig entsetzt gewesen, als eine neugierige Menge den Wagen umringte, mit dem er in Begleitung

* Der 1911 verstorbene Daniel Osiris war einer der wichtigsten zeitgenössischen Mäzene. Er schenkte dem französischen Staat das »Château de la Malmaison« und vermachte dem Institut Pasteur 30 Millionen Francs.

seines Gastgebers Charlie Chaplin zu einer Vorstellung von »Lichter der Großstadt« fuhr, seinen Namen skandierte und ihn unverhohlen anstarrte.
»Was bedeutet das alles?« fragte er aufgelöst.
Und Chaplin antwortete: »Rein gar nichts.«
Das spiegelt sehr genau Pierres Einstellung zu diesen Dingen. Des weiteren lehnt er jegliche Art der Unterscheidung kategorisch ab. Die bloße Vorstellung einer Klassengesellschaft oder hierarchischer Strukturen erscheint ihm schon antiquiert und überflüssig, selbst wenn sie auf einem Leistungsprinzip beruhen.
Marie sieht das etwas anders. Um gesellschaftlich anerkannt zu werden, muß sie sich ständig neu beweisen, muß sogar besser sein als ihre männlichen Kollegen. Und dieser Respekt fällt ihr nicht in den Schoß. Außerdem hatte sie ja schon als junge Frau »jemand« werden wollen. Sie steht Auszeichnungen folglich nicht ablehnend gegenüber, obwohl sie natürlich sehr genau weiß, daß Auszeichnungen und Preise an sich noch kein Kriterium für herausragende Leistungen sind.
Aber sie bewundert an Pierre »seine Losgelöstheit von jeder eitlen Regung, von der Kleinlichkeit, die man an sich und anderen wahrnimmt und nachsichtig beurteilt, obwohl man eigentlich einem höheren Ideal zustrebt«. Und so ist sich das Ehepaar in dieser Hinsicht weitestgehend einig.
Außerdem erfaßt Marie, wenn sie sich von der Menge verfolgt fühlt, eine fast schon krankhafte Panik, die sogar zu Schwächeanfällen führen kann. Öffentliche Anerkennung bekommt ihr gut. In der Öffentlichkeit erkannt zu werden, traumatisiert sie dagegen.
Sich ausstellen, vorführen zu lassen, Gegenstand öffentlicher Neugier zu sein, fotografiert, karikiert, angestarrt zu werden wie eine zoologische Rarität – das alles ist den Curies zutiefst zuwider, was auch immer der Anlaß sein mag. Innerhalb kurzer Zeit werden sie dem allen ausgesetzt, werden im Labor belagert

und zu Hause, werden beobachtet, ausgefragt, angebettelt und verfolgt.
Der Hangar, dessen Beschreibung durch die Weltpresse geisterte, wird von Neugierigen aller Art gestürmt. Selbst der französische Staatspräsident Emile Loubet läßt es sich nicht nehmen, persönlich vorbeizukommen.
Ihr Haus am Boulevard Kellermann, »ein gemütliches Häuschen, das das verborgene Glück zweier großer Gelehrter beherbergt«, wird von Journalisten ausspioniert; sie befragen das Hausmädchen, Irène, die Katze ...
Ihrem Glas entrissen, ringen unsere beiden Goldfische nach Luft und wehren sich tapfer. Nein, sie wollen kein Bankett; nein, sie wollen nicht durch Amerika reisen; nein, sie wollen nicht zur Automobilausstellung oder der Generalprobe von Sardous neuem Stück beiwohnen; nein, sie wollen nicht ihre Meinung zur ersten Verleihung des Prix Goncourt kundtun, und Marie will ihren Namen auch nicht für die Taufe eines Rennpferds hergeben; nein, sie wollen nicht, daß ihre Fotografien neben dem Gramm Radiumbromid gezeigt werden, das in der Eingangshalle der Zeitung *Le Matin* einer staunenden Öffentlichkeit präsentiert wird ...
Pierre graut es vor seiner Karikatur im *Echo de Paris*; die Beschreibung Maries als »charmante Mama, deren außerordentliche Sensibilität mit einem neugierigen Sinn für das Unerklärliche einhergeht«, macht sie wütend; das Kabarettstück, in dem sie auf allen vieren kriechend nach einer Radiumprobe suchen, die sie im Verlauf eines schlüpfrigen Experiments verloren haben, schockiert sie ...
Ihrer Privatsphäre beraubt, schickt Marie ihren Geschwistern Jozef, Bronia und Hela einen Hilferuf. »Ich bitte Euch inständig, mich nicht zu vergessen«, schreibt sie. Als ob sie – in dem Wahn, plötzlich zu mutieren – an ihre Geschwister appelliert, nicht zu vergessen, wer sie früher einmal war ...
Dem Personenkult, dem die Curies schlagartig ausgesetzt sind,

den Worten, die ihnen in den Mund gelegt werden über die angeblichen Wunderkräfte des Radiums, das selbstverständlich auch Blindheit, Tuberkulose, Neuralgien heilen, Straßen beleuchten und Gebäude heizen könne, stehen sie fassungslos und wütend gegenüber. Sie versuchen vergeblich, sich vor den Verrückten und Snobs, den Schnorrern und Einflußreichen, den verkannten Erfindern und Autogrammjägern zu verbarrikadieren, die sie bedrängen, belagern, belästigen, ihnen schmeicheln und sie um Unterstützung bitten wollen.

Es regnet Einladungen, die sie nicht alle ablehnen können. Bei einer Abendgala im Elysee-Palast:

»Soll ich Sie dem griechischen König vorstellen?« fragt eine Dame.

»Ich wüßte nicht, weswegen«, antwortet Marie, stutzt plötzlich, als sie bemerkt, daß die Fragende die Frau des Staatspräsidenten ist, und fügt hinzu: »Nun ja, wenn Sie wollen ...«

Der Botschafter von Österreich-Ungarn? Seiner Regierung hatten sie damals die Pechblende zu verdanken. Die Gräfin Greffulhe? Niemand kann der Gräfin etwas abschlagen, schließlich führt sie in ihrem Haus in der Rue d'Astorg den beliebtesten Pariser Salon. Frau von ...? Sie will ihnen ein neues Labor einrichten.

Denn die beiden haben immer noch keinen geeigneten Raum für ihre Arbeit. Nach wie vor reinigt Marie das Radium, das von medizinischer Seite zunehmend nachgefragt wird, im Hangar.

Nach der Verleihung des Nobelpreises sah sich die französische Regierung genötigt, den Curies vermehrte Aufmerksamkeit zu widmen. Sie kündigt an, speziell für Pierre einen Lehrstuhl für allgemeine Physik an der Sorbonne einzurichten.

Die lange Wartezeit zwischen einer Entscheidung des Ministerrats und deren praktischer Umsetzung strapaziert Pierres Nerven aufs äußerste, und als endlich konkrete Schritte eingeleitet werden, ist kein eigenes Labor für den Lehrstuhl eingeplant. Lediglich die laufenden Kosten für die Gehälter von Pierre und Marie

– zur Beaufsichtigung der Arbeiten – sowie einem wissenschaftlichen Mitarbeiter und einem Gehilfen sollen übernommen werden. Die Mittel für die notwendige Ausstattung bleiben dagegen aus. Pierre lehnt den Lehrstuhl daraufhin verbittert ab. Es folgen Betroffenheit, Aufregung, Intervention. Schließlich bewilligt das Parlament doch noch eine einmalige Zahlung von 150 000 Francs. Die Summe wird größtenteils für die Erweiterung der engen Räumlichkeiten in der Rue Cuvier aufgewendet, die bis dahin zum P.C.N. gehörten. Als Pierre nach Abschluß der Arbeiten feststellt, daß die verbleibenden Geldmittel nicht mehr für das benötigte Material ausreichen, verdüstert sich seine Stimmung noch mehr.
Im Verlauf dieses turbulenten Jahres kommt es zwischen Pierre und Marie zu leichten Unstimmigkeiten.
Genau ein Jahr nach dem Nobelpreis bekommt Marie ihr zweites Kind. Glücklicherweise hält sie der allgemeine Trubel zumindest ein paar Stunden in der Woche von der radioaktiven Strahlung fern. Ihre Lehrtätigkeit in Sèvres unterbricht sie vorübergehend, um ihre Kräfte zu schonen. Während der Schwangerschaft leidet sie aber diesmal unter Ängsten ganz anderer Art. Ich bin verrückt geworden, sagt sie. Ihr vernebeltes Gehirn gehorche ihr nicht mehr. Wenn sie nicht gerade Hunger hat, ist sie müde. Sie hat Lust auf Kaviar, auf Gespräche über Physik, Mathematik oder Radioaktivität dagegen überhaupt nicht. Pierre ist insbesondere darüber verstört, ihm fehlt der rege geistige Austausch mit Marie. Was hat sie nur? Sie ist einfach nur schwanger, und das Kind fordert diesmal ihre ganze Kraft. Sie macht sich jedoch die größten Sorgen und ruft ihre Schwester zu Hilfe.
Bronia eilt zu ihrer Beruhigung herbei, tröstet, beschützt, pflegt sie. Ein hübsches kleines Mädchen, Eve, kommt ein paar Wochen später zur Welt. Marie ist gerührt und glücklich über das Baby, strahlt wieder und kommt zu Kräften. Sie verspürt plötzlich eine unbändige Lebenslust, will sich amüsieren, Spaß

haben, alles nachholen, was sie in den letzten Jahren versäumt hat.

»Wir müssen essen, trinken, schlafen, faulenzen, lieben, d. h. all die schönen Dinge im Leben tun, ohne uns jedoch gehen zu lassen. Die erhabenen Gedanken, denen wir uns verschrieben haben, müssen bei all dem bestimmend bleiben und weiterhin ihre friedlichen Bahnen in unseren armen Köpfen ziehen«, hatte Pierre geschrieben. Gewiß, aber in Maries Kopf fordern die banalen Gedanken nun ihren legitimen Platz neben den erhabenen.

Die Kinder und der Haushalt beschäftigen sie den ganzen Vormittag. Sie hat ihren Unterricht in Sèvres wieder aufgenommen. Sie leitet das Labor in der Rue Cuvier. Aber sie hat auch Lust zu reisen, Spaß zu haben, allem zu entfliehen...

Und sie kommt mit der plötzlichen Berühmtheit besser zurecht als ihr Mann, der den unproduktiven Ruhm kaum ertragen kann.

Pierres Briefwechsel mit seinem Jugendfreund Georges Gouy klingt stellenweise recht pathetisch. Er zeigt ihn übrigens auch in einem etwas anderen Licht als Maries spätere Darstellung.

Im Juli 1905 schreibt Pierre:

> »Wir führen noch immer das Leben von Menschen, die sehr beschäftigt sind, ohne etwas Rechtes zu tun. Nun ist es mehr als ein Jahr, daß ich nichts arbeite und keinen Augenblick für mich habe. Offenbar habe ich noch nicht die richtige Methode gefunden, um uns gegen die Zersplitterung unserer Zeit zu schützen, und wie notwendig wäre das. Es ist in geistiger Beziehung eine Frage auf Leben und Tod.«

In Wirklichkeit hat Pierre nach dem Nobelpreis nichts mehr veröffentlicht.

Marie Curie mit ihren beiden Töchtern Irène und Eve, 1905
(Foto: Archiv für Kunst und Geschichte, Berlin)

»Die Schmerzen, an denen ich leide, scheinen mehr auf nervöser Basis zu beruhen, als von einem richtigen Rheumatismus herzurühren.«

Um diese »nervöse Basis« zu besiegen, verordnet ihm sein Hausarzt Strychnin und nahrhafte Kost. Als er im November offiziell seinen Lehrstuhl übernimmt, schreibt er wiederum an Georges Gouy:

»Es geht mir weder gut noch schlecht. Doch ermüde ich leicht, und meine Arbeitskraft ist nur mehr sehr gering. Hingegen führt meine Frau ein sehr geschäftiges Leben und pendelt zwischen ihren Kindern, der Schule in Sèvres und dem Laboratorium hin und her. Sie verliert keine einzige Minute und kümmert sich viel mehr als ich um das Laboratorium, in dem sie den größten Teil des Tages verbringt.«

»Ein sehr geschäftiges Leben ...«; »ihre« Kinder ...
Pierre und Marie sind nicht etwa entzweit, das werden sie nie sein. Die beiden hat einfach nur der Alltag eingeholt, für dessen Banalität Pierre nicht geschaffen scheint. Die erhabene Welt der beiden einsamen Liebenden, die einzig auf den gemeinsamen Grundfesten erbaut wurde, beginnt langsam zu bröckeln.
Man sieht sie jetzt häufiger im Theater, wo sie die berühmte Schauspielerin Duse bewundern und die Stücke von Ibsen in der Inszenierung von Lugné-Poe.
Das elegante Pariser Publikum beäugt mißbilligend Pierres alten, abgewetzten Mantel und Maries Lodencape, das sie über ihrem altbewährten grauen Kleid trägt.
Sie lauschen den Konzerten von Ignaz Paderewski im Colonne, der seit seinem ersten Auftritt in dem halbleeren Saal in Paris, als ihm Bronia, Kazimierz und Marie ermutigend zujubelten, zum »schillerndsten Pianisten der Welt« avanciert ist.
Der Spiritismus ist in Mode, für den Pierre schon immer eine Schwäche hatte. Die Entdeckung der X-Strahlen hat die ver-

rücktesten Vorstellungen von den Manifestationen des Unsichtbaren begünstigt.
Ein sehr bekanntes Medium, Eusapia Paladino, gastiert damals in Paris. Pierre Curie und Jean Perrin gehen eines Abends zu einer ihrer Sitzungen. Die drei setzen sich an einen Tisch, Eusapia Paladino in der Mitte, und sie stellt ihren rechten Fuß auf den linken ihres Tischnachbarn, ihren linken Fuß auf den rechten des anderen. In dieser Stellung verharren die drei, als das Licht ausgeschaltet wird.
Im Dunkeln spüren die beiden plötzlich eine Art Ektoplasma auf ihren Gesichtern. Als einer das Licht wieder einschaltete, ist Eusapia überführt: Sie war aus ihren mit Gewichten beschwerten Schuhen geschlüpft, ohne daß die beiden Herren etwas bemerkt hätten, und hatte einen Musselinschal zur Erzeugung dieses Effekts benutzt.
Im Herbst werden die beiden Curies auch im Grand Palais gesichtet, dem Tempel der modernen Malerei, wo Auguste Rodin seinen »Denkenden« ausstellt. Marie hatte Rodin bei Loie Fuller kennengelernt, fand ihn sehr sympathisch und besuchte ihn oft in seinem Atelier.
Ganz Paris lag damals der amerikanischen Tänzerin Loie Fuller zu Füßen. Ihr Schleiertanz an den Folies Bergères mit seinen effektvollen Lichtspielen hat ihr den Spitznamen »Lichtfee« eingebracht.
Sie hatte in der Zeitung gelesen, daß Radium Lichteffekte hervorrufe, und so fanden die Curies eines Tages eine Zuschrift der Hauptattraktion der Folies Bergères in ihrem überquellenden Briefkasten. Loïe Fuller wollte wissen, wie sie auf der Bühne mit Hilfe des Radiums phosphoreszierend erscheinen könnte. Pierre hatte ihr freundlich geantwortet – er beantwortet grundsätzlich alle Briefe –, ohne sich über ihre Unwissenheit lustig zu machen.
Die junge Frau war davon so gerührt, daß sie ihre Dankbarkeit beweisen wollte. Sie tat dies, indem sie den Curies eine Sonder-

vorstellung in ihrem Haus am Boulevard Kellermann anbot, nur für sie beide. Und so wurde der Speisesaal, von den Lichttechnikern der Amerikanerin entsprechend präpariert, zum Schauplatz eines denkwürdigen Abends. Loïe Fuller war phantastisch. In der Folge entwickelte sich eine freundschaftliche Beziehung und vielleicht auch dieses stillschweigende Einvernehmen der Erfolgverwöhnten untereinander.
Marie würde sich niemals daran gewöhnen, der Menge oder Unbekannten offen entgegenzutreten, aber zumindest ist ihre anfängliche Panik geschwunden. Nur Langweilern und den kleinsten Anzeichen von Vertraulichkeiten begegnet sie mit indignierter Ablehnung. Aber es gab ohnehin niemanden, der sich das getraut hätte. Sie schüchtert ein, diese Madame Curie – ihre Tischnachbarn, ihre Schülerinnen und Mitarbeiter, selbst die freche neunzehnjährige Marguerite Borel, die sonst nicht auf den Mund gefallen und recht bestimmend ist.
Der Freundeskreis der Curies hat sich um die Borels erweitert, oder, genauer gesagt, hat sich der Borelsche Kreis um die Curies erweitert, seit diese gelegentlich bei ihnen zu Gast sind.
Emile Borel ist ein brillanter Mathematiker, ein gutaussehender Mann mit dunklem Haar und funkelnden Augen. Seine reizvolle, blutjunge Ehefrau ist die Tochter von Paul Appell, dem Dekan der naturwissenschaftlichen Fakultät.
Die Borels und die Perrins laden abwechselnd einmal in der Woche ihre Freunde ein, in erster Linie ehemalige Kommilitonen von Emile und Jean. Ein reiner Männerkreis, zu dem die Ehefrauen nicht mitgenommen werden. Mit reichlich Bier und Gebäck ausgestattet, versammeln sich Mathematiker, Physiker und Chemiker um das Klavier oder Kaminfeuer. Auch Literaten sind dabei, wie Jacques Maritain, Léon Blum, sporadisch auch Charles Péguy und Edouard Herriot, der wie kein anderer Victor Hugo rezitiert. Selbst Langevin muß sich ihm geschlagen geben, punkten kann er nur bei Honoré de Balzac.

Es herrscht eine entspannte Atmosphäre, die Abende werden sowohl mit Diskussionen über die kompliziertesten wissenschaftlichen Fragen als auch mit den größten Albernheiten ausgefüllt. Manchmal setzt sich Jean Perrin ans Klavier und trägt im Duett mit Langevin Partien aus »Parsifal« vor. Sie sind beide glühende Anhänger von Wagner, dessen Opern gerade die Pariser Bühne erobern.
Charmant, kokett, provozierend tänzelt die junge Marguerite um sie herum. Sie flirtet ungeniert mit Perrin, den sie wegen seines Lockenkopfs »den Erzengel« getauft hat, und mit Langevin, der »so schöne braune Augen« hat und sie auch wirkungsvoll einzusetzen weiß. Sie spielt in diesem Kreis die Rolle des hübschen Dummchens und täuscht den gebildeten Herren gern völlige Unwissenheit vor, um Perrin seinen amüsanten Spruch zu entlocken: »Auch die Blumen wissen nichts.«
Sie begleitet die Männer später am Abend auch zu ihren Vorträgen an einer der Volkshochschulen, wo sie in einer Hinterhofküche nach den Sitzungen mit dem Publikum diskutieren, zu dem auch Arbeiterinnen ohne Kopfbedeckung gehören. Der Hut ist damals noch bürgerliches Statussymbol.
Marguerite kann auch gut zuhören, Geheimnisse für sich behalten, Liebschaften, die sich anbahnen, und solche, die ihren Höhepunkt überschritten haben, erraten und schnell mal eine Pfanne Rührei zaubern, wenn plötzlich noch ein Hungriger auftaucht ...
»Manchmal«, schreibt sie, »schleichen sich Pierre und Marie herein, wie zwei Schatten. Er spricht wenig. Sie wirkt immer recht jung und attraktiv mit den blonden Haaren. Gewöhnlich beginnt sie unvermittelt ein wissenschaftliches Gespräch, um dann in aller Ausführlichkeit ihren Standpunkt darzulegen. Sie schüchtern mich ein ...«
So ausgeprägt Maries Abneigung gegen belangloses Geschwätz auch sein mag, erliegt sie doch dem Charme dieser kleinen, kessen Person, der überzeugten Feministin, die sich er-

folgreich in die Herausgabe einer Monatszeitschrift stürzen wird, für die sie sogar Pierre Curie als Artikellieferanten gewinnen kann. Später wird sie unter dem Pseudonym Camille Marbo Romane schreiben, denen sie einen gewissen Bekanntheitsgrad verdankt.

Eines Abends treffen die Borels Pierre und Marie im Theater. Marguerite ist von der Ibsen-Aufführung begeistert und lobt die Hauptdarstellerin in den höchsten Tönen. Daraufhin umarmt Marie sie in einem spontanen Ausbruch von Herzlichkeit. Ein offensichtlich so erstaunliches Ereignis, daß die Umarmte es sechzig Jahre später noch erschaudernd in ihren Memoiren erwähnt.

Die Borels haben Schwung, Stil, Beziehungen und auch Format und Mut. Als Marie später in einen Skandal verwickelt ist, traut sich Borel, sie bei sich aufzunehmen.

In Universitätskreisen sind die »höheren Söhne« den jungen Männern zahlenmäßig unterlegen, deren Eltern sich krummgelegt haben, wie man sagt, um ihrem Sohn ein Studium an einer der angesehenen Hochschulen zu ermöglichen – und die später dann zum Stolz der Republik avancieren. Emile Borel ist der Sohn eines Pfarrers. Jean Perrins Mutter, eine Offizierswitwe, unterhält eine kleine Zigarrenhandlung. Und Langevins Vater ist, wie bereits erwähnt, Schlosser.

Männern wie ihnen verdankt Frankreich seinen Respekt vor Bildung und gutem Gedächtnis, die Vorliebe für Zitate, auch in der Politik, mit denen daran erinnert wird, daß man dem humanistischen Bildungsideal entsprochen hat, bevor man sich profaneren Dingen zuwandte. Auch die französische Wertschätzung von Aufnahmeprüfungen und Wettbewerben, Zeugnissen und dem gesellschaftlichen Allgemeinwissen in Geschichte und Literatur ist eine Folge der damaligen Entwicklung. Es hat übrigens sehr lange gedauert, bis sich die Erkenntnis durchsetzte, daß dieses Allgemeinwissen nicht ganz so verbreitet ist, wie angenommen.

Als Jean Jaurès 1904 die Zeitung *L'Humanité* gründete und seinem Politikredakteur Aristide Briand die weiteren Mitarbeiter aufzählte, sagte er stolz: »Sieben sind Hochschulabsolventen!« Briand antwortete: »Und wo sind die Journalisten?« Aufgrund der weiteren Entwicklung sollte sich dieser Einwand als berechtigt erweisen.

Aber egal. Die Zukunft erschien damals in den leuchtendsten Farben, wenn nur erst Bildung zum Allgemeingut geworden wäre, wenn jedermann gleiche Rechte und Chancen erhalten hätte und somit frei entscheiden könnte, anstatt von der Kirche Demut und Gehorsam gepredigt zu bekommen. Voraussetzung für diese Freiheit aber ist Bildung. »Die Revolution beginnt nicht in den Werkstätten, sondern an den Schulen«, sagte Jaurès.

Die Borels und ihre Freunde sind leidenschaftliche Anhänger des säkularisierten Unterrichts, eine Auffassung, die Pierre und Marie weitestgehend teilen. Die Curies haben ihre Kinder nicht taufen lassen, obwohl die Taufe gewissermaßen ein gesellschaftliches Muß darstellte. Dennoch haben sie nicht einfach einen Absolutheitsanspruch durch einen anderen ersetzt. Aber Pierre liegt durchaus mit Berthelot auf einer Linie, wenn dieser sagt: »Die aufgeklärte Wissenschaft steht seit Jahrhunderten unter dem Joch der Theokratie.«

Das geringe Interesse der Curies an den politischen Wirren jener Tage resultiert aus ihrer Abscheu vor den damit einhergehenden Ausschreitungen. Seit nach den Wahlen 1902 das »Ministerium für Öffentliche Bildung« gegründet wurde, das für eine radikale Trennung zwischen Kirche und Staat eintritt, bekommen auch die Kirchen dieses verschärfte Klima zu spüren.

Fast dreiviertel der Abgeordneten im Parlament unterstützten die Regierung in dieser Frage und hält sie einunddreißig Monate an der Macht. Aber sie wird von einer sehr aktiven Minderheit bekämpft.

Der neue Minister Émile Combes, ein ehemaliger katholischer Theologe und Philosophielehrer, vertritt inzwischen antiklerikale Standpunkte mit der Radikalität des Abtrünnigen. Für die einen ist er deshalb der »Vater des Volkes«, für die anderen eine Ausgeburt der Hölle. In seiner Amtszeit löst er nicht nur die religiösen Orden auf, sondern paktiert angeblich auch mit den »Roten«.
An dem Tag, als ihn das Parlament zum Minister bestellt, um »eine Politik der Säkularisierung, der Sozialreformen und der Solidarität« umzusetzen, heißt der Dichter José Maria de Heredia den Aufnahmekandidaten Melchior de Vogué an der Akademie der Wissenschaften mit den Worten willkommen, er sei »einer Linie entsprungen, die Gott, den König, ihr Land und den Krieg liebt«.
Keine Ernennung oder Beförderung eines Staatsdieners konnte damals vonstatten gehen, ohne daß zuvor die Präfekten hinsichtlich der republikanischen Gesinnung des Kandidaten konsultiert worden wären.
Die Gründung des laizistischen Staates, mit der 1905 die endgültige Trennung zwischen Kirche und Staat vollzogen wird, verlief nicht ohne Leid und Haß. Marie wird eines Tages die Nachwirkungen zu spüren bekommen, die latenten Spannungen in Frankreich ...
Im Augenblick interessiert sie sich mehr für den Aufstand in Rußland als für das Wehklagen des französischen Klerus.
Bronia und Jozef haben ihr geschrieben, daß Polen nun endlich von seinem Peiniger befreit werden würde. Marie antwortet ihrem Bruder:

> »Mögen wir keine Enttäuschung erleben! Ich wünsche es mir sehnlichst und denke an nichts anderes. Ich denke auch, daß man die Revolution auf jeden Fall unterstützen muß. Zu diesem Zweck werde ich Kazimierz demnächst Geld schicken, da ich ja leider nicht unmittelbar helfen kann.«

Ihre Hoffnung wird sich vorerst nicht erfüllen.
Statt dessen geht aber ein anderer langersehnter Wunsch in Erfüllung: Pierre wird Mitglied der Pariser Akademie der Wissenschaften.
Warum war er – nach zaghaftem Widerstand – einverstanden, seine Kandidatur erneut einzureichen und sich noch einmal dem Aufnahmeritual zu unterziehen?
»Mein lieber Curie«, schreibt ihm Professor Mascart, »teilen Sie es sich ein, wie es Ihnen paßt, aber vor dem 20. Juni müssen Sie endgültig bei den Mitgliedern der Akademie gewesen sein, und wenn Sie zu diesem Zweck ein Auto für den ganzen Tag mieten müßten.«
Pierre Curie ist dieser Aufforderung nachgekommen. Seine kooperative Haltung in dieser Frage ist unverständlich, zumal Marie sich diesmal ganz herausgehalten hat. Aber schließlich war auch er nur ein Mensch ... Wie dem auch sei, es war jedenfalls die erste und einzige Auszeichnung, die Pierre Curie von seinen Landsleuten erhalten hat.
Gekränkt, daß die Entscheidung zu seinen Gunsten nur knapp ausfiel, schreibt er an Georges Gouy:

> »Nun bin ich Mitglied der Akademie, ohne es mir gewünscht zu haben und ohne daß es sich die Akademie gewünscht hätte. [...] Alle waren sich darin einig, daß ich fünfzig Stimmen erhalten würde. Und dennoch wäre ich um ein Haar durchgefallen!
> Aber was soll man machen! In diesem Hause kann nichts geradeheraus und ohne Intrigen gemacht werden. Abgesehen von einem kleinen, recht geschickt geführten Feldzug hatte ich auch die Klerikalen und diejenigen gegen mich, die der Ansicht waren, ich hätte nicht genug Besuche gemacht. [...]
> Ich muß mich wirklich fragen, was ich dort zu suchen habe. Die Sitzungen sind gänzlich uninteressant, und ich habe das

deutliche Gefühl, daß die Welt der Mitglieder nicht die meine ist.«

Kurz nach seiner Berufung erscheint ein Interview mit Marie in der Zeitung *La Patrie.* Ob sie eine vergleichbare Anerkennung für ihre eigene Arbeit erwarte? »O nein. Ich bin nur eine Frau, eine einfache Frau, ich werde niemals in den ehrwürdigen Kuppelbau Einzug halten ...« Ihr einziges Bestreben sei es, ihrem Mann bei seiner Arbeit zu helfen, fügt sie hinzu.

Kaum haben sich die Leser von *La Patrie* an der rührenden weiblichen Bescheidenheit erfreut, erscheint auch schon ein gepfeffertes Dementi von Marie, in dem es heißt, der Artikel sei ein »reines Phantasieprodukt«. Der Redakteur gibt das kleinlaut zu und entschuldigt sich.

Die Reise nach Stockholm zu dem in den Statuten des Nobelpreises vorgeschriebenen Gastvortrag, die sie bereits zweimal verschoben hatten, gestaltet sich dagegen sehr erfreulich. In Schweden wird kein großes öffentliches Aufheben um dieses Ereignis gemacht, so daß Pierre und Marie nicht weiter behelligt werden und hauptsächlich andere Wissenschaftler treffen. Maries gute Beherrschung der deutschen und ihre Grundkenntnisse der englischen Sprache erleichtern den Gedankenaustausch.

Außerdem ist das Wetter in jenem Juni sehr schön, und die Curies haben sich ihre Naturverbundenheit bewahrt.

Es versteht sich von selbst, daß Pierre die obligatorische Rede über die honorierte Forschungsarbeit hält, obwohl auch Marie offiziell mit dem Nobelpreis ausgezeichnet wurde. Er steht auf dem Podium, sie sitzt zwischen den Zuhörern.

Die letzten eineinhalb Jahre sind für Pierre in jeder Hinsicht schwierig und wissenschaftlich unproduktiv gewesen, haben andererseits aber seinen Blick für Sinn und Zweck der Forschung geschärft. Er glaubt immer noch fest an das, was er auch seinen Studenten gegenüber vertritt, wenn diese über soziale

Probleme diskutieren: »Es lohnt nicht, sich den Kopf über diese Themen zu zerbrechen. Die Physiker werden diese Konflikte ganz einfach lösen, indem sie das Problem aus der Welt schaffen, weil es ihnen gelingen wird, genügend Reichtümer für alle zu schaffen.«

Aber seine Rede in Stockholm beendet er mit den folgenden Worten:

> »Man kann auch annehmen, daß das Radium in verbrecherischen Händen sehr gefährlich werden könnte, und hier stellt sich die Frage, ob es für die Menschheit vorteilhaft ist, die Geheimnisse der Natur zu kennen, ob sie reif genug ist, sich diese Geheimnisse nutzbar zu machen, oder ob diese Erkenntnisse ihr nicht schädlich sind. Nobels Entdeckungen sind ein charakteristisches Beispiel dafür: Die mächtigen Explosivkörper haben den Menschen erlaubt, großartige Arbeiten durchzuführen. Doch sind sie auch ein furchtbares Instrument der Zerstörung in den Händen der großen Verbrecher, die Völker in Kriege verwickeln.
>
> Ich bin wie Nobel der Ansicht, daß die Menschheit mehr Gutes als Böses aus den neuen Entdeckungen gewinnen kann.«

Der letzte Satz war das mindeste, was vor der Schwedischen Akademie, die vom Erfinder des Dynamits gegründet worden war, erwartet wurde.

Pierre Curie gehört zu jenen Gelehrten, die sich der Wissenschaft verschreiben, wie man sich der Kunst verschreibt, um der Enge und Hoffnungslosigkeit des Alltags zu entfliehen. Auf seinem Fluchtweg hat sich mit dem Radium ein Abgrund aufgetan, in dem er, fasziniert und abgestoßen zugleich, das geheimnisvollste aller modernen Rätsel erblickt – das Rätsel der Materie. Aber nicht er wird es am Ende sein, der mit Hilfe des Radiums und der radioaktiven Elemente den als unteilbar geltenden Atomkern knackt.

Die Curies waren nur eins der Rädchen – wenn auch kein unbedeutendes – im Getriebe der Wissenschaftsgeschichte, wo derjenige, der sagen kann: »Ich habe es entdeckt«, einem anderen manchmal nur um wenige Tage voraus ist. Einem, der es ebenfalls entdeckt hätte, aber gezögert oder sich abgewandt hat, oder einem, dessen umfangreiches Wissen ihn durch die Berücksichtigung zu vieler Parameter letztendlich blockiert hat.
Max Planck vertraute später einem Freund an, daß es sich um eine reine »Verzweiflungstat« gehandelt habe, als er 1900 seine unglaubliche Quantentheorie aufstellte. Eine Theorie, die die geltende Physik auf den Kopf stellte, die niemand glauben wollte und die er selbst angriff, als Einstein sie fünf Jahre später auf das Licht anwendete.
Henri Poincaré, der Becquerel 1896 auf die Idee zu seinem entscheidenden Experiment brachte und der 1904 bereits vom »Prinzip der Relativität« gesprochen und überraschenden Weitblick in dieser Frage bewiesen hatte, stand, nach Aussage Einsteins, »der Relativitätstheorie feindselig gegenüber, und trotz seines tiefen Einblicks in die Materie machte er nicht den Eindruck, daß er verstanden hatte, wie weit wir damit waren.« (Einsteins Äußerung bezieht sich auf den Kongreß, in dessen Verlauf er sechs Jahre später seine Relativitätstheorie vorstellte.)
»Da Monsieur Einstein in alle Richtungen forscht, muß man davon ausgehen, daß die meisten der eingeschlagenen Wege in einer Sackgasse münden, aber man muß ebenso hoffen, daß einer der Wege am Ende der richtige ist«, schrieb Poincaré in einem Brief zur Unterstützung der Bewerbung Einsteins für eine Lehrtätigkeit in Zürich. Und Poincaré fügte hinzu: »Das ist vollkommen ausreichend. So muß es auch sein. Denn Aufgabe der mathematischen Physik ist es, die richtigen Fragen zu stellen, und nur das Experiment kann diese beantworten.«
Zwei Jahre nachdem Pierre Curie in Stockholm gesprochen hatte, fand Einstein seine berühmte Gleichung $E=mc^2$, die mehr als dreißig Jahre später experimentell bewiesen wurde und

1945 zu dem verheerenden Atombombenabwurf über Hiroshima führte. Aber auch Atomkraftwerke sind daraus hervorgegangen, jene »unerschöpfliche Energiequelle, die sich beinah von selbst erneuert«, in deren Entdeckung Marcelin Berthelot das Hauptproblem des 21. Jahrhunderts sah.

Am 15. April 1906 ist Marie mit den Kindern auf dem Land in Saint-Rémy-de-Chevreuse. Das Haus in der Nähe von Paris hatte sie bereits im Sommer des Vorjahres gemietet. Pierre kommt nach.

Ostersonntag und -montag sollten die letzten beiden Tage werden, die sie gemeinsam verbrachten.

Die Tage verliefen angenehm, wie es scheint vielleicht ein wenig melancholisch. Ihr Anteil an dem großen Traum war auf ein menschlicheres Pensum geschrumpft, ihr Anteil an der Arbeit ebenfalls. Und es sollte nicht unterschätzt werden, wieviel Kraft es sie gekostet hatte, ihr inneres Gleichgewicht wiederzufinden, seit sie gemeinsam den Weg des Ruhms beschritten hatten.

In den Augen der Öffentlichkeit hatten die beiden eine perfekte Vorstellung geboten, insbesondere Pierre, der stets darauf achtete, »seiner Frau alle Verdienste zuzuschreiben«, wie es einer seiner englischen Kollegen formulierte. Aber er hatte beschlossen, der Radioaktivität den Rücken zu kehren, um sich wieder seinen Forschungen über die Eigenschaften von Kristallen zu widmen, und das war sicherlich kein Zufall.

Nach einem verregneten Frühling, der die Pegelstände der Seine in Paris bedrohlich ansteigen ließ, wurde das Wetter wieder schön. Pierre und Marie machten wie früher ausgedehnte Spaziergänge auf dem Land, pflückten frische Blumen wie damals, saßen am Kaminfeuer und unterhielten sich über die Zukunft.

Pierre dachte über neue Unterrichtsmethoden nach. Er erträumte sich für seine Töchter, für alle Töchter und Söhne, eine Ausbildung, in der die Wissenschaften ihren festen Platz hätten. Wie sollte die Kultur im 20. Jahrhundert ohne sie auskommen?

Mit einem Strauß frischem Hahnenfuß fuhr er am Montagabend wieder mit dem Zug nach Paris zurück. Marie kam am Mittwochabend nach. Es regnete wieder.

Während des Essens der Gesellschaft für Physik, das wie gewöhnlich im Restaurant Foyot stattfand, sprach Pierre mit Henri Poincaré über die notwendige Reform des Bildungswesens.

Am Dienstagmittag nimmt er an einem weiteren Essen teil, diesmal in der Rue Danton, wo sich der Lehrkörper der naturwissenschaftlichen Fakultät versammelt hat. Danach muß er zu seinem Verleger Gauthier-Villars, um die Druckfahnen eines Aufsatzes zu korrigieren, und im Anschluß soll eine Sitzung an der Akademie der Wissenschaften stattfinden.

Nach dem Mittagessen hatte es aufgehört zu regnen, und so macht er sich zu Fuß auf den Weg. Bei Gauthier-Villars steht er vor verschlossenen Türen, die Druckereiarbeiter haben die Arbeit niedergelegt. Die große Streikwelle vom Mai 1906 wirft ihre Schatten voraus. Er biegt also in die Rue Dauphine ein, Richtung Seineufer, um dann weiter zum Institut zu laufen.

Es beginnt wieder zu regnen. Er öffnet seinen Regenschirm. Auf der schmalen Straße herrscht reger Betrieb. Er wechselt hinter einem Fiaker die Straßenseite...

Zehn Sekunden später liegt Pierre Curie mit zertrümmertem Schädel auf der Straße.

Als er, vom Seineufer kommend, an dem Fiaker vorbeigefahren war, hatte der Kutscher eines schweren, zweispännigen Lastfuhrwerks urplötzlich einen dunkel gekleideten Mann mit Regenschirm vor seinem linken Pferd auftauchen sehen. Der Mann rutschte aus, griff nach dem Pferdegeschirr... Sein Schirm verkeilte sich, er fiel zwischen die beiden Pferde, die der

Kutscher mit aller Kraft zurückzuhalten suchte. Aber der schwere, mit Militärausrüstung beladene, fünf Meter lange Wagen drängt weiter vorwärts. Das linke Hinterrad zerschmetterte Pierres Schädeldecke.

Immer mehr Menschen bleiben stehen, einige beginnen, den verwirrten Kutscher herumzuschubsen, Augenzeugen gehen dazwischen, der Mann habe sich vor das Gespann geworfen ... Ein Handgemenge entsteht, die Polizei greift ein. Die Polizisten halten eine Kutsche an, um die Leiche abzutransportieren. Der Kutscher weigert sich, seine Polster mit dem ganzen Blut zu besudeln ...

Schließlich holt man eine Tragbahre und bringt den Mann im dunklen Anzug in die nächste Polizeiwache in der Rue des Grands-Augustins. In seiner Westentasche findet man Visitenkarten mit dem berühmten Namen, teilweise mit der Privatadresse am Boulevard Kellermann, teilweise mit der Adresse der naturwissenschaftlichen Fakultät, wo ein Inspektor umgehend anruft.

Auf der Straße verbreitet sich die Nachricht wie ein Lauffeuer. Der Kutscher hat Pierre Curie getötet! Jetzt wird er gelyncht! Die Polizisten nehmen ihn mit und auch sein Fuhrwerk, dessen Pferde nervös mit den Hufen stampfen. Der dreißigjährige Kutscher heißt Louis Manin. Er weint in einer Ecke der Polizeiwache, während ein Arzt die Bruchstücke dessen zählt, was einmal Pierres Kopf gewesen ist, und dann das verschmierte, aber unversehrte Gesicht säubert.

Pierres langjähriger Laborassistent Pierre Clerc ist aus der Fakultät eingetroffen und beginnt zu schluchzen, als er die klaffende Kopfwunde sieht, die der Arzt eilig zudeckt. »Erkennen Sie Monsieur Curie?« fragt der Kommissar.

Dann greift er zum Telefonhörer. Pierre kann nicht mehr hören, daß er nach seinem Tod zu denjenigen gehört, für die man den Innenminister stört.

Ein Gesandter des Staatspräsidenten läutet am Bouelvard Kellermann und fragt nach Madame Curie. Das Hausmädchen antwortet, daß Madame noch nicht zurück sei. Er geht wieder.
Als es zum zweiten Mal läutet, geht Doktor Curie zur Tür. Kaum hat der alte Mann die bestürzten Gesichter von Jean Perrin und dem Fakultätsdekan Paul Appell gesehen, sagt er, ohne erst zu fragen: »Mein Sohn ist tot.« Sie berichten ihm den Unfallhergang. Verstört murmelt der Doktor: »Worüber hat er nur wieder nachgedacht?«
Marie kommt an jenem Tag erst spät nach Hause. Sie schließt auf und geht direkt in das Zimmer, wo Perrin, Appell und der Doktor sie erwarten. Sie bringen ihr die Nachricht schonend bei, wie es einer solchen Situation angemessen ist. Marie steht wie versteinert da; dann sagt sie: »Pierre ist tot? Wirklich tot?«
Ja. Pierre ist wirklich tot.
Dann schweigt sie, bleich, erstarrt.
Wünscht sie eine Autopsie?
Nein.
Soll Pierres Leichnam nach Hause geholt werden?
Ja.
Marie schickt ein Telegramm an Bronia und fragt Perrin, ob seine Frau weiter auf Irène aufpassen könne. Dann geht sie in den noch regennassen Garten, setzt sich hin und wartet. Eine Stunde. Zwei Stunden.
Ein Polizeiinspektor bringt ihr Pierres Schlüssel, sein Portemonnaie, seine unbeschädigte Uhr. Als der Ambulanzwagen eintrifft, den André Debierne begleitet, führt Marie die Träger mit der Bahre in ein Zimmer im Erdgeschoß, hilft wie in Trance bei der Waschung des Toten und schließt sich mit ihm ein.
Als sie am nächsten Morgen Jacques Curie sieht, der eilig aus Montpellier angereist ist, verliert sie einen Moment die Fassung, nimmt sich dann aber wieder zusammen.
Die Türglocke läutet ununterbrochen, die Besucher geben sich die Klinke in die Hand. Telegramme aus aller Welt treffen ein,

Briefe stapeln sich. Die Beileidsbekundungen kommen von königlicher, republikanischer, wissenschaftlicher, privater Seite, der Tonfall ist formell oder schlicht gerührt und aufrichtig. Der Tod hatte diesen berühmten, geliebten Menschen jäh und brutal aus dem Leben gestoßen... Eine herzzerreißende Geschichte...
Wer würde die passenden Worte finden? Wer die Regierung vertreten? Die Akademie? Während diese Fragen erörtert werden, läßt Marie den Bestattungstermin verschieben. Dienstag nachmittag verstorben, wird Pierre am Samstagmorgen auf dem Friedhof von Sceaux beerdigt, wo auch seine Mutter ruht. An der schlichten Beisetzung nehmen nur seine engsten Freunde teil. Aristide Briand, dem Minister für Öffentliche Bildung, gelingt es jedoch, sich unauffällig unter die Trauernden zu mischen.
Am 22. April berichtet die Zeitung *Le Journal*:

> »Am Arm ihres Schwiegervaters geleitete Madame Curie den Sarg ihres Mannes zu seiner letzten Ruhestätte am Fuß der Friedhofsmauer, im Schatten der Kastanien. Regungslos verweilte sie einen Augenblick an der offenen Grabstätte, den Blick starr und fest auf den Sarg gerichtet. Als aber ein Blumenstrauß zum Grab gebracht wurde, ergriff sie ihn mit einer plötzlichen Geste und begann, die Blumen eine nach der anderen herauszuziehen, um sie über den Sarg zu streuen.
> Sie tat dies sehr langsam und bedächtig, als habe sie die Umstehenden vollkommen vergessen, die in lautloser Ergriffenheit verharrten.
> Der Leiter der Bestattungszeremonie schien es für seine Pflicht zu halten, Madame Curie darauf hinzuweisen, daß sie die Kondolenzen der Anwesenden entgegennehmen müsse. Da ließ sie den Blumenstrauß zu Boden fallen, entfernte sich wortlos vom Grab und trat auf ihren Schwiegervater zu.«

Diesmal wird sie aus traurigem Anlaß mit einem weiteren Beinamen belegt. Man wird sie fortan »die illustre Witwe« nennen. Sie ist achtunddreißig Jahre alt. Pierre wäre bald siebenundvierzig geworden. Sie waren seit fast elf Jahren verheiratet.
Elf Jahre sind eine lange Zeit. Das zarte Pflänzchen ihrer Liebe konnte zu einem stattlichen Baum heranwachsen, der allen Stürmen trotzte.
Marie hatte nicht nur den Gefährten ihrer Tage und Nächte, ihrer Arbeit und ihres Erfolgs verloren, sondern auch ihren Rückhalt. Den Mann, der sie bedingungslos liebte, in guten und in schlechten Tagen, weil sie die große Liebe seines Lebens war.
Sie mußte nun ihren Frieden finden, auch mit der Marie, die sie einmal gewesen war, mit der Frau an Pierres Seite, an der Seite eines großen Mannes, der ihr Kraft und Zuversicht gegeben hatte. Diese Zeiten waren unwiederbringlich dahin.

Sie verspürte den Drang, sich für jeden Augenblick mit ihm, den sie nicht voll ausgekostet hatte, Vorwürfe zu machen, sich zu geißeln.
Aus den ersten Tagen nach Pierres Tod stammt ein Eintrag in einem grauen Heft, in dem ihre Handschrift plötzlich nicht mehr so klar und gleichmäßig ist wie sonst. Es ist eine Art Notizbuch des Leids:

> »Pierre, mein Pierre, da liegst du, bleich wie ein armer Verwundeter, der schlafend mit verbundenem Kopf ruht, dein Gesicht ist sanft und friedlich, du bist es noch, in einem Traum befangen, aus dem du nicht mehr erwachen kannst. Deine Lippen, die ich einst naschhaft nannte, sind bleich und farblos. Dein Bart ist ergraut. Dein Haar ist kaum zu sehen, denn da beginnt die Wunde, und rechts, oberhalb der Stirn, sieht man den Knochen, der gesprengt worden ist. Oh! Wie weh hat es dir getan, wie hast du geblutet, deine Kleider sind von Blut überströmt. Wie schrecklich war der Stoß,

dem dein armer Kopf ausgesetzt war, den ich so oft streichelte und zwischen meine Hände nahm. Ich habe deine Lider geküßt, die du schlossest, damit ich sie küssen könnte, wenn du mir deinen Kopf mit der vertrauten Bewegung zuwandtest...
Wir haben dich am Samstagmorgen in den Sarg gelegt, und ich habe dabei deinen Kopf gestützt. Wir haben dein kaltes Gesicht zum letzten Male geküßt. Dann haben wir Immergrün aus dem Garten in den Sarg gelegt und mein kleines Bild, das du ›die kleine brave Studentin‹ nanntest und das du liebtest. [...]
Dein Sarg ist geschlossen, und ich sehe dich nicht mehr. Ich will nicht, daß man ihn mit dem grauenhaften schwarzen Zeug bedeckt. Ich bedecke ihn mit Blumen und setze mich zu ihm...
Man kommt, um dich zu holen, alle sind traurig, ich sehe sie an, ich spreche mit keinem. Wir begleiten dich nach Sceaux und sehen, wie du in das große tiefe Loch hinabgesenkt wirst. Dann der fürchterliche Aufmarsch der Menschen. Man will uns fortführen. Wir leisten Widerstand, Jacques und ich wollen bis zum Schluß bleiben, man schaufelt das Grab zu, man legt die Blumen darauf, alles ist zu Ende, Pierre hält unter der Erde seinen letzten Schlummer, alles ist zu Ende, alles, alles...«

Am 7. Mai, zwei Wochen nach der Beerdigung:

»Mein Pierre, ich denke immerfort an dich, es zersprengt mir den Kopf und trübt mir die Vernunft. Ich begreife nicht, daß ich von nun an leben soll, ohne dich zu sehen, ohne dem lieben Gefährten meines Lebens zuzulächeln.«

Am 11. Mai:

»Mein Pierre, ich stehe nach einer halbwegs guten Nacht auf und bin verhältnismäßig ruhig. Das ist kaum eine Viertelstunde her, und schon möchte ich wieder heulen wie ein wildes Tier.«

Wenn sie bloß heulen könnte.
Am Tag nach der Beerdigung geht sie zu den Perrins, um Irène zu sagen, daß ihr Vater tot ist. Irène ist gerade sieben Jahre alt und spielt mit Aline Perrin. Sie scheint nicht zuzuhören, spielt weiter. »Ich hatte es schneller begriffen als sie«, erzählt Aline Perrin später. Und sie hörte, wie Madame Curie zu ihrer Mutter sagte: »Sie ist noch zu klein, sie kann es noch nicht verstehen.«
Heute wüßte Marie, daß Kinder niemals »noch zu klein« sind. Kaum ist sie wieder gegangen, bricht Irène in Tränen aus und verlangt nach ihrer Mutter. Marie schreibt in ihr graues Heft:

»Zu Hause hat sie viel geweint und ist dann wieder zu ihren kleinen Freunden gegangen, um zu vergessen. [...] Nun scheint sie nicht mehr daran zu denken.
Ankunft von Jozef und Bronia. Sie sind gut. [...]
Alle reden. Nur ich, ich sehe Pierre, Pierre auf seinem Totenbett.«

Mitten in dem allgemeinen Durcheinander, das die Trauerfeier mit sich bringt, ist Marie abwesend, kraftlos, stumm.
Die beiden Familien machen sich Sorgen. Eine Frau allein mit zwei Kindern ... Was soll aus ihr werden? Pierres Freunde denken über einen öffentlichen Unterstützungsfonds nach. Marie unterbindet das indigniert. Die Regierung läßt Jacques Curie wissen, daß Marie eine staatliche Rente erhalten werde, wie die Witwe von Pasteur. Sie lehnt ab. Sie kann arbeiten, sie wird arbeiten.
Gut. Aber wo sollte sie arbeiten? Wie? Was wünscht sie sich? Sie wünscht nichts, rein gar nichts. »Ich habe nicht einmal den Wunsch nach Selbstmord«, schreibt sie in ihr graues Heft.
Jacques Curie und Georges Gouy beraten sich mit Pierres Freunden. Der Minister ist verständigt. Der Fakultätsrat tagt.

Schließlich trifft ein Angebot ein: Wenn Marie damit einverstanden ist, wird ihr der für Pierre eingerichtete Lehrstuhl für allgemeine Physik an der Sorbonne zugesprochen.
Ein würdiges Angebot. Nie zuvor hat eine Frau einen Lehrstuhl innegehabt. In wie viele Bereiche hat die erste Frau nicht auf den Schultern eines Toten Einzug gehalten...
Würde sie diesmal annehmen? »Ich werde es versuchen«, sagt sie. Am 13. Mai 1906 wird sie offiziell in dem Amt bestätigt, mit einem Jahresgehalt von 10 000 Francs, das ihr rückwirkend ab dem 1. Mai zuerkannt wird. In ihr graues Heft schreibt sie:

> »Mein kleiner Pierre, ich möchte dir sagen, daß der Goldregen blüht, die Glyzinien, die Heckenrosen, die Schwertlilien bald aufgehen – du hättest dich darüber gefreut. Ich will dir auch sagen, daß ich deinen Lehrstuhl bekommen habe und daß sich Verrückte gefunden haben, die mir dazu gratulieren.«

Jacques Curie, Georges Gouy und Jozef reisen beruhigt wieder ab und lassen eine angeschlagene, aber vergleichsweise ruhige Frau zurück.
Am 9. Mai erhält Marie einen Brief von Georges Gouy, in dem er ihr für den Entschluß dankt, »ihren traurigen Gedanken für eine Weile zu entfliehen, um sich mit der wissenschaftlichen Arbeit zu beschäftigen, die Pierre so sehr am Herzen lag«. Außerdem enthält der Brief Hinweise zum Aufbau eines experimentellen Stromkreises, um die sie gebeten hatte.*
»Alles ist trostlos. Die Sorgen des Lebens bringen es mit sich, daß ich nicht einmal in Ruhe an meinen Pierre denken kann«, schreibt Marie am 10. Juni.
Abgesehen von wenigen Auszügen, wurde der Inhalt des grauen Hefts bis 1990 geheimgehalten. Aber nicht einmal diesem

* Georges Gouy hatte 1898 herausgefunden, daß die Brownsche Bewegung durch Hitze hervorgerufen wird.

intimen Tagebuch vertraute sie die nun folgende makabre Szene an, die Bronia dreißig Jahre später erzählen wird.
Bronias Abreise nach Zakopane zu ihrem Mann steht kurz bevor, als Marie sie eines Abends in ihr Zimmer ruft. Trotz des warmen Wetters brennt ein Feuer im Kamin. »Bronia«, sagt Marie, »du mußt mir helfen.« Sie verschließt die Zimmertür, holt ein mit Packpapier umwickeltes Paket aus dem Schrank, nimmt eine Schere, setzt sich vor den Kamin, bedeutet ihrer Schwester, sich neben sie zu setzen, und öffnet das Paket.
Es enthält ein Leinenbündel. Als sie das Bündel öffnet, kommt die schmutzige, blutbefleckte Kleidung und Wäsche zum Vorschein, die Pierre während des Unfalls in der Rue Dauphine getragen hatte. Marie bewahrte sie seit einem Monat in ihrem Zimmer auf.
Sie beginnt, Pierres Weste in kleine Stücke zu zerschneiden, die sie eins nach dem anderen ins Feuer wirft. Dann hält sie inne und drückt den Stoff mit dem geronnenen Blut wie wahnsinnig an sich. Bronia reißt ihr die Schere und die Kleider aus der Hand. Dann wirft sie das Papier, den Leinenstoff und das Handtuch fort, mit dem sie Maries und ihre Hände gesäubert hat.
»Ich könnte es nicht ertragen, wenn andere diese Dinge berühren würden. Verstehst Du das?«
Plötzlich klammert sie sich an ihre Schwester, ihre Nerven versagen, sie schluchzt, schreit und jammert mit tränenerstickter Stimme: »Wie soll ich jetzt nur weiterleben? Sag mir doch, wie es jetzt weitergehen soll ...«
Es dauert lange, bis Bronia sie an jenem Abend beruhigt, entkleidet und zu Bett gebracht hat.
Die Helligkeit des Sommers ist kaum zu ertragen, wenn im Innern alles so düster aussieht ... Sie schreibt in ihr graues Heft:

> »Ich arbeite den ganzen Tag im Laboratorium. Ich kann mir nichts mehr vorstellen, was mir Freude bereiten könnte, die wissenschaftliche Arbeit vielleicht ausgenommen – doch

nein, denn wenn mir etwas gelänge, könnte ich nicht ertragen, daß du nichts davon weißt.«

Ihr wird etwas gelingen. Und sie wird es ertragen. Denn so ist nun einmal das Leben.

Am 5. November 1906 versammeln sich die Menschen schon mittags auf der Place de la Sorbonne und marschieren vor dem Gittertor auf und ab, obwohl die Veranstaltung erst für 13.30 Uhr angesetzt ist.

Um 13 Uhr werden die Türen des Physikhörsaals geöffnet und kurz danach wieder geschlossen, weil der kleine Hörsaal schon überfüllt ist.

»Die ersten Reihen ähneln eher dem Parkett eines Theaters«, schreibt die Zeitung *Le Journal*, »das Publikum ist elegant gekleidet, man sieht so viele gewaltige Hüte, daß man von Glück sagen kann, daß die Sitzreihen ansteigend angeordnet sind!«

Zwischen Jean Perrin und Paul Appell sitzt die Gräfin Greffulhe. Sie fällt durch ihre selbstgemachte Kopfbedeckung auf, deren ungewöhnliche Machart durch sie gerade in Paris modern wird.

Ein gutes Dutzend Schülerinnen aus Sèvres ist bei dieser denkwürdigen Veranstaltung anwesend, wo es »die erste Frau unter den Meistern« zu sehen geben wird, wie es eines der Mädchen formuliert. Sie bestaunen das Publikum: Es sind mehr einflußreiche Persönlichkeiten, Künstler, Fotografen und polnische Exilanten als Studenten da, um die Antrittsvorlesung über die Ionisation von Gasen zu hören.

Es ist Usus, daß der Fakultätsdekan den neuen Lehrstuhlinha-

ber »einsetzt«, der dann dem Herrn Minister und der Fakultät seinen Dank ausspricht und die Verdienste seines Vorgängers würdigt.
Um 13.20 Uhr erhebt sich Paul Appell und gibt bekannt, daß auf Wunsch von Madame Curie auf eine offizielle Einführung und die Dankesrede an den Vorgänger verzichtet werde.
Um 13.30 Uhr betritt Marie verstohlen den Saal. Ein tosender Applaus erhebt sich auf den Rängen, als sie ihr Konzeptpapier auf das Pult legt. Sie reibt die gereizten Finger aneinander, wartet, den Blick gesenkt, bis sich der Beifall gelegt hat und spricht mit dünner Stimme: »Wenn man sich die Fortschritte vergegenwärtigt, die im vergangenen Jahrzehnt in der Physik erzielt worden sind, so überrascht der grundlegende Wandel, den die Theorien zu Elektrizität und Materie erfahren haben...«
Sie macht dort weiter, wo Pierre aufgehört hat.
Ihre Nerven sind äußerst gespannt. Sie ist schlecht zu verstehen. Sie redet zu leise und zu schnell. Und sie spricht vor einem Publikum, für das ihre Ausführungen böhmische Dörfer sind...
Dennoch geht in dem Saal etwas vor sich, das Augen feucht werden läßt, Kehlen zuschnürt und die Menschen für diese zierliche, dunkel gekleidete Erscheinung einnimmt.
Sie beendet ihren Vortrag unter wahren Begeisterungsstürmen, nimmt ihr Konzept und zieht sich zurück. Vor fünfzehn Jahren war eine gerade aus Warschau eingetroffene, junge Studentin zum ersten Mal durch den Innenhof der Sorbonne gelaufen. Nun hat Marie Curies zweites Leben begonnen.
»Eine hohe Stirn wie die Madonnen von Memling«, schildert einer seinen Eindruck. »Ein seltsames Gesicht, ohne Alter. Ihr klarer, tiefer Blick wirkt matt vom vielen Lesen oder vom vielen Weinen«, schreibt ein anderer. Und in *Le Journal* ist zu lesen: »Siegesfeier des Feminismus. Wenn es einer Frau gestattet wird, höhere Semester beiderlei Geschlechts zu unterrichten, wo

Marie Curie erhielt als erste Frau eine Professur an der Sorbonne. Die Zeichnung zeigt sie bei ihrer Antrittsvorlesung über Radioaktivität im November 1906. (Lithographie nach einer Zeichnung von L. Sabattier; Foto: Bildarchiv Preußischer Kulturbesitz, Berlin)

kann dann noch die vorgebliche Überlegenheit des Mannes bleiben? Ich sage Ihnen, die Zeit ist nahe, da die Frauen menschliche Wesen werden.«
Wenige Monate später veröffentlicht die erfolgreiche Schriftstellerin Colette Yvert ihren Roman »Prinzessinnen der Wissenschaft«. Die Hauptfigur Thérèse ist eine Arzttochter, die in die Fußstapfen ihres Vaters getreten ist. Sie heiratet, bekommt ein Kind und bildet sich ein, ihren Beruf weiter ausüben zu können. Was glauben Sie, wie es weitergeht? Das Silber glänzt nicht mehr, die Köchin betrügt sie, die Hemden des Ehemanns sind schlecht gestärkt, und das Kind stirbt der Amme unter den Händen weg. Nach all dem sucht der gebeutelte Ehemann bei einer jungen Witwe Trost und Behaglichkeit.
Thérèse begreift endlich, daß sie nicht ihrem Vater, sondern ihrer Mutter hätte nacheifern sollen und daß es noch nicht zu spät ist, ihren Beruf an den Nagel zu hängen, um doch noch die gute Ehefrau zu werden, die ihr Mann verdient, und ihn bei seiner Karriere zu unterstützen.
Der Roman wurde gegen Ende des Jahres mit dem Prix Fémina ausgezeichnet. Der Feminismus der durchweg weiblichen Jury ließ noch etwas zu wünschen übrig.
Viel negativer – und anspornender zugleich – wirkte sich der Vorstoß von Lord Kelvin aus.
Der verdiente Greis, immerhin zweiundachtzig Jahre alt, war zu Pierres Beerdigung nach Paris gereist und Marie mehr denn je persönlich zugetan. Aber er hatte sich nun einmal in den Kopf gesetzt, daß Radium kein neues Element sei.
Ausgerechnet die angesehene Londoner *Times* suchte sich der berühmte Physiker aus, um seine Ansicht kundzutun. Sein Leserbrief auf Seite eins erregte prompt die erhoffte Aufmerksamkeit.
Seine Vermutung, das Radium sei wahrscheinlich nichts anderes als eine molekulare Verbindung, vielleicht aus Blei und Heliumatomen, widersprach nicht nur der Theorie von Marie

Curie, sondern auch der von Rutherford und Soddy, die besagte, daß es eine »atomare Energie« geben müsse.
Der große alte Mann der britischen Physik, dem diese jungen Leute langsam auf die Nerven gingen, muß sich vor Freude die Hände gerieben haben.
Im Verlauf des Sommers 1906 tobte zunächst in der *Times*, später in dem Fachmagazin *Nature* eine wütende Schlacht, an der sich alles beteiligte, was in der zeitgenössischen Wissenschaft Rang und Namen hatte.
»Ich sehe keinen Nutzen darin, die Theorie von Lord Kelvin zu bekämpfen«, schrieb Marie hochmütig, die von den Verfechtern der modernen Radiochemie gegen die alte Garde unterstützt wurde. Seit »Befürchtungen von jenen laut geworden waren, die die atomare Hypothese von Radioaktivität noch nicht als bewiesen ansahen«, war es müßig zu diskutieren. Ein unwiderlegbarer Beweis mußte gefunden werden.
Und dieser Beweis war darin zu suchen, nunmehr reines Radium als Metall zu gewinnen, anstelle des Radiumchlorids, von dem sie in vierjähriger mühevoller Arbeit wenige Hundertstel Gramm erhalten hatte.
Marie war die einzige, die dazu fähig war. Und ihr Labor erhielt damals großzügige finanzielle Zuwendungen von Andrew Carnegie. Der puritanische Amerikaner hatte sein unermeßliches Vermögen mit Stahl und Spekulationen erworben und verwendete es nun zur Unterstützung wissenschaftlicher, sozialer und kultureller Zwecke, unter Berücksichtigung seiner strengen Moralvorstellungen.
Er hatte Marie kurz nach Pierres Tod in Paris kennengelernt, als sie noch diese nüchtern-melancholische Aura des Ruhms umgab, und war gerührt von der Schlichtheit ihrer Erscheinung und der bedingungslosen Konzentration auf ihre selbstgesteckten Ziele.
Er beschloß, Maries Forschungen zu finanzieren, und leitete dies mit der ihm eigenen Eleganz in die Wege. Als er mit dem Rektor

der Pariser Akademie die Finanzierungsfragen besprach, regte er an, daß die zu gründende Stiftung nicht »Carnegie«, sondern »Curies« heißen solle. »Die Mehrzahl«, fügte er hinzu, »schließt Madame ein, was ich sehr begrüße.« Sein Vorschlag wurde angenommen.

Dank der amerikanischen Finanzspritze konnte Marie die Ausstattung des Labors verbessern, die notwendigen Materialien kaufen und neue Mitarbeiter einstellen. Sie begann sogleich mit der Unterweisung einer neuen Forschergeneration in den von ihr entwickelten Methoden und machte sich daran, unter Mitarbeit von André Debierne, den Beweis anzutreten, daß sich Lord Kelvin irrte.

Vier Jahre sollten darüber vergehen.

Vier Jahre der akribischen, ermüdenden Versuche, die wegen der winzigen Menge Radiumchlorids, das ihr zur Verfügung stand, eigentlich gar nicht zum Erfolg führen konnten. (Sie besaß nur 0,1 Gramm.)

»Die Prozedur hat sich als sehr schwierig erwiesen«, sagte sie schlicht, als sie fertig war. Es war ihr gelungen, mittels Elektrolyse ein Radiumamalgam mit Quecksilber herzustellen, nach dessen Destillation eine verschwindend geringe Menge eines weiß schimmernden festen Stoffes übrigblieb. Den Schmelzpunkt »ihres« Radiums, das unbestreitbar ein neues Metall war, bestimmte sie auf 700°C.

Zu der Zeit hatte sie auch mit dem deutschen Chemiker Willy Marckwald abgerechnet, der, nach ebenso mühevoller Arbeit wie der von Marie, geglaubt hatte, eine neue radioaktive Substanz entdeckt zu haben, die er Radiotellurium nannte.

Überzeugt, daß es sich beim Radiotellurium um nichts anderes als ihr Polonium handelte, bestätigte sie in zehnmonatigen Untersuchungen die Richtigkeit ihrer Annahme und stellte die Arbeit des Chemikers schonungslos öffentlich bloß. Sie ging sogar so weit, einen Aufsatz in deutscher Sprache zu veröffentlichen. Der unglückliche Chemiker gab daraufhin klein bei.

In diesem Labor entdeckte Marie die Uranstrahlung. 1898 isolierte sie aus Pechblende zunächst das Polonium und zusammen mit Pierre das Radium. Dieses Foto zeigt sie 1910, ein Jahr bevor sie den Nobelpreis für Chemie bekommt. (Foto: Archiv für Kunst und Geschichte, Berlin)

Lord Kelvin blieb diese Demütigung erspart. Er starb, bevor er erfahren mußte, daß ihm die ach so charmante Madame Curie eine empfindliche Niederlage bereitet hatte.

In gewisser Weise hatte er ihr sogar geholfen. Es geht nichts über eine Herausforderung, vorausgesetzt, man ist ihr gewachsen. Marie war ihr gewachsen, weil sie aus einer nie versiegenden Quelle schöpfte: ihrem Stolz.

Die junge Witwe, die mit ihrem Mann das Radium entdeckt hatte – welchen Anteil hatte sie eigentlich genau daran gehabt? –, galt in der internationalen wissenschaftlichen Gemeinschaft als unerbittlich und abweisend, war aber andererseits unangefochtene Kapazität auf ihrem Gebiet – ja, sogar die auffälligste Figur in der Riege der führenden Wissenschaftler, da sie die einzige Frau war.

Diejenigen Wissenschaftler, denen Marie die selten gewährte Ehre zuteil werden ließ, sie kennenlernen zu dürfen, waren beeindruckt von dem scharfen, unbestechlichen Verstand, von der überwältigenden Kompetenz, die diese abgezehrte Erscheinung, die das Feuer der Jugend inzwischen verloren hatte, ausstrahlte. Anderen war ihre herablassende Unzugänglichkeit unerträglich, sie fanden ihre eisige, schroffe Art abstoßend.

Letzteres galt vor allem für den amerikanischen Physiker Bertram Borden Boltwood. 1908 hatte er Marie Curie gebeten, seine Radiumlösungen mit den ihren vergleichen zu dürfen und sich eine Abfuhr eingehandelt.

»Die Madame zeigte gar kein Verlangen nach der Durchführung irgendeines derartigen Vergleiches, und der Grund dafür ist, fürchte ich, ihre angeborene Abneigung dagegen, irgend etwas zu tun, was direkt oder indirekt die Arbeit über Radioaktivität außerhalb ihres eigenen Laboratoriums unterstützen könnte«, schrieb er an Rutherford. Boltwood gehörte auch zu denjenigen – und die gab es immer –, die erklärten, der gute Ruf von Madame Curie sei unbegründet, während sie insgeheim befürchteten, ihr auf einer wissenschaftlichen Versammlung persönlich gegenübertreten zu müssen.

Ihren Gegnern zufolge zog sie sich häufig mit ihrer angegriffenen Gesundheit aus der Affäre. Wenn sie eine Diskussion abbrechen wollte, gab sie an, »nervlich erschöpft« zu sein, verließ die Sitzung und brachte den betreffenden Punkt am nächsten Tag wieder zur Sprache, bis sie schließlich ihren Willen durchgesetzt hatte. Die Wissenschaftler nahmen ihr das dauerhaft übel, waren aber auch verärgert, weil sie ihr dieses Verhalten durchgehen ließen.

Besonders unerfreulich gestaltete sich der Brüsseler Kongreß,

auf dem ein internationales Richtmaß für Radium festgelegt werden sollte. Die Einführung eines internationalen Standards war inzwischen unerläßlich geworden, sowohl für die Forschung als auch für die therapeutische Anwendung, da die eingesetzte Strahlendosis exakt gemessen werden mußte.
Man einigte sich darauf, daß es Madame Curie aufgrund ihrer Sachkenntnis zustünde, dieses Richtmaß zu erarbeiten. Jemand schlug vor, die entsprechende Einheit »Curie« zu nennen, und Marie erklärte sich damit gnädig einverstanden. Was würde also diese neue Einheit bezeichnen? »Die Emanationsmenge von einem Gramm Radium«, erklärte Marie. Sie verweigerte jede weitere Diskussion, verließ den Saal und erschien auch nicht zu dem Abschlußdiner des Kongresses, angeblich wegen einer Erkältung. Jean Perrin und Ernest Rutherford konnten ihre Kollegen nur mit Mühe davon überzeugen, daß Madame Curie aufgrund ihrer angegriffenen Gesundheit tatsächlich mit ihren Kräften haushalten müsse.
Ihre Definition wurde schließlich angenommen. Rutherford mußte später seinen ganzen Charme einsetzen, um Marie zu überzeugen, daß ein internationales Richtmaß nicht in ihrem Labor verbleiben könne. Mit Bedauern trennte sie sich von dem kleinen Glasröhrchen mit den 21 Milligramm reinen Radiumsalzes, das sie vorbereitet und persönlich versiegelt hatte, damit es im Internationalen Büro für Maße und Gewichte in der Nähe von Paris hinterlegt werden konnte.
Allein Rutherford wußte, wie man mit Marie umgehen mußte, weil er sich nicht von ihr beeindrucken ließ; er mochte sie einfach. Seit er sie eines Abends während des Kongresses noch vor dem Ende der Vorstellung aus der Oper ins Hotel zurückbegleiten mußte, weil sie sich plötzlich unwohl fühlte, tat sie ihm auch leid.
»Ihre Nerven sind krank«, hatten ihm einige Ärzte gesagt, die an dem Kongreß teilnahmen. Nerven sind niemals krank. Ein solcher Zustand ist nur Ausdruck einer tiefer liegenden Krankheit.

Aber 1910 hatten sich die Erkenntnisse eines gewissen Doktor Freud noch nicht herumgesprochen.

Ihren Kollegen gegenüber abweisend – es sei denn, sie befand sie für würdig, sich mit ihnen auseinanderzusetzen –, begegnete Marie ihren Mitarbeitern im Labor, die sie liebevoll ihre »Kinder« nannte, zwar mit einer hohen Erwartungshaltung, aber auch mit Güte.
Fräulein Gleditsch, eine norwegische Studentin, hat die Atmosphäre im Labor wie folgt beschrieben:

> »Es gab nicht viele Arbeitsplätze, wir waren nur zu fünft oder zu sechst. Marie Curie kam jeden Tag ins Laboratorium und blieb viele Stunden dort... Sie hatte ein unglaubliches Organisationstalent. [...] Aber das Wichtigste und Schönste dort war der enge Kontakt zwischen Studenten und Vorgesetzten... Sie kannte die Arbeiten jedes Schülers sehr genau, jede Kleinigkeit interessierte sie. Im Laboratorium hellte sich ihr sonst eher verschlossener, ein wenig trauriger Gesichtsausdruck sofort auf, sie lächelte häufig, manchmal lachte sie sogar laut und herzlich... Es gab keinen Studenten, der nicht von Zeit zu Zeit vollkommen sprachlos gewesen wäre, weil sie so ungeheuer viel wußte und mit unbeschreiblicher Klarheit sofort die wesentlichen Punkte bei einem Problem erfassen konnte, egal wie kompliziert es war...«

Marie kam abends völlig erschöpft nach Hause und war dort sanft, aber verschlossen, weder weinte sie jemals noch war sie je von Herzen erfreut. Es mußten erst noch viele Jahre vergehen, bis ihre Kinder alt genug sein würden, damit sie mit ihnen über das, was in ihr vorging, sprechen konnte.
Sie hatte das Glück gehabt, zu den wenigen zu gehören, deren Träume Wirklichkeit werden. Mit Pierre hatte sie alles erlebt, was sie sich in ihren kühnsten Träumen erhofft hatte, ein in

jeder Hinsicht erfülltes Geistes- und Liebesleben. Jetzt fühlte sie sich innerlich zerrissen, war allein und leer zurückgeblieben.
Nach Pierres Tod hatte sie das gemeinsame Haus am Boulevard Kellermann aufgegeben und war mit den Kindern und Doktor Curie nach Sceaux gezogen. Eine junge Polin, die Bronia ihr geschickt hatte, führte den Haushalt.
Sie hatte ihre eigenen und für die damalige Zeit revolutionären Vorstellungen, was die Erziehung von Kindern betraf. Vor allem sollten sie gesund leben, auf dem Land, nicht im Großstadtmief. Zur Abhärtung wurden sie bei jedem Wetter zum Spielen nach draußen geschickt, mit dem Fahrrad, einem Trampolin, einem Reifen oder einem Springseil. Dann mußten sie lernen, ihre Hände zu gebrauchen – es gab so viele Situationen, in denen manuelle Geschicklichkeit gefragt war. Und auch mit ihrer wissenschaftlichen Ausbildung mußte frühzeitig begonnen werden.
In einer öffentlichen Schule? Auf keinen Fall! »Manchmal habe ich den Eindruck«, schreibt Marie ihrer Schwester Hela, »es wäre besser, die Kinder zu ertränken, als sie in die heutigen Schulen zu sperren.«
Ihr Schwiegervater teilte übrigens ihre unkonventionelle Auffassung von Kindererziehung. Es gelang ihr, noch andere Eltern, wie Henriette und Jean Perrin oder den Sinologen Edouard mit seiner Frau, davon zu überzeugen, daß eine Lösung gefunden werden mußte, damit ihre insgesamt zwölfköpfige Kinderschar die Zeit nicht am Gymnasium vertrödeln müßte.
Sie erarbeiteten gemeinsam ein einfaches Konzept: Jeden Tag sollten die Kinder ein einziges Fach behandeln, unterrichtet von Professoren der Sorbonne und dem Collège de France. Jean Perrin, Paul Langevin und Marie würden sich die Fächer Chemie, Mathematik und Physik teilen; Henri Mouton und der Bildhauer Magrou, die sich an dem Schulexperiment beteiligten, übernahmen den Zeichenunterricht; Französisch, Litera-

tur, Geschichte und Besuche im Louvre fielen in den Zuständigkeitsbereich von Henriette Perrin und Madame Chavannes.

Als sich die Neuigkeit von dem privaten Schulsystem herumsprach, wurde sie nicht überall mit Begeisterung aufgenommen, wie man aus dem Kommentar eines Journalisten ersieht: »Diese kleinen Kinder, die kaum lesen und schreiben können, haben jede Freiheit, Experimente zu machen, Apparate zu konstruieren usw. Die Sorbonne und das Gebäude in der Rue Cuvier sind vorläufig noch nicht in die Luft geflogen, aber es besteht noch Hoffnung!«

Gemessen an der Begeisterung, mit der die Beteiligten daran zurückdachten, funktionierte dieses Unterrichtsprinzip ausgezeichnet. Nach zwei Jahren mußte es jedoch aufgegeben werden, und die Schüler hatten sich wieder der öffentlichen Ordnung zu beugen.

Marie stand dem staatlichen Bildungssystem entschieden ablehnend gegenüber und meldete Irène, später auch Eve, in einer Privatschule an. Sie tat alles, was in ihrer Macht stand, um ihre Töchter zu fördern. Sie härtete sie ab, unterrichtete sie auf allen Gebieten und entwickelte ihre Talente, ohne ihre Persönlichkeit und ihre Neigungen zu unterdrücken.

Irène brauchte Erwachsene nicht zu begrüßen oder ihnen die Hand zu geben, wenn sie nicht wollte. Mit diesen Umgangsformen würde sie übrigens zeitlebens Schwierigkeiten haben. Auch Eve wurde für ihre schlechten Angewohnheiten nie getadelt. Sie hatte allerdings im Gegensatz zu ihrer Schwester nie Probleme mit sozialen Kontakten, da sie schon als Kind sehr aufgeschlossen und umgänglich war.

Beide lernten Fremdsprachen und Kochen, Skilaufen und Nähen, Reiten und Klavierspielen. Marie wachte streng über ihre Ausbildung in Mathematik, geizte aber mit der Vermittlung bürgerlicher Moralvorstellungen. Sie erzog ihre Töchter zu unabhängigen jungen Frauen, die sich darauf freuten, ihren Lebensunterhalt selbst zu verdienen – was damals genauso

ungewöhnlich war, als wenn man sie mit elf Jahren hätte allein ausgehen lassen.
Sie beschützte sie, ohne sie in Watte zu packen, liebte sie, ohne sie zu erdrücken, und machte zwischen ihren beiden Töchtern nie einen Unterschied. Selbst als Eve sich nicht entscheiden konnte, welchen Beruf sie ergreifen wollte, auf keinen Fall aber einen, der etwas mit Physik, Medizin oder sonstigen Dingen zu tun hatte, die für Marie seit ihrer Kindheit den einzigen würdigen Lebensinhalt darstellten, hatte Marie keine Einwände.
Sie achtete auf Zahnpflege und vergaß nie einen Geburtstag. Wenn sie eher selten mit ihren Kindern zusammen war, so lag das daran, daß sie wenig Zeit hatte. Sie gab ihnen auch nur wenig Wärme und Zärtlichkeit, weil sie dazu nicht fähig war. Sie hatte als Kind ihre Mutter niemals umarmen dürfen, und so lösten ihre eigenen Kinder in ihrer Freizeit mathematische Gleichungen statt zu schmusen.
Wenn sie mit den beiden nie über ihren Vater sprach, dessen Name in ihrer Gegenwart nicht genannt werden durfte, so lag das daran, daß die Narben so leicht wieder aufbrechen konnten und es ihr unerträglich gewesen wäre, vor den Kindern die Fassung zu verlieren. Schweigen, um Haltung zu bewahren, lautete ihre Devise. Und die hielt sie auch eisern durch.
Im Februar 1910 starb Doktor Curie im Alter von zweiundachtzig Jahren an einer Lungenerkrankung. Am Tag seiner Beerdigung ließ Marie auch Pierres Sarg umbetten und ihn über seinem Vater bestatten. Sie dachte wahrscheinlich schon daran, daß sie den beiden dorthin folgen würde. Der unbußfertige Rationalist, der nie einen Fuß auf den Friedhof gesetzt hatte, war nun nicht mehr da, um ihr zu erklären, daß sich in den Holzkisten nichts von Bedeutung befand – nichts als ein Haufen alter Knochen.
Marie brauchte zu diesem Anlaß keine Trauerkleidung anzulegen. Sie hatte sie nie abgelegt.
Als Marguerite Borel sie in jenem Jahr jugendlich und strah-

lend in einem weißen Kleid mit einer Rose im Gürtel bei den Perrins sah, schloß sie messerscharf, daß Marie sich nun endlich wieder ganz dem Leben zuwenden wollte.

Achtundzwanzig Stimmen für Madame Curie, neunundzwanzig für Edouard Branly, eine für Marcel Brillouin...

In dem großen Saal an der Akademie der Wissenschaften, in dem am 23. Januar 1911 die Abstimmung zur Wahl eines Nachfolgers für den frei gewordenen Sitz des Physikers Gernez stattfindet, tobt das Publikum. Ein Mann wird wegen der Hitze im Saal ohnmächtig.

»Wir kommen nun zum zweiten Wahlgang...«, gibt der Vorsitzende in dem allgemeinen Durcheinander bekannt.

Seit zwei Monaten wartet eine gespannte Öffentlichkeit auf diesen Tag, an dem entschieden würde, ob sich die Pforten der altehrwürdigen Einrichtung vor einer Frau öffnen oder schließen würden. Vorausgegangen war eine Pressekampagne, wie sie Frankreich bei Wahlen zu einer der fünf Akademien – in diesem Fall der Akademie der Wissenschaften – noch nie erlebt hatte.

Wollte Marie diesen Sitz, weil es die letzte reine Männerbastion war, die sie noch nicht gestürmt hatte? Oder mußten sie Henri Poincaré, Lippmann, Bouty zu dieser Kandidatur überreden?

Kurz zuvor hatte sie ihre umfangreiche »Abhandlung über Radioaktivität« veröffentlicht, ein typisches Akademiewerk, wie aus der folgenden Stellungnahme Rutherfords in einem Brief an Boltwood hervorgeht:

> »Bei der Lektüre des Buches hatte ich beinahe den Eindruck, mein eigenes zu lesen, aufgefüllt mit den Arbeiten der letz-

> ten Jahre ... Recht belustigend sind jene Stellen, wo sie sich große Mühe gibt, Priorität für die französische Wissenschaft zu beanspruchen, also eigentlich für sich selbst und ihren Mann. [...] Insgesamt habe ich das Gefühl, daß die arme Frau furchtbar viel gearbeitet hat ...«

Die internationale Fachpresse und Rutherford selbst hatten es nichtsdestotrotz äußerst wohlwollend rezensiert.

An Beifall aus den eigenen Reihen gewohnt, hegte Marie nicht den geringsten Zweifel, daß sie gewählt werden würde. Ihre Haltung war diesmal recht anmaßend.

Dabei hatte sie bereits mehr Titel und Auszeichnungen erhalten als jeder andere in der wissenschaftlichen Führungsriege, die gewöhnlich von einer mehr oder weniger gleichbleibenden Anzahl von Wissenschaftlern gebildet wird. Wenn diese glaubten, zu Recht an der Spitze zu stehen, dann nur wegen der Mittelmäßigkeit derjenigen, die sie dort hingebracht haben.

Andererseits hatte die Académie Française einen gewissen Saint-Priest einem Honoré de Balzac vorgezogen und sogar zweiundzwanzig Kandidaten in Folge einem Émile Zola. Bevor Pierre Curie am Ende doch noch knapp gewählt wurde, hatte die Akademie der Wissenschaften 1903 zunächst einem Monsieur Amagat den Vorzug gegeben.

Marie war mit den Sitten und Gebräuchen an der Akademie viel zu vertraut, als daß sie nicht gewußt hätte, daß Brillanz vielleicht nicht zwangsläufig ein Manko darstellt, aber oft genug eben doch. Dennoch mögen sie und ihre Freunde geglaubt haben, daß ihre Einzigartigkeit ein Garant für den Wahlsieg sein würde.

Und anfänglich sah es auch danach aus. Kaum hatte *Le Figaro* am 16. November 1910 angekündigt, daß Marie Curie sich um einen Sitz an der Akademie bewerben wolle, stürzte sich die französische Presse sofort auf dieses Ereignis. Bei einer Einwohnerzahl von nur 31 Millionen erreichten die Tageszeitungen damals eine Auflage von vier Millionen Exemplaren, das sind doppelt so viele wie heutzutage.

»Welch ein Adel, welch eine Schönheit hat ihr Ruhm! Auch in der schmerzlichen Poesie ihres Leidens fehlt ihr nichts zu dem vollkommenen und reinen Bild, das sich vor uns entfaltet«, schrieb *Le Figaro* in einem dreispaltigen Artikel, der mit »Fœmina« signiert war.

Der von Gaston Calmette herausgegebene *Le Figaro* erschien nur in 32 000 Exemplaren, aber da die »besseren Kreise« zu seiner Leserschaft zählten, rühmte er sich, tonangebend zu sein – was er in vieler Hinsicht auch war. Ansehen und Einfluß einer Zeitung richten sich nicht nach der Auflagenstärke, sondern nach der Qualität der Information und den Interessen ihrer Leserschaft.

Das Titelblatt des *Excelsior*, den Pierre Lafitte soeben auf eine bahnbrechend neue Aufmachung mit großen Fotografien und umfangreichen Bildunterschriften umgestellt hatte, füllten Maries Porträts und die Kopie eines ihrer Schriftstücke nebst einem graphologischen Gutachten.

L'Intransigeant veranstaltete eine Leserumfrage, welche Frauen es am ehesten verdient hätten, in die Akademie aufgenommen zu werden. Die Schriftstellerin Sidonie-Gabrielle Colette führte die Hitliste an, Marie wurde häufig genannt.

Sogar *Le Temps*, deren 55 000 Exemplare ausschließlich von Männern gelesen wurden, beteiligte sich ab dem 2. Dezember mit wohlwollenden Artikeln über Marie Curie an der Diskussion.

In einem Brief an den Chefredakteur der Zeitung bestätigte Marie die Gerüchte um ihre Kandidatur und bat gleichzeitig um Einstellung der Kommentare und Artikel. Auch an den *Excelsior* schrieb sie: »Die Ankündigung meiner Kandidatur ist korrekt; da die Abstimmungen an der Akademie bisher jedoch noch niemals öffentlich diskutiert worden sind, wäre es mir unangenehm, wenn anläßlich meiner Kandidatur anders verfahren würde.« Eine kurze Zeit beließ man sie daraufhin in dem Glauben, in der Presse ebenso ihren Willen durchsetzen zu können wie auf den Kongressen.

Bis zum Jahresende beherrschten folgende Themen die Schlagzeilen: das Seinehochwasser; der Tod Tolstois; die vom Vatikan geförderten »antimodernistischen« Predigten in der Kirche Saint-Roch und in den Pariser Vororten; der neue Minister Briand; der erste Rolls-Royce auf der Automobilausstellung; die Antiabtreibungskampagne der Zeitung *Le Matin* (Auflage: 350 000), die von den anderen Zeitungen übernommen wurde.

Aber nachdem der erste Schock verflogen war, machten die Akademiemitglieder wieder mobil. Weder Madame Curie noch irgendeine andere Frau würde jemals in die geheiligten Hallen aufgenommen werden.

Der siegreiche Konkurrent von Pierre Curie, Gabriel Amagat, warf sich schützend vor die Tore des Tempels.

»Eine Frau, warum nicht?« erklärte der Mathematiker Gaston Darboux, Ständiger Sekretär der Akademie der Wissenschaften, beherzt. Er nutzte das beispiellose Angebot der Zeitung *Le Temps*, eine eineinhalbspaltige Kolumne nach eigenem Gutdünken zu füllen, am 31. Dezember zur Veröffentlichung eines sachlichen, gut recherchierten Artikels, in dem er den rein wissenschaftlichen Nutzen hervorhob, den ein Forscher aus der schnellen Veröffentlichung seiner Arbeiten in den Akademieberichten ziehen könne, und unterstrich, welche Vorteile daraus für das Curie-Laboratorium erwachsen würden.

Am 4. Januar fand eine Vollversammlung aller fünf Akademien statt, um über die weitere Vorgehensweise zu beraten. Ein Journalist des *Figaro* beschrieb die Ankunft der 150 Akademiemitglieder mit folgenden Worten:

»Ich sehe faltige alte Greise an mir vorbeiziehen, die alle ein graues Schnupftuch in der Hand halten; die Schultern sind mit

Schuppen übersät, die Hosenbeine schlackern um dünne Stelzen ... Es ist ein tragikomischer Zug von Männern, deren einstige Bedeutung längst der Altersschwäche gewichen ist, der sich zu einer Versammlung quält, auf der die Aufnahme einer Frau in seine Reihen diskutiert werden soll.«
Überraschendes Ergebnis: Eine Mehrheit spricht sich dafür aus. Am nächsten Tag gibt der Bereich allgemeine Physik an der Akademie der Wissenschaften offiziell die Namen der Kandidaten für den Sitz von Gernez bekannt. Genannt werden: Marcel Brillouin, Marie Curie und Edouard Branly.
Marcel Brillouin hatte praktisch keine Chance, obwohl er ein ausgezeichneter Wissenschaftler war. Aber mit der Aufstellung Branlys bewiesen Maries Gegner politisches Kalkül.
Branly war sechsundsechzig Jahre alt und bereits zweimal übergangen worden. Die Öffentlichkeit kannte ihn als einen bescheidenen, anständigen Mann, der für eine beliebte Erfindung schlecht entlohnt worden war. In Frankreich galt er als Vater der drahtlosen Telegraphie. Er hatte das Prinzip der »Radiokonduktion« entwickelt, wie er es nannte.
Der Italiener Marconi hatte ihm den Nobelpreis jedoch vor der Nase weggeschnappt, indem er sein Verfahren in Systeme einbaute, die Radiowellen über große Entfernungen empfangen konnten. Außerhalb Frankreichs hatten seine wissenschaftlichen Verdienste Edouard Branly nicht die erhoffte Anerkennung eingebracht, aber dafür hatte er einen in diesem Kontext sehr viel wertvolleren Trumpf im Ärmel: Er war von Papst Leo XIII. zum Komtur des Ordens St. Gregors des Großen geweiht worden. Er lehrte nicht an der Universität, sondern am Katholischen Institut.
Die Entscheidung zwischen Branly und Marie wurde in der Presse sofort zur patriotischen Frage hochstilisiert.
Am 10. Januar erklärte die Zeitung *L'Intransigeant*, dessen neuer Chefredaktuer Léon Bailby den nationalistischen und antisemitischen Kurs seines Vorgängers Henri de Rochefort

fortsetzte, Madame Curie den Kampf. Die gleichgesinnte Presse zog kurze Zeit später nach, schaukelte sich gegenseitig hoch. Mit welchem Recht maßte sich diese Curie eigentlich an, Edouard Branly die verdiente Ehre streitig machen zu wollen? Sie war schließlich nur eine dahergelaufene Polin, die sich von Pierre Curie heiraten ließ, dem das alleinige Verdienst am Nobelpreis zukam. Eine Ausländerin. Und in ihren wöchentlichen Vorlesungen an der Sorbonne – wo Marie seit Bekanntgabe ihrer Kandidatur stets mit Beifall von den Studenten begrüßt wurde – langweilte man sich schließlich zu Tode, wenn die Dame von ihrem »lieben Radium« erzählte, das sie angeblich entdeckt hatte.

Wie war doch gleich ihr Mädchenname? Sklodowska. Ein unmöglicher Name. Katholisch? Das wird behauptet. Seit wann? Hatte es da nicht mal einen jüdischen Vorfahren gegeben?

Die Dreyfus-Affäre lag noch nicht lange zurück. Die Zeiten des Vater Combes auch nicht. Obwohl seine Unschuld bewiesen wurde und er 1906 mit dem Kreuz der Ehrenlegion ausgezeichnet worden war, galt Dreyfus in der *Action Française* und im *Intransigeant* noch immer als der »jüdische Verräter«.

Die katholische Linke, wie man sie heute bezeichnen würde, kümmerte sich damals noch nicht um die Belange der Akademie, sondern war mit dem Kampf um mehr Rechte für Bäcker beschäftigt. Der Vatikan hatte im übrigen interveniert, um sie zu zerschlagen, und der Begründer der Bewegung, Marc Sangnier, mußte sich dem päpstlichen Druck beugen.

Der Konkurrenzkampf zwischen Marie und Branly, den die liberale Presse »Krieg der Geschlechter« nannte, förderte gleichzeitig die zwei Gesichter Frankreichs zutage. Marie kannte nur das eine Lager, das ihrer Freunde, und hatte infolgedessen den Sturm der Empörung, den sie im anderen auslösen würde, stark unterschätzt. Sie unterschätzte ihn bis zum Schluß.

Innerhalb von zwei Wochen klapperte sie achtundvierzig Adressen ab, um den üblichen Besuchsritualen zu entsprechen. Edouard Branly tat das gleiche.

Am 23. Januar, dem Tag der Wahl, marschierten Interessierte und Schaulustige vor dem Institut auf und ab, während drinnen Vorsitzender und Akademiemitglieder Mühe hatten, den übrigen Tagesordnungspunkten noch ihre ungeteilte Aufmerksamkeit zu widmen. Endlich schlug es vier Uhr, womit die reguläre Sitzung geschlossen und zur Abstimmung übergegangen werden konnte.

»Lassen Sie alle herein, Frauen ausgenommen!« rief der Vorsitzende den Saaldienern zu. In dem mit Journalisten und Fotografen überfüllten Saal herrschte ein ohrenbetäubendes Durcheinander.

Der Vorsitzende versuchte, die Ordnung im Saal wiederherzustellen, während die Saaldiener die Wahlurnen herumgehen ließen. Gerade war für einen Augenblick Ruhe eingekehrt, als erneut ein Tumult losbrach, weil jemand gerufen hatte, er habe gesehen, wie Gaston Darboux einem anderen Mitglied, Monsieur Radau, heimlich einen Wahlzettel zugesteckt habe.

Der so gescholtene Monsieur Radau war blind und mußte erklären, daß er für Marie stimmen wollte und daher aus Argwohn gegen seinen Branly-freundlichen Nachbarn und aufgrund seiner »extremen Kurzsichtigkeit« den Ständigen Sekretär der Akademie gebeten hatte, ihm einen seiner Wahlabsicht entsprechenden Stimmzettel auszuhändigen.

Die Unruhe im Saal riß nicht mehr ab, bis der Vorsitzende das Ergebnis der Stimmenauszählung und die Notwendigkeit eines zweiten Wahlgangs bekanntgab.

In den Rauchschwaden, die der Magnesiumblitz eines respektlosen Fotografen hinterlassen hatte, wanderten die glühendsten Anhänger der beiden Kandidaten umher, um letzte Überzeugungsarbeit zu leisten. Einer der Wissenschaftler, der den Saal durchquert hatte, redete auf einen Kollegen ein, und man

beobachtete, wie dieser daraufhin seinen Stimmzettel in letzter Sekunde änderte.
Um 17 Uhr verließen die Journalisten eilig den Saal, um die Neuigkeit zu verbreiten: Madame Curie war geschlagen. Es war bei den 28 Stimmen für sie geblieben. Branly erreichte 30.
Marie erfuhr das Ergebnis telefonisch in ihrem kleinen Büro neben dem Labor in der Rue Cuvier. Sie nahm die Nachricht kommentarlos entgegen, ging zu ihren Mitarbeitern hinüber und sah gerade noch, wie der Blumenstrauß für die erhoffte Siegesfeier unter dem Tisch verschwand. Währenddessen brachten Branlys Anhänger in dem Saal am Quai Conti lautstark ihre Freude zum Ausdruck. Als guter Verlierer schüttelte Henri Poincaré seinen Gegnern, die sich um Monsieur Amagat geschart hatten, die Hände und beglückwünschte sie zu Branlys Sieg.
Die Männer blieben an der Akademie weiterhin unter sich. Hätte Marie einen Monat später ihre Kandidatur um den dann frei werdenden Sitz eingereicht, hätte es vermutlich keine achtundsechzig Jahre mehr gedauert, bis die erste Frau an der Akademie aufgenommen worden wäre.
Sie wollte davon aber nichts hören und bewarb sich nie wieder um einen Sitz an der Akademie oder eine sonstige Auszeichnung. Sie reichte fortan nicht einmal mehr ihre wissenschaftlichen Arbeiten zur Veröffentlichung an der Akademie ein.
Ende desselben Jahres 1911 sollte ihr das Komitee der Schwedischen Akademie einen weiteren Preis verleihen. Diesmal erhielt sie als alleinige Preisträgerin den Nobelpreis für Chemie.
Die Nachricht war ein schwacher Trost. Denn Marie war in der Zwischenzeit in einen Strudel von Ereignissen hineingezogen worden, in dem ihr guter Ruf als ehrbare Frau versunken war.

IV. TEIL

Der Skandal

An einem Tag im März 1914 erschien eine elegante Dame im Büro des Herausgebers der Zeitung *Le Figaro*, zog eine Pistole aus ihrem Muff und drückte sechs Mal ab. Henriette Caillaux erschoß Gaston Calmette.

Der *Figaro* hatte gerade mit der Veröffentlichung eines Briefwechsels zwischen der jungen Frau und ihrem Ehemann Joseph Caillaux begonnen, der Abgeordneter für das Département de la Sarthe war. Außerdem war er der ehemalige Präsident des Pariser Abgeordnetenhauses und – so glaubte man – auch der künftige. Es handelte sich hier um ein besonders dunkles Kapitel in der Geschichte politischer Auseinandersetzungen.

Was konnte nun aber dieser von der ersten Madame Caillaux entwendete und dem *Figaro* überlassene Briefwechsel enthüllen, daß sich die junge Frau hinreißen ließ, einen Mord zu begehen? Nichts anderes, als daß Henriette die Geliebte des Politikers gewesen war, bevor sie seine zweite Frau wurde.

Um ihre Tat zu rechtfertigen, sagte sie vor Gericht: »Mein armer Vater hat immer zu mir gesagt: Eine Frau mit einem Liebhaber ist eine ehrlose Frau.« Sie wurde freigesprochen.

Diese Geschichte veranschaulicht das gesellschaftliche Klima in Frankreich, als im Herbst 1911 die sogenannte Langevin-Affäre begann.

Das bürgerliche Frankreich zu Beginn unseres Jahrhunderts ist nicht sittenstreng, es ist prüde. Täglich sind allein in Paris durchschnittlich neununddreißig Ehebrüche zu verzeichnen, und im ganzen Land ist die Zahl der Abtreibungen so hoch, daß die Zeitung *Le Matin* 1910 eine Kampagne startet, um die Anzeigen, in denen Engelmacherinnen unzweideutig ihre heimlichen Dienste anbieten, aus den Zeitungen zu verbannen. 24 Prozent der Neugeborenen sind unehelich.

Ob sie sich auf der Straße begegnen, bei der Feldarbeit oder in den Fabriken, Männer und Frauen ziehen sich an, ziehen sich aus – und ziehen danach meist wieder ihrer Wege. Es ist das ewige Spiel, nur daß Frauen damals dabei das einzige Gut verlieren konnten, das man ihnen zugestand: ihre Ehre.

Das 19. Jahrhundert hat eine neue Wertvorstellung hervorgebracht: die Familie. Vielleicht ist es die einzige, die bis heute Bestand hat. Heutzutage betrachten wir das Familienleben allerdings wie ein zerbrechliches Kunstwerk, das der gemeinsamen Pflege und Verantwortung bedarf, um von Dauer zu sein. Im 19. Jahrhundert ist der Fortbestand der Familie durch Gesetze geregelt – rechtsverbindliche und ungeschriebene. Da man den Frauen nicht trauen darf, diesen Sünderinnen mit dem Spatzenhirn, muß man sie einsperren.

Das Bürgerliche Gesetzbuch und die Regeln des Anstands sorgen schon dafür. Letztere haben einen neuen weiblichen Idealtypus hervorgebracht: die ehrbare Frau. Die mittelalterliche Frau, die mit allen Sinnen genoß, die schöngeistige Hofdame des 17. Jahrhunderts, die sich galant den Hof machen ließ, und die Freidenkerin, die stets darauf bedacht war, ihr Herz nicht zu verlieren, würden in diesem neuen Typus wohl nur schwerlich ihre Nachfahrinnen erkennen. Denn fortan hat die vorbildliche Frau ihre Sinnlichkeit auf dem Ehealtar zu opfern. Der vorsichtige Ehemann hütet sich übrigens, schlafende Gelüste bei seiner Frau zu wecken – in der selbstgefälligen Annahme, daß er dazu in der Lage wäre. Welche Ödnis!

Da der heimische Herd also abgeschottet ist, sucht und findet man Liebe bzw. deren Spielarten anderswo. Freizeitsexualität ist der schreckliche Begriff, mit dem Soziologen dieses Verhalten belegen. Ein kurzes Abenteuer oder eine vorübergehende Beziehung, ein flüchtiges Gefühl oder Leidenschaft – eine Frau »aus gutem Hause« kann außereheliche Verbindungen nicht

öffentlich, sondern nur im Verborgenen ausleben. Und das unter den argwöhnischen Blicken frustrierter Ehefrauen.
Marie Curie und Paul Langevin sehen diese Dinge recht gelassen. Sie kennen sich seit zehn Jahren, treffen sich, arbeiten zusammen und fragen sich gegenseitig um Rat. Er hat ihr nach Pierres Tod bei der Vorbereitung ihrer ersten Vorlesungen an der Sorbonne geholfen, sie ihm, als er ihre Nachfolge an der Schule in Sèvres antrat. Ihre Vertrautheit bietet also keinerlei Anlaß zu übler Nachrede. Der geübte Blick von Marguerite Borel hatte zwar irgendeine ungewöhnliche Ausstrahlung an Marie bemerkt, aber nicht aus Böswilligkeit, sondern aus reiner Neugier.
Marguerite selbst pflegt undurchsichtige Freundschaften, die sie zur bevorzugten Vertrauensperson von Jean Perrin und einigen anderen machen, die froh sind, wenn sie abends zu der hübschen jungen Frau gehen können, die immer ein offenes Ohr für sie hat.
Die Borels bewohnen mittlerweile die Dienstwohnung eines wissenschaftlichen Direktors an der École Normale Supérieure in der Rue d'Ulm. Auch Langevin kommt dort immer häufiger zum Tee vorbei, weil er so die Heimfahrt nach Fontenay-aux-Roses hinausschieben und über seine Sorgen sprechen kann. Er ist unglücklich.
Der verdiente Stipendiat ist inzwischen Professor am Collège de France geworden. Sein wissenschaftlicher Ruf ist tadellos. Als Physiker bedient er sich der Mathematik so virtuos, daß selbst Mathematiker beeindruckt sind.
Inspiriert durch Pierre Curies Experimente, gelang ihm nach Abschluß seiner Doktorarbeit bereits der Nachweis der Temperaturunabhängigkeit des Diamagnetismus und dessen theoretische Erklärung, noch *bevor* die Quantentheorie aufgestellt wurde. Er hatte vermutet, was erst die Quantenphysik beweisen konnte.
1911 wird er eine weitsichtige Rede auf dem internationalen Philosophenkongreß von Bologna halten über die grundlegen-

de Wandlung, die althergebrachte Vorstellungen von Zeit und Raum durch die Relativitätstheorie erfahren werden.
Seine Frau, die er mit zweiundzwanzig Jahren geheiratet hatte, als er noch seiner Mutter in dem kleinen Lebensmittelgeschäft half, und die wie er dem Arbeitermilieu entstammt, kann mit seinen Forschungen nichts anfangen.
Zu allem Überfluß ist er auch noch großzügig, um nicht zu sagen verschwenderisch. Sie müht sich mit der Erziehung der vier Kinder ab und muß jeden Franc umdrehen. Als Langevin verlockende Stellenangebote aus der Industrie erhält, drängt sie ihn, anzunehmen und die Universität zu verlassen. »Du würdest das Vierfache verdienen«, wird sie nicht müde zu betonen. Die unaufhörlichen Geldschwierigkeiten, die Langevin zwar widerwillig erträgt, aber auch als Tribut versteht, den man der Wissenschaft zollen muß, versteht Jeanne Langevin als Tribut, den sie selbst und die Kinder der Gleichgültigkeit eines Egoisten zollen müssen. Kurzum – alltägliche Szenen einer zerrütteten Ehe, einschließlich heftiger Streits und der bissigen Kommentare der Mutter von Madame Langevin, die mit im Haus wohnt.
Jean Perrin, dessen charmante Ehefrau über seine Eskapaden nachsichtig hinwegsieht, und Emile Borel, der eine zwar ungewöhnliche, aber fünfzig Jahre lang glückliche Ehe mit seiner Frau führt, machen sich deswegen große Sorgen um ihren Freund Langevin. Da er immer nervöser und angespannter wirkt, versuchen sie ihn abzulenken, indem sie mit ihm ins Theater gehen und anschließend noch zur Zwiebelsuppe ins Hallenviertel.
Die Perrins, die auch eine innige Freundschaft mit Marie verbindet, wissen sehr wohl, daß ihre ehemals geistige Beziehung zu Langevin nun zu einer körperlichen geworden ist. Und die Borels scheinen es auch erraten zu haben.
Im Juli 1910 mietet Langevin eine kleine Wohnung in Paris, in der Marie ihn heimlich trifft. Hat sie ihn zu der Zeit schon ge-

drängt, seine Frau zu verlassen? Wahrscheinlich. Man kann sich schwer vorstellen, daß sie eine Rivalin lange ertragen hätte. Jedenfalls liefert Langevins momentane Krise, so wie er sie seinen Freunden schildert – die Zerrissenheit des Forschers zwischen der Wissenschaft und dem Geldhunger seiner Frau –, Marie den besten Vorwand, sich seiner anzunehmen und ihn von dem häuslichen Unfrieden abzulenken, vorausgesetzt, sie brauchte überhaupt einen Vorwand.

Als Marie in Begleitung der Borels an einem Kongreß in Genua teilnimmt, bittet sie Marguerite eines Abends auf ihr Zimmer. Zusammengekauert auf dem Bett spricht sie mit Marguerite über Langevin. Sie habe Angst, er könne sich verlieren, sagt sie. »Und er ist doch ein Genie!«

Sie ergreift Marguerites Hände und sagt flehentlich: »Man muß ihn vor sich selbst retten. Er ist schwach. Sie und ich, wir sind zäh. Er braucht Verständnis, zärtliche Zuneigung ...«

Zärtliche Zuneigung? Es ist offensichtlich, daß sie Langevin auf eine ganz andere Art liebt als ehedem Pierre. Mit ihm verbindet sie keine zärtliche, friedliche Beziehung, in dem Bewußtsein, die einzige zu sein, die Unersetzliche, das liebe kleine Mädchen, das sich von dem sanften Gefährten ihres Lebens streicheln läßt – sondern eine leidenschaftliche, stürmische Beziehung mit einem wankelmütigen Mann, reich an Szenen und Ultimaten.

Später beschwört André Debierne Marguerite, sie möge etwas wegen Paul Langevin unternehmen. Inwiefern? Er solle aufhören, »Marie zu bedrängen. Und sie sorgt sich, wenn er so bedrückt ist.«

»Und was soll ich Ihrer Meinung nach tun?« fragt Marguerite. »Bei mir beschwert er sich auch.«

»Bei Ihnen«, antwortet Debierne, »besteht auch keine Gefahr.«

Es gibt Gerüchte über ein heftiges Zerwürfnis zwischen Langevin und Debierne.

Im August 1911 reicht Jeanne Langevin die Scheidung ein,

während ihr Mann gerade mit den beiden Söhnen in England ist und Marie mit ihren Töchtern in Polen.
André, der älteste Sohn von Langevin, beschreibt es in einer sechzig Jahre später geschriebenen Biographie seines Vaters recht nett: »Ist es nicht nur natürlich, daß sich diese Freundschaft [mit Marie], gesteigert durch die gegenseitige Bewunderung, mehrere Jahre nach dem Tod von Pierre Curie allmählich in Leidenschaft und eine intime Beziehung verwandelt hat? [...] Das traute Heim, in dem wir bis dahin aufgewachsen waren, wurde vorübergehend zerstört. Mein Vater und meine Mutter lebten noch bis zum Kriegsausbruch 1914 getrennt.«
Dem wäre nichts hinzuzufügen, wenn die Affäre nicht ungeahnte Kreise gezogen hätte.
Am 29. Oktober 1911 beginnt der Solvay-Kongreß in Brüssel. Der belgische Industrielle Ernest Solvay, der das gleichnamige internationale Physikinstitut gegründet hat, versammelt zum ersten Mal die Größen der zeitgenössischen Wissenschaft.
Auf dem berühmten Gruppenfoto der Teilnehmer sitzt Marie zwischen Henri Poincaré und Jean Perrin. Hinter ihr stehen Einstein, Langevin, Rutherford, Kammerlingh-Onnes, Max Planck, Maurice de Broglie, Marcel Brillouin, Sommerfeld, Nernst, Lorentz, Warburg, Wien, Goldschmidt, Rubens, Lindemann, Knudsen, Hasenohrl, Hostelet, Herzen, Jeans.
Die Weltspitze der Physik von heute und morgen ist zugegen. Einstein schrieb einem Freund über diesen ersten Kongreß:

> »Lorentz führte den Vorsitz mit unvergleichlichem Takt und Geschick... Poincaré erwies sich als Gegner (der Relativitätstheorie!)
> Planck ist von unzweifelhaft irrigen Annahmen blokkiert... Aber niemand hat den Durchblick. In dieser Sache gäbe es genug Zündstoff für ganze Heerscharen von Intriganten und Heuchlern.«

1911 besuchte Marie Curie die erste »Gipfel- und Krisenkonferenz der Physiker«, die sogenannte Solvay-Konferenz in Brüssel, an der unter anderem auch Albert Einstein, Ernest Rutherford, Paul Langevin, Ernest Solvay und Max Planck teilnahmen. (Foto: Deutsches Museum, München)

Marie schrieb nach diesem Kongreß in bezug auf Einstein:

> »Ich bewundere Einsteins Veröffentlichungen zu Fragen der modernen theoretischen Physik sehr.
> Seine Arbeiten sind alle erstklassig ...
> Wenn man bedenkt, daß Monsieur Einstein noch sehr jung ist, kann man davon ausgehen, daß er einer der großen Hoffnungsträger ist und einmal zu den führenden Theoretikern gehören wird.«

Mit ihren dreiundvierzig Jahren ist Marie ein Bindeglied zwischen den Vertretern der alten Schule und denen der modernen Physik. Vielleicht hat sie es dem vier Jahre jüngeren Langevin zu verdanken, daß sie sich sehr früh auf die moderne Physik eingelassen hat.

Während in Brüssel der Solvay-Kongreß seinen Lauf nimmt, finden in Frankreich die Leser der Tageszeitung *Le Journal* (Auflage: 750 000) am 4. November auf der Titelseite ihrer Lieblingszeitung einen Artikel mit der Schlagzeile:

EINE LIEBESGESCHICHTE
MADAME CURIE UND PROFESSOR LANGEVIN

Der Artikel beginnt wie folgt:
»Das Feuer des Radiums hat im Herzen eines Wissenschaftlers eine Flamme entzündet, die Frau und die Kinder des Wissenschaftlers aber müssen nun bittere Tränen vergießen.«
Es folgt ein Interview, das der Verfasser des Artikels, Fernand Hauser, angeblich in Fontenay-aux-Roses mit der Schwiegermutter Langevins geführt hat. Da es sich um ein interessantes zeitgenössisches Dokument handelt, soll es hier in voller Länge abgedruckt werden.

> »In Paris kursiert ein unglaubwürdiges Gerücht«, sagte ich. »Man munkelt, daß Professor Langevin seine Familie verlassen habe und Madame Curie gefolgt sei. Ich bin zu Ihnen gekommen, um aus Ihrem Munde zu hören, daß diese Nachricht falsch ist.«
> Die Mutter von Madame Langevin musterte mich einen Augenblick, nahm dann das Kind von ihrem Schoß und sagte:
> »Hat sich das etwa schon herumgesprochen?«
> »Es stimmt also?«
> »Unvorstellbar, nicht wahr? Die Witwe von Pierre Curie, die große Wissenschaftlerin, die an der Entdeckung des Radiums mitgewirkt hat, die Professorin der Naturwissenschaftlichen Fakultät, die beinah Mitglied der Akademie der Wissenschaften geworden wäre, die berühmte, illustre Marie Curie hat meiner Tochter den Ehemann weggenommen, den Vater meiner Enkelkinder! ... Monsieur Langevin war einst Schüler von Pierre Curie. Nach dem Tod seines Lehrmeisters

hat er dessen Witwe seine Dienste zur Verfügung gestellt, zu Forschungszwecken, zur Unterstützung ihrer Arbeit; allmählich hat sich Monsieur Langevin angewöhnt, häufiger bei Madame Curie zu sein als zu Hause; meine Tochter hat daraufhin sehr schnell Verdacht geschöpft – der Instinkt einer Frau ist in diesen Dingen untrüglich; und dann, eines Tages, fand sie alles heraus. Die folgenden Stunden und Tage waren einfach fürchterlich!... Vor drei Monaten ist Monsieur Langevin dann plötzlich mit den Kindern weggefahren...«

»Und mit Madame Curie.«

»Das weiß ich nicht; sicher ist aber, daß sie Paris zur gleichen Zeit verlassen hat wie er... Meine Tochter wollte wenigstens ihre Kinder zurückhaben; wir sind zum Gericht gegangen, und es wurde entschieden, daß Vater und Mutter die armen Würmchen abwechselnd sehen dürfen, außer der Kleinen hier, sie ist erst zwei Jahre alt und darf bei uns bleiben...«

»Wissen Sie, wo sich Monsieur Langevin im Moment aufhält?«

»Wir haben keine Ahnung; vor kurzem ließ er uns mitteilen, daß er seine Bücher braucht. Wir haben sie verpackt, aber die Kisten sind noch nicht abgeholt worden.«

»Will Madame Langevin die Scheidung einreichen?«

»Nein... Sie hofft, daß ihr Mann zu ihr zurückkommt und das häusliche Glück dann wiederhergestellt ist. Wissen Sie, wenn man Kinder hat – sechs Kinder – zögert man, bevor man einen unwiderruflichen Schritt unternimmt...«

»Wenn Monsieur Langevin nun aber nicht zurückkommt?«

»Dann sehen wir weiter... Wir haben noch nichts entschieden.«

»Es wird behauptet, Sie hätten Briefe von Madame Curie in Ihrem Besitz?«

»Aha, das hat man Ihnen also auch schon erzählt. Ja, es stimmt, wir haben diese Briefe... Und sie liefern den Be-

weis, daß unsere Vermutung richtig war. Sie bestätigen, was wir ohnehin schon wußten, ohne es beweisen zu können ...«
Die Mutter von Madame Langevin senkt nachdenklich den Kopf; ich reiße sie aus ihren Gedanken und sage:
»Das ist unfaßbar!«
»Ja, das ist unfaßbar«, wiederholt die alte Dame.
Ich würde gerne wissen, was Madame Curie und Monsieur Langevin zu dieser schmerzlichen Geschichte sagen; ich wollte, sie würden mir entgegenschreien: »Es ist alles ein Irrtum, ein Mißverständnis! Was Sie gehört haben, ist eine einzige große Lüge.« Aber Madame Curie ist unauffindbar, und kein Mensch weiß, wo sich Monsieur Langevin aufhält.

Abgesehen davon, daß Fernand Hauser Langevin zwei Kinder zuviel andichtete, muß man zugeben, daß der Journalist ziemlich gut informiert war. Sein Bericht war ganz nach dem Geschmack der Leserinnen von *Le Journal*, dessen Herausgeber und Begründer Fernand Xau ein Vermögen mit dieser Zeitung verdiente, indem er als erster bewußt auf die weibliche Leserschaft aus der Mittelschicht abzielte.
Kaum war die Ausgabe des *Journal* vom 4. November in Umlauf, machte man sich auch schon in den Redaktionen der anderen Zeitungen Gedanken darüber, wie mit dieser Affäre umzugehen sei, schickte man auch schon Journalisten ins Collège de France, ins Curie-Laboratorium, zu Émile Borel, versuchte man, Madame Curie und Langevin ausfindig zu machen, fand heraus, daß beide an dem Brüsseler Kongreß teilnahmen und verständigte die dortigen Korrespondenten.
»Ein niederträchtiger Artikel!« erklärte Marie. Langevin gibt zu, seine Frau verlassen zu haben – aber nur, »um den unbegründeten Eifersuchtsszenen seiner Frau zu entfliehen«. Jean Perrin und Henri Poincaré zeigen sich »empört über die haltlosen Anschuldigungen« gegenüber ihren Kollegen und Freunden.
Marie übergibt dem Reporter der Zeitung *Le Temps* einen Text,

in dem sie ihre angebliche Flucht richtigstellt und versichert, sie messe den Gerüchten, die »blanken Unsinn« verbreiten, keinerlei Bedeutung bei. *Le Temps*, die Marie stets wohlgesinnt war, veröffentlicht diese Erklärung am 5. November im Innenteil.

Noch am selben Tag steht die Geschichte in allen Zeitungen, wobei stets versichert wird, daß über »diese private Affäre« nicht berichtet würde, wenn »die Verwicklung zweier bekannter Persönlichkeiten nicht auf ein breites Interesse in der Öffentlichkeit gestoßen wäre«.

Le Petit Journal (Auflage: 850 000) verfolgt dieselbe Fährte wie *Le Journal* und kann Madame Langevin aufstöbern. Am 5. November erscheint ein zweispaltiger Artikel auf Seite eins unter folgender Schlagzeile:

Ein Roman im Laboratorium
DAS ABENTEUER VON MADAME CURIE
UND MONSIEUR LANGEVIN

Le Petit Journal dementiert Meldungen, das Paar sei auf der Flucht, und veröffentlicht ein Interview mit Jeanne Langevin. Sie habe mit dem Skandal nichts zu tun, sagt sie, und verurteile die Berichterstattung, die schmerzlich für sie sei. Sie vertraut sich schluchzend dem Journalisten an, der sie nach den Motiven für ihre gerichtliche Verfügung befragt. Ihre Antworten werden in der Zeitung folgendermaßen wiedergegeben:

> »Ich weiß, daß mein Mann seit drei Jahren ein Verhältnis mit Madame Curie hat, aber ich habe erst seit eineinhalb Jahren die absolute Gewißheit und stichhaltige Beweise, die dem Gericht vorliegen. Wenn ich also die grundlos eifersüchtige Verrückte wäre, als die ich in gewissen Kreisen hingestellt werde, hätte ich mich schon damals gemeldet und den Verrat meines Mannes und der Frau, die meine Ehe zerstört hat, hinausposaunt. Ich habe geschwiegen, weil es meine Pflicht

als Mutter und Ehefrau war, die Verfehlungen meines Mannes zu verheimlichen, dessen Namen ich schließlich trage. Ich habe abgewartet in der Hoffnung, wir würden uns versöhnen und mein Mann würde zur Vernunft kommen. Ich hätte diese schreckliche Situation der betrogenen und getäuschten Ehefrau vielleicht noch lange hingenommen, wenn nicht am 25. Juli eine entscheidende Wende eingetreten wäre.«

Sie berichtet weiterhin, daß es anläßlich eines »schlecht gekochten Kompotts« zu einer brutalen Szene gekommen sei, nach der sie sich endgültig von ihrem Mann abgewandt habe. Er habe sie geschlagen, sei dann mit seinen beiden Söhnen weggefahren und nicht mehr zurückgekommen. Ihr Anwalt habe daraufhin eine gerichtliche Verfügung beantragt.
Jeanne Langevin fügt hinzu, sie habe zwei Wochen später im Beisein ihres Anwalts und des Vertreters der Gegenseite einen Versöhnungsversuch unternommen: »Wenn mein Mann nach Hause zurückgekehrt wäre, hätte ich keinen Gebrauch von den Mitteln zu meiner Verteidigung gemacht: den Beweisen für das Verhältnis zwischen ihm und Madame Curie. Mein Vorschlag wurde zurückgewiesen.«
Der Artikel im *Petit Journal* endet mit einem Absatz, der die Überschrift »In Brüssel« trägt:
»Madame Curie und Monsieur Langevin, denen wir die Gerüchte mitgeteilt haben, die über sie in Umlauf sind, haben aufs schärfste protestiert.«
Auf dem Kongreß wird zwischen den Diskussionsrunden getuschelt. »Dummes Geschwätz«, kommentiert Rutherford. Marie verzichtet auf die Teilnahme an der Abschlußveranstaltung, kritzelt eine Nachricht an Rutherford, um ihm für seine Freundlichkeit und die ihr erwiesene Aufmerksamkeit zu danken, und kehrt, von den Journalisten unbemerkt, nach Paris zurück.

Am 6. November mischt sich auch *L'Intransigeant* ein, berichtet von dem wohlbekannten Ehezwist im Hause Langevin und veröffentlicht einen offenen Brief an den Physiker »Monsieur X.«. Der Brief ist mit Léon Bailby unterzeichnet und endet mit den Worten: »Die Freundin, die Ihre Vertraute war, ist in Wirklichkeit Ihre Geliebte.«
Maries Reaktion fällt diesmal sehr viel heftiger aus. In *Le Temps* schreibt sie:

> »Ich betrachte jedes Eindringen der Presse oder der Öffentlichkeit in mein Privatleben als unerträgliche Belästigung... In Zukunft werde ich energische Schritte gegen jede Veröffentlichung von mir zugeschriebenen Schriftstücken unternehmen. Zugleich werde ich das Recht in Anspruch nehmen, beträchtliche Summen als Schadenersatz zu fordern, die im Interesse der Wissenschaft verwendet werden sollen.«

Fernand Hauser vom *Le Journal*, der den Stein ins Rollen gebracht hatte, schreibt ihr daraufhin einen Entschuldigungsbrief, von dem auch *Le Temps* eine Kopie erhält:
»Madame, ich bin sehr betrübt und möchte Ihnen meine ehrerbietige Entschuldigung ausdrücken. Ich habe den Artikel, wie Sie wissen, im Vertrauen auf eine bestimmte Information geschrieben; ich wurde getäuscht. Jedenfalls hätte ich diesen Artikel nicht schreiben sollen, und inzwischen kann ich nicht mehr begreifen, wie mein Berufseifer mich zu einer so abscheulichen Handlung treiben konnte... Ein einziger Trost bleibt mir: Wie kann ich, ein bescheidener Journalist, überhaupt etwas schreiben, das die Ehre, mit der Sie gekrönt sind, und die Achtung, die Sie umgibt, beflecken könnte... Ihr schwer gestrafter Fernand Hauser.«
Am folgenden Tag, dem 7. November, erhält Marie ein Telegramm: »Nobelpreis für Chemie Ihnen zugesprochen. Brief folgt. Aurivilius.«

Eine Sensation in der Geschichte der höchsten Auszeichnung, die Gelehrte des 20. Jahrhunderts erhalten können: Marie wird zweimalige Preisträgerin. Ein einzigartiger Erfolg. Eine einzigartige Würdigung. Eine einzigartige Ehrung der französischen Wissenschaft.* Marie könnte an jenem Tag zu Recht stolz sein. Sie könnte auch hoffen, daß die Nachricht von der zweiten Nobelpreisverleihung den Skandal überdecken würde.

Aber sie weiß, daß die Beweise wirklich existieren, von denen Madame Langevin gesprochen hat. Ihr Schwager hatte eine Schublade aufgebrochen und die fraglichen Briefe entwendet. Raymond Poincaré, der Anwalt von Marie und Langevin, (nicht zu verwechseln mit dem Mathematiker Henri Poincaré) geht in Begleitung von Jean Perrin und Emile Borel zur Polizei. Er erreicht die Beschlagnahmung aller entwendeten Dokumente, die sich im Besitz von Madame Langevin befinden.

Poincaré ist auch Anwalt des Pariser Pressesyndikats, dessen Präsident Jean Dupuy nun die wichtigsten Zeitungsverleger anruft und sie auffordert, ihre Berichterstattung über die Curie-Langevin-Affäre einzustellen. Er erwähnte beiläufig den Nobelpreis, der ja doch sehr wohl ... Eine Ehre für Frankreich ...

Die großen Zeitungen schlagen daraufhin gemäßigte Töne an.

Aber leider hat Dupuy die anderen Zeitungen vergessen oder es für zwecklos gehalten, sich mit ihnen in Verbindung zu setzen. Dazu gehören *L'Action Française* und *La Libre Parole* (die Zeitung von Edouard Drumont trägt den Untertitel: »Frankreich den Franzosen«), deren Artikel keinerlei Zweifel aufkommen lassen, daß ihnen die Affäre den nötigen Zündstoff liefert.

---

* Neben dem amerikanischen Physiker John Bardeen, der 1956 einen Teil des Physik-Nobelpreises für die Entwicklung des Germaniumtransistors und 1972 für die Theorie der Supraleitfähigkeit erhielt, blieb Marie Curie die einzige Preisträgerin, die den Nobelpreis zweimal für wissenschaftliche Forschungen erhielt.

La Libre Parole widmet ihr fünfzig Zeilen auf Seite eins unter der Schlagzeile »Wird Madame Curie Professorin an der Sorbonne bleiben?«, deren Tenor nicht überraschen kann.
Nach der Mitteilung, daß die von Madame Langevin gegen ihren Mann und Madame Curie eingereichte Anzeige wegen Ehebruchs aufgrund der Schwere der Anschuldigungen am 7. Dezember vor der 9. Strafkammer verhandelt wird, fügt der Redakteur hinzu:

> »Die vorgelegten Beweise sind vernichtend für Madame Curie. Es handelt sich um von ihr geschriebene Briefe, die Anlaß zu höchster Verwunderung geben werden, wenn deren Inhalt bekannt wird. Und das wird sich nicht vermeiden lassen, da sie öffentlich vorgetragen werden.
> Wenn es sich um eine reine Privatangelegenheit handeln würde, hätten wir, unseren Gepflogenheiten entsprechend, geschwiegen. Aber hier geht es um viel mehr. Madame Curie hat ihren Lehrstuhl an einer staatlichen Hochschule unter gewissen Auflagen erhalten, die der Öffentlichkeit ein Mitspracherecht einräumen. Studenten und deren Angehörige haben jedes Recht, von einem Professor zu verlangen, was die Engländer ›respectability‹ nennen ...«

Marie Curie hat sich bis zu ihrem Tode über diese Affäre ausgeschwiegen und, soweit bekannt ist, auch niemandem anvertraut, wie sie die zwei Wochen zwischen dem Erhalt des Telegramms der Schwedischen Akademie und der Veröffentlichung ihrer Briefe verbracht hat. War Langevin an ihrer Seite? Standen die beiden es gemeinsam durch? Es hat nicht den Anschein. Vielleicht hatte ihr Anwalt diesbezüglich zur Vorsicht geraten. Hat sie Langevin seine Leichtfertigkeit vorgeworfen? Man läßt die Briefe seiner Geliebten schließlich nicht einfach so zu Hause herumliegen. Aber sie war nie der Typ, ihre Verantwortung auf andere abzuwälzen.
Glaubte sie zeitweilig an ein Zusammenleben mit Langevin,

jetzt, da er endlich frei war? Ihr guter Ruf wäre dann endgültig dahin gewesen.
Jede Schädigung ihres Ansehens, jede Kränkung fügte ihr tiefe Wunden zu. Sie tilgte letztlich sogar jede Erinnerung an diese Episode aus ihrem Leben.
Sie verbarrikadiert sich in ihrem Haus. Vor dem Haus versammelt sich ein aufgeregter Mob. Gelegentlich fliegen Steine gegen ein Fenster, und jemand schreit: »Raus mit der Ausländerin!« »Nieder mit der Ehebrecherin!« Ab dem 23. November wird plötzlich ein rotes Heft mit dem Titel *L'Œuvre* verkauft.
Auf dem Umschlag steht:

Die Wahrheit über den Langevin-Curie-Skandal
FÜR
eine
MUTTER
Von Gustave Téry

Gustave Téry, der Herausgeber des *L'Œuvre*, sollte in der Presselandschaft noch von sich reden machen. *L'Œuvre* wird 1915 zur Tageszeitung und gewinnt erheblichen Einfluß. Der Werbeslogan lautet: »Dummköpfe lesen *L'Œuvre* nicht«.
Téry ist gewiß kein Dummkopf, er ist verbittert.
Wie Langevin, zu dem er an der Universität freundschaftliche Beziehungen unterhielt, ist auch Téry Absolvent der École Normale Supérieure. Ein Jahr zuvor hatte er seine Stelle als Philosophielehrer aufgegeben, um die Zeitschrift zu gründen, in der er auf infame Weise Ausländerfeindlichkeit und Antisemitismus schürt. Er verpaßt dem Ganzen einen scheinbar anspruchsvollen Anstrich und trifft mit seinen Beiträgen offenbar so genau den Zeitgeist, daß sogar Henry de Jouvenel im *L'Œuvre* schreibt. Séverines Beiträge dürften dagegen weniger überraschen.
Téry ist ein kleiner, häßlicher Mann mit Verdauungsproblemen; persönlich ist er verabscheuungswürdig, aber er hat Talent. Sein Artikel beginnt mit einem Dialog.

»Ein schauderhafter Gedanke, daß es keine französische Wissenschaft mehr gäbe, wenn diese verhängnisvolle Studentin nicht eigens zur Entdeckung des Radiums aus Polen gekommen wäre ... Und so mancher begriffsstutzige Patriot hält die Invasion der Kanaken immer noch für eine nationale Heimsuchung. Aber hier geht es schließlich nur um die Ehre einer Frau, und die Presse müßte Stillschweigen bewahren.«

»Einer Frau? Ich dachte, zwei wären daran beteiligt.«

»Die andere zählt nicht. Sie haben ja wohl auch in den Zeitungen gelesen, daß diese Madame Langevin ›eine kleine Irre ist, die ihren Mann gar nicht verdient hat, und daß sie eifersüchtig wie eine Proletarierin ist‹.«

»Ich glaube nicht, daß man die Tatsache, daß Madame Curie Langevin in ihren Briefen duzt, gegen sie verwenden kann ... Ja, ganz freundschaftlich ... Im Labor ist das vollkommen üblich, wie jedermann weiß.«

»Verzeihen Sie bitte, aber mir war nicht bekannt, daß sich alle an der Sorbonne duzen wie im Schlafzimmer oder im Knast ... Und wenn sich Madame Curie und Monsieur Langevin wirklich nur im Laboratorium treffen würden, hätte man zweifellos auch nicht ... etc., etc.«

Gefährdet dieser Artikel etwa den guten Ruf der Universität? Dies alles habe »mit dem Phänomen der Radioaktivität nichts zu tun, das auch schon vor Pierre Curies Entdeckung hinreichend bekannt gewesen sei«.

Dann läßt sich Téry über die verheerenden Auswirkungen einer Moralphilosophie à la Nietzsche aus und fährt fort:

»Wenn Madame Curie gesagt hätte: ›Ich pfeif' auf eure Traditionen und eure Konventionen. Ich bin Ausländerin und Intellektuelle und Freigeist ... Laßt mich in Ruhe ...‹ Wenn das Madame Curies Ausdrucksweise gewesen wäre, hätten wir gesagt: ›Das ist nicht französisch, aber recht großspurig!‹ Gerade Frauen, die sich bei jeder Gelegenheit auf feministische Prinzipien berufen, neigen zu dieser seltsamen Doppelmoral!

Madame Curie hat sich vorsätzlich und mit wissenschaftlicher Methode daran gemacht, Paul Langevin seiner Frau zu entreißen und sie von den Kindern zu trennen. Das geht eindeutig aus den von Zynismen und leichtfertigen Geständnissen wimmelnden Briefen hervor, die heute Madame Langevins einzige Waffe sind ...«

Wird er diese Briefe veröffentlichen? »Madame Curie und ihre Ritter mögen beruhigt sein: Wir werden diese Briefe nicht veröffentlichen, allerdings weniger aus Respekt vor ihr als aus Respekt vor unseren Leserinnen ...«

Und nach dieser schönen Erklärung veröffentlicht er sie doch. Er bedient sich dazu eines jener raffinierten Tricks, für die sich auch die seriösesten Zeitungen nie zu schade sind. Er druckte einfach die Anzeige ab, die der Anwalt von Madame Langevin eingereicht hatte, in der die Briefe ausführlich zitiert werden.

Stellen wir uns vor, wie ausgerechnet Marie Curie auf diese Veröffentlichung reagierte, wohl wissend, daß alle Welt diesen Artikel lesen konnte. Zunächst die Begründung der gerichtlichen Schritte:

»Seit Juli 1910 treffen sich Paul Langevin und Madame Curie täglich dort [in der Wohnung], sogar mehrmals am Tag. (Madame Curie sorgte selbst für die Verpflegung und blieb oft bis spät in die Nacht dort.)

Monsieur Langevin unterrichtet Madame Curie fortwährend über sein Intimleben und fragt sie dazu um Rat und moralische Führung.«

Zum Beweis der Richtigkeit dieser Behauptungen werden Auszüge aus den Briefen beigefügt.

Der Briefstil ist typisch für Marie. Er ist zurückhaltend, intelli-

Paul Langevin (1872–1946) war der Schüler von Pierre Curie und arbeitete über Magnetismus, Relativitätstheorie, Ultraschall und Atombau. Als Geliebter von Marie Curie geriet er 1911 in die Schlagzeilen sämtlicher Zeitungen. Diese Affäre schadete Maries gutem Ruf. Deshalb mußte sie sich aus der Öffentlichkeit zurückziehen, bis sich der Sturm gelegt hatte. (Foto: Süddeutscher Verlag, München)

gent, klar und auf sehr behutsame Art auch leidenschaftlich. Diese Briefe bieten auch eine der seltenen Gelegenheiten, Marie Curie kennenzulernen, wie sie wirklich war.
Wie alles begann:

»Uns verbindet eine so tiefe Wesensverwandtschaft, daß es nur günstiger Umstände bedurfte, damit sich daraus zarte Bande entwickelten. Wir haben das früher bereits manchmal geahnt, aber erst als wir uns plötzlich mit all unseren Sorgen gegenüberstanden, sind wir uns dessen voll bewußt geworden. Ich mit meinen wehmütigen Erinnerungen an das schöne Leben, welches ich mir eingerichtet hatte und welches mit dieser furchtbaren Katastrophe so jäh zerstört worden war. Du mit dem Gefühl, daß Dein Familienleben kläglich gescheitert war...«

Man beachte: »... das schöne Leben, welches ich mir eingerichtet hatte...« Sie allein richtet ihr Leben ein.
Zu einem Zeitpunkt, als Langevin zweifellos zögerte, seine Kinder zu verlassen, hatte Marie ihm geschrieben:

»Wir üben eine so starke Anziehungskraft aufeinander aus. Ist die Zerstörung eines wahren und tiefen Gefühls nicht dem Tod eines Kindes vergleichbar, das man liebkoste und heranwachsen sah, und könnte eine solche Zerstörung in manchen Fällen nicht ein schlimmeres Unglück als ein Todesfall sein?«

Wie man sieht, scheut Marie nicht davor zurück, ihm diese Dinge zu schreiben. Sie fährt fort:

»Was könnten wir mit diesem instinktiven Gefühl nicht alles anfangen? Ich denke, wir würden eine ganze Menge damit anfangen: erfolgreiche gemeinsame Arbeit, eine gefestigte innige Freundschaft, Lebensmut und sogar schöne Kinder unserer Liebe, im besten Sinne des Wortes.«

Am Ende folgt noch ein Auszug, der in einer Anthologie von Briefen berühmter Frauen stehen sollte und dessen letzter Absatz den Charakter der Verfasserin so deutlich macht:

»Zuallererst solltest Du wieder in Deinem Zimmer übernachten. Du kannst Dich darauf verlassen, daß ich mein Versprechen einhalte, Dir keine Vorwürfe mehr zu machen. Ich habe das allergrößte Vertrauen zu Dir, was Deine Absichten angeht. Aber unvorhergesehene Ereignisse fürchte ich mehr, als ich Dir sagen kann: Weinkrämpfe, denen Du so schlecht widerstehen kannst; Hinterlist, um Dich dazu zu bringen, sie zu schwängern.
Wenn sie noch ein Kind bekäme, würde das unweigerlich bedeuten, daß wir uns trennen müßten, denn ich könnte diese Schmach nicht ertragen. Es wäre für mich und Dich und auch unsere Freunde eine unerträgliche Situation. Wenn Deine Frau das durchschaut, wird sie versuchen, es auszunutzen. Ich bitte Dich, laß mich nicht mehr allzu lange auf die getrennten Schlafzimmer warten.«

Diese Schmach! Bemerkenswert...
Der unglückliche Langevin ist sicherlich auch nicht entscheidungsfreudiger als andere Männer, wenn er zwischen zwei Frauen wählen soll.
L'Œuvre krönt seinen Bericht mit folgendem Abschluß:

»Der Prozeß Langevin – Curie wird am 8. Dezember vor der 9. Strafkammer verhandelt. Alle zwielichtigen Ausländer der Sorbonne werden sich einfinden und gegen eine französische Frau, gegen eine französische Mutter, gegen das französische Heim auftreten. Denn das Pressesyndikat erwartet von allen Zeitungen, daß sie den Skandal totschweigen. Was geht das die Leute vom Syndikat eigentlich an?«

In den Vereinigten Staaten faßt eine Zeitung der Hearst-Gruppe die Ausgabe des *L'Œuvre* recht lapidar zusammen: »Madame Curie im Liebeswahn. Die Ehefrau? Eine Närrin, sagt sie.«

Als Jean Perrin und André Debierne um neun Uhr morgens mit einer Ausgabe des *L'Œuvre* unterm Arm bei den Borels auftauchen, schickt Émile Borel seine Frau auf der Stelle mit Debierne nach Sceaux, damit sie Marie und die Kinder abholen. Sie werde bei ihm in der Hochschule wohnen, solange es nötig ist. Sie stehe unter seinem Schutz, man solle ein Zimmer für sie vorbereiten.

Der Auftrag wird eilig ausgeführt. Marie ist am Boden zerstört, als Marguerite in Sceaux eintrifft. Unter den Blicken der Schaulustigen vor dem Haus läßt sie sich bereitwillig mit Eve in ein Taxi setzen.

Irène ist gerade beim Sport. Debierne fährt hin, um sie abzuholen, und findet sie bei der Lektüre einer zerlesenen Ausgabe des *L'Œuvre*. Sie ist damals vierzehn Jahre alt.

Später in der Rue d'Ulm weigert sie sich, ihre Mutter allein zu lassen. Henriette Perrin kann sie schließlich überreden. Die immer noch sprachlose Mutter wird in ein Zimmer geführt.

Perrin, Debierne und die Borels beraten nebenan, was zu tun ist. Plötzlich steht das Telefon nicht mehr still.

Gibt es irgend jemanden in Paris, der an jenem Morgen nicht *L'Œuvre* gelesen hat? Abgesehen von den Chavannes, mit denen Henriette Perrin gesprochen hat, wird Marie Curie von allen gemieden. Sie gehört von nun an zu den Frauen, mit denen man nicht mehr verkehrt.

»Natürlich verkehren wir mit ihr, sie ist schließlich bei uns«, antwortet Marguerite Borel. »Ja, in der Hochschule.«

Binnen einer Stunde wird Émile Borel zum Minister für Öffentliche Bildung, Théodore Steeg, zitiert. Er habe nicht das Recht, die Universität in Mißkredit zu bringen, indem er Madame Curie in seiner Dienstwohnung beherberge. Wenn er darauf bestünde, würde er entlassen.

»Meinetwegen«, antwortet Borel. »Ich bestehe darauf.«

»Fragen Sie erst Ihre Frau«, schlägt der Minister vor.
Paul Appell, der immer noch Dekan der naturwissenschaftlichen Fakultät ist, bestellt seine Tochter zu sich. Als Marguerite eintrifft, ist er gerade dabei, sich die Schuhe anzuziehen, und geht förmlich an die Decke, als er seine Tochter sieht. Was mischen sich seine Tochter und die Kollegen ein? Haben sie den Kopf verloren? Der Minister tobt. Der Skandal ist unermeßlich. Die Sorbonne in Gefahr. Da er für die Fakultätsordnung zuständig ist, hat er beschlossen, Madame Curie den Lehrstuhl zu entziehen. Er werde ihr zu ihrem eigenen Besten raten, zurückzutreten und in Polen zu unterrichten.
»Wenn Du sie aufforderst, Frankreich zu verlassen, will ich dich nie wiedersehen«, antwortet Marguerite.
Den einen Schuh noch in der Hand, wirft ihr Vater ihn daraufhin in seiner Wut gegen die Wand.
In Wahrheit ist es nicht der erste derartige Fall an der Universität. Die Frau eines leitenden Angestellten hatte ihren Mann kurz zuvor wegen eines Geschichtsprofessors verlassen. Die Frau eines Mathematikers ihn wegen eines Professors von einer anderen Hochschule. Aber das waren alles nur »Kavaliersdelikte«, weil die Frauen nicht zum Lehrkörper gehörten.
Die Borels, die Perrins und André Debierne versuchen verzweifelt, ihre Beziehungen spielen zu lassen, um Marie zu rehabilitieren. Währenddessen schlachten *L'Œuvre* und die nationalistische Presse den Skandal genüßlich aus.
Die »Ausländerin« wird nicht geschont. Man schreckt nicht einmal davor zurück, in Erinnerung zu rufen, was der Kutscher damals sagte, nachdem er Pierre mit seinem Fuhrwerk überrollt hatte: »Er hat sich buchstäblich unter mein Pferd geworfen!« Wenn er sich also geworfen hatte, wird er schon gute Gründe gehabt haben. Monsieur Langevin und Madame Curie haben doch damals beide in Sèvres unterrichtet... Alle wissen, wie es gemeint ist.
Die Gefechte werden erbittert ausgetragen und nicht nur mit

Worten. Damals waren Duelle noch an der Tagesordnung. Die Herren forderten Genugtuung oder wollten einfach nur von sich reden machen. Diese alte Tradition wurde in Frankreich noch lange gepflegt. Sogar nach dem Zweiten Weltkrieg gab es noch Duelle.

Nachdem er in *L'Action Française* beleidigt worden war, weil er den Tonfall der Angriffe auf Marie und Langevin kritisiert hatte, forderte der Herausgeber der Zeitschrift *Gil Blas* Léon Daudet zum Duell mit Degen und fügte ihm eine »sechs Zentimeter tiefe Wunde zu«.

Téry duellierte sich mit dem Chefredakteur von *Gil Blas* ebenfalls mit Degen, weil die Zeitung seine Veröffentlichung der Curie-Briefe kritisiert hatte.

Nachdem er von Téry mit Verunglimpfungen wie »Schuft«, »Flegel« und »Trophäe der Polin« belegt worden war, ging Langevin zur École Normale, ließ Borel herunterbitten und erklärte: »Ich habe beschlossen, Téry zum Duell zu fordern. Ich weiß, es ist idiotisch, aber ich muß es tun.«

In Begleitung von Marguerite, deren Unterstützung er nun mehr denn je braucht, begibt er sich auf die Suche nach Sekundanten. An den meisten Türen wird er abgewiesen, nur der Mathematiker und künftige Premierminister Paul Painlevé erklärt sich sofort bereit und überredet auch Haller, den Direktor der Hochschule für Industrielle Physik und Chemie, der zunächst abgelehnt hatte.

Es sollte zu einer besonders grotesken Szene kommen. Am Morgen des 25. November treffen sich die beiden Herren um 10.50 Uhr mit den vier Sekundanten und zwei Ärzten auf der offenen Rennbahn des Fahrradstadions Parc des Princes. Die beiden Duellanten tragen schwarze Anzüge und Melonen, ihre Schnurrbärte sind pomadisiert. Einige Journalisten sind über eine eigens mitgebrachte Leiter von außen auf das Dach der Umkleideräume für die Radfahrer geklettert.

Die Sekundanten hatten sich auf Pistolen und eine Entfernung

von fünfundzwanzig Schritt geeinigt. Auf diese Distanz kommt es nur selten zu nennenswerten Verletzungen oder gar Todesfällen.
Um 11 Uhr stehen sich Langevin und Téry mit gesenkten Waffen gegenüber. Painlevé zählt: Eins ... zwei ... drei ...
Langevin richtet seine Pistole auf Téry, Téry hält seine weiterhin gesenkt. Langevin läßt seine Pistole halb sinken, hebt sie wieder, läßt sie ganz herabsinken. Téry weigert sich, zu schießen. Langevin bleibt nichts anderes übrig, als ebenfalls zu verzichten. Es ist vorbei.
Die Sekundanten nehmen die Waffen der Duellisten an sich und feuern sie in die Luft ab.
Téry erklärt später seinen Lesern, er habe befürchtet, Madame Langevin einen schlechten Dienst zu erweisen, wenn er ihren Mann tötete. Er habe auch Skrupel empfunden, »die französische Wissenschaft eines kostbaren Geistes zu berauben, mochte dessen Besitzer es nun vorziehen, ihn zu seinem eigenen Nutzen anzuwenden oder zu der reizenden Vermittlerin Madame Curie zurückzulaufen.«
Marie scheint diesmal wirklich am Ende zu sein. Sie verkriecht sich mit Eve in ihr Zimmer und verläßt es nicht einmal mehr zu den Mahlzeiten. Henriette Perrin kümmert sich um sie und bemüht sich, die schlechte Presse vor ihr zu verbergen. Bronia ist extra mit Hela und Jozef aus Polen angereist.
Wenn man ihr die Arbeit in Frankreich untersagt, dann fährt sie eben mit den Ihren zurück nach Polen. Darum hatte man sie schließlich ohnehin gebeten, sogar dringlichst ersucht, man hatte es sehr eilig, sie aus dem undankbaren Land zu entfernen.
Nach Angaben von Marguerite Borel sei dieses Thema auf einer Kabinettssitzung erörtert worden. Die intensiven Bemühungen von Perrin und Borel, ihre Kollegen davon zu überzeugen, daß Marie die personifizierte Unschuld sei, haben jedenfalls erste Früchte getragen und die universitären Wogen geglättet. Die Sorbonne bereitet eine Stellungnahme vor.

Nach einigen Tagen gibt es erste Sympathiebekundungen. Der Rückhalt von Jacques Curie ist in dieser Situation besonders tröstlich. Unbekannte schicken Pralinen und Blumen ... Paderewski kommt zum Essen vorbei.

Aber Marie ist in jeder Hinsicht am Boden zerstört. Trotz erster Krankheitsanzeichen verleiht ihr Stolz dieser gebrochenen Frau aber noch einmal die Kraft, sich wieder zusammenzuraffen.

In Stockholm werden sich am 10. Dezember die Größen der Wissenschaft zur Verleihung der Nobelpreise versammeln.

Mit dem Zug sind es achtundvierzig Stunden nach Schweden. Sie ist krank. Sie muß eine Rede ausarbeiten und sie im Stehen halten. Im Publikum wird die königliche Familie sitzen, die Botschafter, ihre Fachkollegen und andere Wissenschaftler, die Presse und Fotografen. Sie muß sich den abschätzenden Blikken stellen, die jede Heldin einer Liebesgeschichte unweigerlich auf sich zieht, vor allem, wenn ihr Liebhaber jünger ist. All das weiß sie und nimmt es auf sich.

Bronia begleitet sie, auch Irène will sie unbedingt dabeihaben.

In demselben Saal, wo Marie sechs Jahre zuvor Pierres Rede verfolgt hatte, steht sie nun selbst am Rednerpult. Sie trägt ein Spitzenkleid, und jedes ihrer Worte hat Gewicht.

Der erste Nobelpreis, den sie mit Pierre Curie und Henri Becquerel geteilt hatte, wurde für »die Entdeckung der Radioaktivität« verliehen. Der zweite betrifft offiziell die »Entdeckung des Radiums«.

Vor allem jene, die sich selbst Hoffnungen auf den Nobelpreis für Chemie gemacht hatten, fanden diese Unterscheidung ein wenig bemüht. Der ewige Stänkerer Boltwood hatte auch wieder einen bissigen Kommentar zu der Langevin-Affäre abgegeben: »Sie ist eben genau die jämmerliche Närrin, für die ich sie schon immer gehalten habe!«

Insgesamt sind die ausländischen Wissenschaftler aber sehr zufrieden, daß Maries Verdienste gebührend gewürdigt werden, weil sie deren Abkanzelung durch die Pariser Akademie schokkiert hatte. Da in Frankreich seit einem Jahr angedeutet oder sogar offen ausgesprochen wird, Marie habe sich mit den Federn ihres Mannes geschmückt, will sie ihre Rede zu einer deutlichen Klarstellung nutzen. Nach Seitenhieben auf Becquerel und Rutherford sagt sie beispielsweise:

»Die Entdeckung des Radiums ist von entscheidender Bedeutung für die Grundlagenforschung gewesen. Die Geschichte der Entdeckung und Isolierung dieser Substanz hat den Beweis für die Richtigkeit *meiner* Hypothese erbracht, nach der ... etc.«

Oder: »Die chemische Arbeit mit dem Ziel, Radium im Zustand eines reinen Salzes zu isolieren und es als neues Element zu kennzeichnen, wurde speziell *von mir* durchgeführt ...«

Sie spricht von dem Phänomen, das »*ich* Radioaktivität genannt habe«.

Bei jeder Gelegenheit betont sie: »Ich wendete an ... Ich führte aus ... Ich bestimmte ... Ich erhielt ...«

Dennoch vergißt sie auch Pierre nicht: »Die Arbeit ist eng mit unserem gemeinsamen Wirken verknüpft. Daher denke ich, daß ich die Absicht der Akademie der Wissenschaften richtig deute, wenn ich annehme, daß diese bedeutende Auszeichnung in unserer gemeinsamen Arbeit begründet ist und damit auch das Andenken Pierre Curies ehrt.«

Es ist vollbracht. Jetzt kann sie getrost sterben. Gedanken an Selbstmord sind ihr in jenen Tagen tatsächlich nicht fremd.

Erschöpft fährt sie nach Paris zurück, wo gerade eine neue Ausgabe des *L'Œuvre* erscheint. Auf dem Umschlag ist zu lesen:

DIE AUSLÄNDISCHE INVASION
In der Sorbonne
In der Ecole Centrale
Im Institut Pasteur
An der Medizinischen Fakultät
Überall.

Und im Innenteil: »Die Kanaken sind an der Sorbonne. Ganze Heerscharen von hauptsächlich ausländischen Subjekten stürmen die Laboratorien. Der Anteil der Frauen nimmt stetig zu. Die Anständigsten sind dort nur auf der Suche nach einem Ehemann. Was die anderen betrifft ...«

In dieser Situation beruft der Erzbischof eine außerordentliche Versammlung ein, auf der die angemessene Haltung der Beichtväter gegenüber den Lesern »schlechter Zeitungen« festgelegt werden soll. Unter schlechte Zeitungen fallen »jene, die die Kirche angreifen, der allgemeinen Moral schaden oder die den Antipatriotismus propagieren«.

Den Stammlesern solcher Zeitungen soll die Absolution verweigert werden, der Beichtvater darf allerdings nicht die Aktionäre einer »schlechten Zeitung« beunruhigen.

Wie beruhigend zu wissen, daß die Leser des *L'Œuvre* und ähnlicher Literatur Gottes Wohlgefallen finden.

Bevor Marie den Umzug in die neue Wohnung am Quai de Béthune 36 in Angriff nehmen kann, wird sie am 29. Dezember ins Krankenhaus eingeliefert. Sie leidet Höllenqualen, hat hohes Fieber. Welchen Anteil die Radioaktivität und ihre damalige Todessehnsucht an ihrem desolaten Zustand hatten, wird man nie herausfinden. Die Ärzte untersagen jeden Besuch und verordnen absolute Ruhe, während das Fieber weiter ansteigt.

Einige Tage später erfährt sie von dem Scheidungsurteil der Langevins. Raymond Poincaré ist wirklich ein geschickter Anwalt: Das Urteil enthält keine Silbe zu Madame Curie. Davor hatte sie am meisten Angst gehabt, daß ihre »Verwicklung in einen Ehebruch« in einem offiziellen Dokument vermerkt werden könnte.

An jenem Tag konnten die Ärzte zweifellos eine schlagartige Besserung ihres Zustands diagnostizieren. Und Jean Perrin hat endlich gute Nachrichten für Rutherford:

»Das Fieber ist gefallen, und es ist nicht erforderlich, Madame Curie sofort zu operieren, was uns in Anbetracht ihrer schwachen Kondition sehr beunruhigt hätte.
Das Scheidungsurteil zwischen Langevin und seiner Frau erwähnt Madame Curie *mit keinem Wort*, aber die ›Schuld‹ wird Langevin zugeschrieben (der nicht dafür vorgesorgt hatte, Beweise gegen seine Frau vorzulegen, was er hätte tun können, ohne Madame Curie in die Sache hineinzuziehen).
Die beiden Söhne essen mittags immer mit Langevin (zwischen ihren Schulstunden am Gymnasium). Außer jeden zweiten Donnerstag und Sonntag übernachten die vier Kinder bei der Mutter... Wenn die Jungen neunzehn Jahre alt werden, müssen sie beim Vater leben. Außerdem obliegt ihm weiterhin die ›geistige Führung‹ der vier Kinder. So lauten die Auflagen des Urteils (plus einer Rente für seine Frau, versteht sich).
Ich hoffe, daß wir alle jetzt endlich wieder an die Arbeit gehen können!?...

Jean Perrin

(Langevin war sehr dankbar für Ihre Freundschaft. Auch Madame Curie war von Ihrer Haltung sehr gerührt.)«

Marie wird noch viele Monate nicht wieder arbeiten können. Das Labor hat sie André Debierne anvertraut, der sich auch um ihre persönlichen Angelegenheiten kümmert. Dringende Sachen geht sie mit ihm durch. Als sie Anfang Janur aus dem Krankenhaus entlassen wird, kann sie sich kaum auf den Beinen halten. Sie hat schwere Nierenschäden. Bis sie wieder ausreichend bei Kräften ist, um operiert werden zu können, schließt sie sich am Quai de Béthune ein.
Die neue Wohnung im dritten Stock hat herrliche alte Parkettböden und hohe Fenster, die einen wunderschönen Ausblick auf die Seine und die Île de la Cité bieten. In anderer Hinsicht ist

sie alles andere als ideal: Es gibt keinen Aufzug, die Wohnung ist riesig und ungünstig geschnitten – überall schmale Flure und Treppen.
Marie Curie wird zweiundzwanzig Jahre dort wohnen, ohne jemals Teppiche verlegen oder Rollos anbringen zu lassen. Das wenige, von Doktor Curie ererbte Mobiliar wirkt recht verloren in dem riesigen Wohnzimmer.
Häuslichkeit gehörte nie zu ihren Stärken, ein behagliches Ambiente lag ihr nie am Herzen. Dagegen ist es ihr unerträglich, daß eine Konferenz zum internationalen Richtmaß für Radium in Paris stattfindet und sie nicht in der Verfassung ist, daran teilzunehmen.
Sie scheitert mit dem Versuch, die Konferenz verschieben zu lassen. Rutherford besucht sie und bietet seine Hilfe an. Er ist nicht unglücklich darüber, daß er Marie zusammen mit Debierne, dem »Mann mit dem gesunden Menschenverstand«, auf der Konferenz vertreten soll, denn »wir kommen vielleicht ohne Madame Curie schneller voran, die ja, wie Sie wissen, dazu neigt, Probleme aufzuwerfen«. Dieses Zitat stammt aus einem Brief an einen Kollegen.
Die Situation ist wirklich heikel. Der österreichische Physiker Stefan Meyer hat ein eigenes Richtmaß eingereicht. Sollte Maries Maß also nicht hundertprozentig damit übereinstimmen, wäre eins von beiden falsch. Rutherford wagt sich kaum vorzustellen, was Marie von dieser Möglichkeit halten würde. Das Komitee entscheidet, daß Debierne in Maries Abwesenheit den Vergleich der beiden Maße durchführen solle. Das Wunder geschieht: Die beiden Proben sind tatsächlich identisch. Marie ließ es sich nicht nehmen, die Vorgehensweise nachträglich abzusegnen.
Nach ihrer anstrengenden Operation zieht sie sich nach Brunoy in der Nähe von Paris zurück. Bronia hat dort unter ihrem eigenen Namen ein Haus gemietet, dessen Adresse streng geheimgehalten wird. Marie schickt ihre Briefe an ihre Töchter in dop-

peltem Umschlag zunächst an Debierne. Irènes Antworten sind an Madame Sklodowska adressiert. Die Leute in Brunoy konnten ihren Aufenthaltsort also nicht verraten.
Marie hatte gute Gründe, unerkannt bleiben zu wollen. Die Langevin-Affäre wurde zwar nicht mehr in der Presse behandelt, aber sie hatte sich in den Köpfen festgesetzt und sollte auch erst mit Ausbruch des Zweiten Weltkriegs gänzlich in Vergessenheit geraten. Sie war also weiterhin der schändlichen Neugier der Öffentlichkeit ausgesetzt.
Dem entfliehen zu wollen, indem man sich abschottet, ist eine Sache – seine wahre Identität auf Dauer zu verheimlichen, eine ganz andere. Man spielt nicht so einfach mit seinem Namen. Alles deutet darauf hin, daß ihr mehrmonatiges Versteckspiel auf Schuldgefühle zurückzuführen ist. Die guten alten Schuldgefühle, die sie seit Kindertagen so leicht befallen.
Ihre Selbstvorwürfe haben allerdings nichts mit den Vorwürfen zu tun, die ihr von anderer Seite gemacht wurden: Die ausländische Verführerin, die den Gelehrten seiner Familie entreißt... Arme Männer im Netz heimtückischer Sirenen... Paul Langevin wird sich im übrigen zu trösten wissen.
Niemand weiß, was Marie empfunden hat, als er zwei Jahre später wieder zu seiner Frau zurückkehrt. Das leidenschaftliche Intermezzo hat der aufrichtigen Freundschaft der beiden jedenfalls nicht geschadet.
Viele Jahre später bat Langevin Marie, eine seiner ehemaligen Schülerinnen im Labor aufzunehmen. Er hatte sich in die junge Frau verliebt, und die beiden hatten ein gemeinsames Kind. Marie war natürlich einverstanden.
Was Marie sich vorwarf, war, der verbotenen Liebe nicht widerstanden zu haben. Sie hatte damit Pierres Namen befleckt. Jenen Namen, der die schmerzliche Erinnerung an die Ablehnung der heiratsunwürdigen Hauslehrerin für immer ausgelöscht hatte. Dieser Name wurde nun durch ihr Verschulden in den Schmutz gezogen. Indem sie sich für unwürdig erklärte,

den Namen Madame Curie zu tragen, konnte sie sich selbst bestrafen.
Im Juni fährt also eine Madame Sklodowska in ein Sanatorium in den Savoyer Alpen und Ende Juli weiter nach England.
Kaum hatte Mrs. Ayrton von dem Skandal gehört, schrieb sie an Bronia und schlug vor, Marie bei sich aufzunehmen. Hertha Ayrton und Marie Curie hatten sich gelegentlich gesehen, seit sie sich 1903 in London kennengelernt hatten.
Als Physikerin ging es Hertha Ayrton mit der Royal Society nicht besser als Marie mit der Akademie. Ihre Kollegen verweigerten ihr die Aufnahme und die Anerkennung ihrer eigenen Forschung an der Seite ihres Mannes. Sie waren nur noch etwas scheinheiliger vorgegangen als ihre französischen Pendants, indem sie sich auf die Statuten beriefen, in denen die Aufnahme einer verheirateten Frau nicht vorgesehen war.
Hertha ist temperamentvoll, schön, begabt und ein wenig exzentrisch. Ihre Kollegen haben ihren Feminismus nach dem Tode ihres Mannes erst so richtig entfacht.
Marie gehört dem Internationalen Frauenrat an, der damals in Frankreich 70 000 Mitglieder zählt. Ihre feministische Kampfbereitschaft läßt allerdings in den Augen der Organisation sehr zu wünschen übrig, da sie lautstarke Demonstrationen ablehnt und mehr mit den alltäglichen Dingen befaßt ist.
Hertha Ayrton dagegen engagiert sich in dem Kreis um Sylvia Pankhurst. Sie hatte an dem ersten Marsch der englischen Suffragetten zum Amtssitz des Premierministers teilgenommen, wo ein Polizist sie am Kragen packen mußte, um sie am Betreten des Gebäudes zu hindern.
Die drei Anführerinnen der Bewegung für das Frauenwahlrecht waren verhaftet und zu neun Monaten Gefängnis verurteilt worden. Sie traten in den Hungerstreik. In einer internationalen Petition wurde die britische Regierung aufgefordert, die Frauen freizulassen. Als Hertha Ayrton sich mit der brieflichen Bitte an Marie wandte, ebenfalls zu unterzeichnen, war Marie sofort

einverstanden – obwohl sie ihren Namen sonst nie für derartige Dinge hergab. Hertha genoß ihr vollstes Vertrauen. Frauen waren unter den Personen, denen Marie vertraute, immer zahlreicher vertreten als Männer. Manche Männer sind brillant, manche auch schön, manche haben ein sehr einnehmendes Wesen, man kann mit Männern befreundet oder in sie verliebt sein – aber ihnen sein Vertrauen schenken? Sie sind auf keinen Fall vertrauenswürdiger als Frauen, im Gegenteil...

Hertha hatte mit Bronia vereinbart, daß Marie zu ihr nach Hampshire kommen würde, sobald sie reisefähig wäre. Ein Rückfall verzögerte ihre Abreise. Sie mußte zuerst eine neue Behandlung über sich ergehen lassen. Während der ganzen Zeit im Sanatorium schrieb sie alle meßbaren Werte sorgfältig auf: Temperatur, Flüssigkeitsaufnahme, Zustand des Urins, Häufigkeit und Grad der Schmerzen. Und sie notierte in ihr Ausgabenbuch: »Affäre L. 318 Francs.«

Schließlich trifft sie abgemagert und erschöpft in Hampshire ein. Das Hauspersonal von Hertha Ayrton hegt keinerlei Verdacht, daß es sich bei der entkräfteten Frau mit dem leicht slawischen Akzent um die berühmt-berüchtigte Französin handelt, deren amouröse Abenteuer auch in der englischen Presse für einiges Aufsehen gesorgt hatten.

Herthas Freundschaft vollbringt wahre Wunder. Sie bietet ihr handfeste Kameradschaft statt des falschen Mitgefühls, das viele Leute an den Tag legen, die sich an dem Unglück anderer heimlich erfreuen. Nach und nach erholt sich Marie gesundheitlich, schiebt die Hirngespinste beiseite und ordnet ihre Gedanken.

Was war denn eigentlich passiert? Erstaunlich viele Freunde hatten unbeirrt zu ihr gestanden. Ihr wissenschaftliches Ansehen war in keiner Weise angekratzt, es hat sogar einen Höhepunkt erreicht... Die Sympathien der Öffentlichkeit hatte sie sich verscherzt, weil sie den Mythos von der ewig trauernden Witwe zerstört hatte, aber sie weiß mit Sympathiebekundungen ohnehin nichts anzufangen. Die Stellungnahme der Sorbonne zu den Ehebruchvorwürfen war in einer Schublade verschwunden, als bekannt wurde, daß ihr Name in Langevins Scheidungsurteil nicht vorkam und auch keine weiteren rechtlichen Schritte erwogen wurden. Sie könnte also ihre Lehrtätigkeit jederzeit wieder aufnehmen.

Ihr Labor wartet. Sie hat kein »Privatleben« mehr, aber das ist ihr eigener Entschluß. Ihr Stolz läßt in dieser Hinsicht keine Kompromisse zu.

Vielleicht wagt sich ihr englischer Biograph Robert Reid aber doch ein wenig zu weit vor, wenn er erklärt, daß »es nie wieder einen Mann in Maries Leben geben wird«. Man sollte es vielmehr so formulieren, daß kein Mann mehr eine zentrale Rolle in ihrem Leben spielen wird. Das ist etwas anderes, und seit der Affäre ist das auch nicht mehr von Bedeutung.

Irène spielt dafür eine immer wichtigere Rolle in Maries Leben. Deren Briefe zeugen bereits von einer gewissen Reife der schwermütigen Jugendlichen. Im Juli 1912 schreibt sie an Marie:

> »Auch mir hat der Tod von Henri Poincaré sehr leid getan. Ich interessiere mich immer noch für Politik, aber im Moment verstehe ich das meiste nicht. Welche Gründe es für den Umsturz in der Türkei gab und was er für Folgen haben wird, kann ich zum Beispiel nicht begreifen. Das Ganze ist zu kompliziert für mich. So wie ich es verstanden habe, hat es irgend etwas mit den Deserteuren aus der türkischen Armee zu tun und der Entlassung des Kriegsministers oder des Marineministers oder beiden (ich weiß nicht genau)...
> Ich habe auch gelesen, daß die englischen Suffragetten am liebsten täglich einen englischen Minister ermorden würden, aber ich finde, das ist nicht gerade das geeignete Mittel, wenn die Suffragetten ihre politische Reife beweisen wollen...«

Marie hat einen Sturm erlebt, aber keinen Schiffbruch erlitten. Eine polnische Delegation hatte sie vor ihrer Abreise nach England aufgesucht, um sie zur Rückkehr nach Polen zu bewegen. Henry Sienkiewicz, Autor von »Quo Vadis« und selbst Nobelpreisträger, führte die Delegation an. Er hatte ihr aus Warschau geschrieben:
»Unser Volk bewundert Dich, aber es würde gerne sehen, daß Du hier in Deiner Heimatstadt arbeitest. Es ist der sehnliche Wunsch der ganzen Nation. Wenn wir Dich hier in Warschau hätten, würden wir uns stärker fühlen, dann könnten wir unsere von dem vielen Unglück gebeugten Häupter wieder erheben. Mögen unsere Gebete erhört werden. Stoße die Hände nicht zurück, die sich Dir entgegenstrecken.«
Marie fühlt sich jetzt jedoch wieder in der Lage, Paris entgegenzutreten. Sie kann zurückkehren. Sie kehrt zurück.
Als sie im Oktober 1912 wieder in ihrer Wohnung am Quai de Béthune ist, liegt der letzte Eintrag in ihr Labornotizbuch genau ein Jahr zurück. Der nächste folgt am 3. Dezember 1912. Sie hat die Dinge wieder selbst in die Hand genommen, und auch ihre Lehrtätigkeit an der Sorbonne übt sie wieder aus.
In ihrer Personalakte an der Naturwissenschaftlichen Fakultät steht auf dem Formular mit den »Persönlichen Angaben«, auf dem auch Name, Qualifikation, Titel und Zeugnisse vermerkt sind, unter der Rubrik »Dienstunterbrechungen«: Krankheitsbedingt vom 1. Januar bis 1. August 1912. Bis zu ihrem Lebensende würde es keine weiteren Ausfallzeiten mehr geben.
Ihr Wissenschaftsbericht für das Lehrjahr 1912/1913 belegt, daß sich die Beziehungen zur Universitätsleitung wieder normalisiert haben: Sie fordert darin mit Nachdruck mehr Forschungsmittel.
Marie Curie muß auf wissenschaftlichem Gebiet nichts mehr beweisen. Ihr beispielloses weltweites Ansehen ist proportional zu den Erfolgen des Radiums bei der Krebsbehandlung gestie-

gen. Doch die Geheimnisse der Radioaktivität sind bei weitem noch nicht erforscht.

Paradoxerweise entzieht der phänomenale Radiumerfolg den Wissenschaftlern Forschungsgelder, anstatt ihnen eine bessere Finanzsituation zu verschaffen. Zum einen kann die ständig steigende Nachfrage von den Produzenten radioaktiver Materialien kaum noch gedeckt werden, so daß die Preise in die Höhe schnellen. Zum anderen werden die medizinischen Einrichtungen bevorzugt beliefert, und auch private Geldgeber unterstützen vornehmlich die medizinische Forschung. Die physikalischen Laboratorien verfügen weder über die notwendigen Finanzmittel für Ausbildung und Entlohnung der Forscher noch für den Ankauf der dringend benötigten Materialien.

Kaum ist sie wieder bei Kräften, stürzt sich Marie in den Kampf der Laboratorien oder der »Zukunftstempel«, wie Pasteur sie einmal so treffend bezeichnete. Sie ist fest entschlossen, nicht einen Quadratzentimeter des gewonnenen Bodens preiszugeben, sie will ihr Terrain im Gegenteil sogar noch vergrößern. Eine Vereinbarung zwischen dem aus privaten Geldern finanzierten Institut Pasteur und der Universität wird ihr die Gelegenheit dazu bieten.

Der Direktor des Institut Pasteur ist seit langem auf eine Zusammenarbeit mit Marie erpicht, der Rektor der Sorbonne will sie hingegen auf keinen Fall verlieren. Also einigt man sich, die Kosten für ein neuzugründendes Radiuminstitut gemeinsam zu tragen, das aus zwei Abteilungen bestehen soll: Marie würde die Abteilung für physikalische und chemische Forschung leiten; die Leitung der Abteilung für medizinische und biologische Forschung würde Dr. Claude Regaud übernehmen. Die beiden Gebäude, aus denen das Radiuminstitut bestehen soll, werden in der Rue Pierre Curie gebaut.

Entwürfe, Architekten, Baufirmen, Entscheidungen aller Art … Marie ist in ihrem Element. Die Fundamente der beiden Gebäude sind noch nicht gegossen, da läßt sie Linden pflanzen, damit

sie beim Einzug schon nach etwas aussähen. In ihrem Bewirtschaftungsplan hat sie sogar einen Gärtner vorgesehen.
Während der gesamten Bauphase überwacht sie die Arbeiten. Auch bei Regen stapft sie durch den Schlamm auf der Baustelle und klettert auf den Gerüsten herum.
Der junge Laborassistent am Institut Pasteur, Antoine Lacassagne (später Professor) erzählte später:
»Jeden Freitagnachmittag fand eine Besprechung der Architekten, Vertragspartner und Techniker auf der Baustelle statt. Ich war vier Tage zuvor aus Lyon eingetroffen. Am 7. November [1913] begleitete ich Dr. Regaud zu der Besprechung im Freien. Madame Curie kam dazu. Ich sah eine zierliche, bleiche Frau in dunklem Kleid.
Sie war damals sechsundvierzig Jahre alt – es war ihr Geburtstag –, und trotzdem war ich erstaunt, wie jung und charmant sie wirkte.«
Ein Aufenthalt im Engadin hatte ihr gutgetan. Sie hatte mit ihren Töchtern Ferien in den Alpen gemacht, und alle drei waren in Begleitung eines Deutschen ausgiebig gewandert.
Irène und Eve finden den zerstreuten Mann ulkig, der zwischen den Felsen herumklettert und zu ihrer Mutter sagt: »Sie begreifen, daß ich genau wissen muß, was den Insassen eines Aufzugs geschieht, der in die Tiefe fällt ...«
Es handelt sich um keinen Geringeren als Albert Einstein.
Zur Einweihung eines Labors fährt Marie nach Warschau. Zum allerersten Mal hält sie einen wissenschaftlichen Vortrag in polnischer Sprache.
Danach wird ihr in Birmingham die Ehrendoktorwürde verliehen. Der Brief, den sie Irène von dort schreibt, enthält eine heitere Beschreibung der Verleihungszeremonie und die gute Nachricht, auf die ihre Tochter so lange gewartet hat: Sie kann ihre Briefe an Madame Curie bei Mrs. Ayrton in London richten. »Mein Name ist den Dienstboten inzwischen bekannt, so daß man ihn ohne Unannehmlichkeiten verwenden kann.«

Ferien in der Schweiz bringen die gesundheitlich angegriffene Marie Curie 1913 zu neuen Kräften. Das Foto zeigt sie auf einem Wanderausflug mit Albert Einstein, Irène und Bekannten. (Foto: Interfoto, München)

Madame Sklodowska tritt ab, und Madame Curie taucht wieder aus der Versenkung auf. Ein Freund Rutherfords, der ebenso wie Lorentz und Soddy bei der Zeremonie in Birmingham zugegen war, beschreibt, wie er Marie bei diesem Anlaß erlebte: »... scheu, distanziert, selbstbeherrscht und vornehm; jedermann wollte sie treffen, aber nur wenige hatten Erfolg. Die Presse war auf Interviews begierig, und Madame parierte ihre Fragen geschickt, indem sie Rutherford Lob sang. Das war nicht gerade das, was sie sich vorstellten, aber etwas anderes bekamen sie nicht zu hören.«
Ich würde England raten, erklärte sie, auf Rutherford zu achten; seine Arbeit über die Radioaktivität hat mich sehr überrascht. Große Entwicklungen dürften in Kürze eintreten, die Entdeckung des Radiums war nur ein Vorspiel dazu.«
Rutherford hatte soeben den Atomkern entdeckt, unter erstmaliger Verwendung der Methode des Materiebeschusses, die in der Physik bis heute angewendet wird. Der junge dänische Physiker Niels Bohr arbeitete damals auch im Cavendish-Laboratorium. Er wandte die Quantenhypothese auf Rutherfords Atommodell an und stellte die Theorie der Umlaufbahnen auf.*
Rutherfords Experimente werden den ersten indirekten Nachweis der Atomenergie erbringen. Und er ist noch nicht am Ende seiner Laufbahn angelangt.
Marie auch nicht.
Doch bald werden andere Kräfte entfesselt, die sie den Freuden der reinen Wissenschaft zeitweilig entreißen sollen.

* Nach Bohr kreisen die Elektronen auf festen Bahnen um den Atomkern; wenn Elektronen die Bahnen wechseln, werden Energiequanten (z. B. in Form von Licht) aufgenommen bzw. abgegeben.

V. TEIL

Das Intermezzo

»Was wir jetzt bräuchten, wäre ein anständiger Krieg und ein Maulkorb für Jaurès«, sagte Madame Poincaré, die Ehefrau des Staatspräsidenten, im Frühjahr 1914.
Die gute Frau, die für ihre Tierliebe bekannt war, sollte bald Grund zur Freude haben. Gerechterweise muß darauf hingewiesen werden, daß sie nichts dazu konnte. Bei einfältigen Frauen ist es keine Seltenheit, daß sie zum Sprachrohr des kollektiven Unterbewußtseins werden. Und in ganz Europa herrschte damals eine latente Kriegslust.
Das hinderte die Menschen aber nicht daran, weiterhin Pläne zu schmieden, eine Familie zu gründen, ein Haus zu bauen, ihr Feld zu bestellen und von ganzem Herzen den Frieden zu wünschen.
Am Sonntag, dem 28. Juni 1914, beaufsichtigt Marie die Tischler, die gerade die letzten Regale in ihrem Arbeitszimmer im fast fertiggestellten Curie-Gebäude aufstellen, als sie aus der Zeitung *Le Temps*, die sie wie üblich nachmittags gekauft hat, erfährt, daß kurz vor Mittag Erzherzog Franz Ferdinand, Thronfolger und Neffe des österreichischen Kaisers Franz Joseph, und seine Frau dem Attentat eines serbischen Studenten in der bosnischen Stadt Sarajevo zum Opfer gefallen sind.
Einige Tage lang schwankt Marie zwischen Hoffen und Bangen, und ihre Freunde ebenfalls. Der Balkan ist ein Pulverfaß; in dem 1908 von Österreich annektierten Bosnien gibt es eine aufrührerische serbische Minderheit. Würde der Kaiser diesen Vorwand nutzen, um eine Strafexpedition gegen das Königreich Serbien zu entsenden? Und wenn das Feuer erst einmal gelegt wäre, wie weit würde es um sich greifen?

Der Wiener Hof aber, der dem Erzherzog die Mesalliance mit einer polnischen Gräfin nie verziehen hat, gesteht ihm nur ein Staatsbegräbnis dritter Klasse zu, woraufhin Beobachter am 4. Juli in der Pariser Presse verlauten lassen: »Die österreichisch-serbischen Konflikte sind jetzt beigelegt.«
Am 15. Juli beginnen in Frankreich die Ferien, und das Bürgertum macht sich auf den Weg – sei es nach le Touquet, Biarritz oder Cabourg. Marie schickt ihre Töchter, die Köchin und eine Gouvernante in die Bretagne, wohin sie gegen Ende des Monats nachkommen will.
Die Zeitungen kennen kein anderes Thema als den Prozeß gegen Henriette Caillaux. Hier und da liest man ein paar Zeilen zu der Parlamentsdebatte über die Erhöhung der Armeeaufwendungen. Es handelt sich lediglich um Mittel, die für die überfällige Änderung der Felduniformen bereitgestellt werden müssen, aber im Verlauf der Debatte kommt es zu kuriosen Wortwechseln.
»Wie lange wird es ungefähr dauern, bis alle krapproten Uniformhosen durch ungefährliche ersetzt worden sind?«
»Drei bis sieben Jahre.«
»Und was passiert, wenn in der Zwischenzeit ein Krieg ausbricht?«
Im Senat gerät die gesamte Armeeführung ins Kreuzfeuer der Kritik, weitere Verfehlungen werden angeprangert, und der Senator, der die Regierungsanfrage eingebracht hat, zieht die Schlußfolgerung: »Im Kriegsfall müßten unsere Soldaten folglich mit dem Paar Schuhe, das sie anhaben, und einem einzelnen, dreißig Jahre alten Stiefel ausrücken.«
Allein die Zeitung *Le Temps* kommentiert am 23. Juli »den arroganten Tonfall und die maßlose Übertreibung der Forderungen« in dem Ultimatum, das Österreich-Ungarn Serbien gestellt hat.
Am Sonntag, dem 26. Juli, wird der Caillaux-Prozeß plötzlich auf Seite zwei der Zeitungen verbannt: In Rußland hat die

Teilmobilmachung begonnen. Unabhängig von der jeweiligen politischen Ausrichtung verleiht die gesamte französische Presse ihrer Freude darüber Ausdruck, daß »Rußland mit seiner hervorragend organisierten, ausgebildeten und ausgestatteten Armee der Vernichtung Serbiens nicht tatenlos zusieht«.
Nur Jaurès schreibt: »Die einzige Hoffnung, die noch verbleibt, ist das zu erwartende Ausmaß der Katastrophe, von der die Welt bedroht ist.« Er appelliert an »alle Proletarier, sich zu vereinigen, um durch die Macht ihrer einmütig schlagenden Herzen diesen grauenhaften Alptraum zu verhindern«.
Die Pariser Bevölkerung versammelt sich vor den Zeitungsverlagen auf den Boulevards, wo die letzten Meldungen ausgehängt werden.
Am Dienstag, dem 28. Juli, verwirft Serbien das österreichische Ultimatum. Der erste Kanonenschuß des Ersten Weltkriegs wird auf Belgrad abgefeuert.
In Paris beginnt der Sturm auf die Geschäfte, Hausfrauen horten Zucker und andere Vorräte, den Schuhverkäufern werden marschtaugliche, feste Stiefel aus den Händen gerissen.
In dem rechtsextremen Blatt *La Libre Parole* schreibt Colonel Driant:* »Ich hoffe sehnlichst, wie alle Franzosen es tun sollten, daß der Frieden gewahrt bleiben möge; aber sollte Deutschland die so oft gesuchte Gelegenheit nun für günstig erachten und die Verantwortung des Angriffs auf sich nehmen, so sage ich, daß wir über genügend Selbstvertrauen verfügen, um ihm die Stirn zu bieten.«
Le Radical äußert sich ähnlich: »Die Elemente sind entfesselt, aber unser Schiff ist stabil... Jeder befindet sich auf seinem Posten, wir sind gewappnet. Heraus mit den Fahnen.«
Und *La Lanterne*: »So sehr man auch dem Friedensgedanken anhängen mag, es gibt Zeiten, da muß Gewalt notgedrungen

* Er ist im März 1916 gefallen.

mit Gegengewalt beantwortet werden. Mitunter ist der Krieg die heiligste aller Pflichten.«
Während des letzten Verhandlungstages im Caillaux-Prozeß ruft der Anwalt der Angeklagten, Rechtsanwalt Labori: »Laßt uns den Zorn zurückhalten und ihn gegen unsere äußeren Feinde richten!«
In Berlin finden gleichzeitig neunundzwanzig Protestkundgebungen der deutschen Sozialisten gegen eine mögliche Eskalation statt. Als Auslöser wird allerdings die »Prestigepolitik Österreichs und Rußlands« gesehen. Deutschlands Rolle steht nicht zur Debatte. Jaurès wiederum äußert sich in Brüssel zustimmend über die Politik der französischen Regierung, »die den Frieden will und auf den Frieden hinarbeitet«.
Die Sozialistische Internationale ist gescheitert. Gescheitert mit ihrem Versuch, den Nationalismus in seine Schranken zu weisen, mit ihrem Traum, die Solidarität der Arbeiter über alle Grenzen hinweg herzustellen; gescheitert auch mit ihrem Versuch, den Klassenkampf an die Stelle des Krieges unter den Völkern zu setzen – des Kriegs, der erhaben und heilig genannt wird und im Namen höchster Werte ausgefochten wird, seien es Heldentum, Selbstverleugnung oder Pflichterfüllung.
Diese Werte finden so breite Zustimmung, das Nationalgefühl lodert so heftig auf, daß sich kaum ein Kriegsgegner dem Gestellungsbefehl widersetzt. Vor dem Krieg bezifferte der Generalstab die Quote der Männer in wehrfähigem Alter, die zur Kriegsdienstverweigerung entschlossen waren, auf 14 Prozent. Im Verlauf der Kampfhandlungen werden es gerade einmal 1,3 Prozent sein, die den Dienst verweigern.
Am 30. Juli ist die letzte Glasscheibe eingesetzt, und Marie besichtigt mit André Debierne ihr neues Reich. Vor zwei Jahren noch war ihr alles zwischen den Händen zerronnen, doch jetzt ist sie wieder souveräne Herrscherin. Die Säle, in denen unter ihrer Führung mehr als dreißig Forscher arbeiten können, der Hörsaal, das ganze stattliche Gebäude, an dessen Eingang ein

Schild mit der Aufschrift »RADIUMINSTITUT, CURIE-GEBÄUDE« prangt, sind ein anschaulicher Beweis ihres Wiedererstarkens. Wenn das Leben überhaupt einen Sinn hat, dann liegt er für sie in diesem Gebäude. An diesem Ort kann sie über die Dinge gebieten und den Menschen die Richtung vorgeben. Es sei denn, ein absurder Krieg würde das alles... Sie will es nicht glauben, ihre Freunde ebensowenig. Die Borels sind in der Bretagne. Jean Perrin verläßt Paris noch am selben Tag. Marie geht am Bahnhof Montparnasse vorbei, um eine Fahrkarte für den 1. August zu kaufen. Sie sollte sie nicht brauchen.

Am Abend des 31. Juli wird Jaurès von Raoul Vilain erschossen, von dem man nicht genau weiß, ob er stärker von *L'Action Française* aufgehetzt wurde oder von Péguy, der die Tat unverhohlen gutheißt. »Wie oft haben wir Jaurès ungeschoren davonkommen lassen?«* Einen Tag später ordnen Frankreich und Deutschland die Mobilmachung an. Die ehernen Würfel sind gefallen.

In Europa hat ein verheerender Krieg begonnen, in den am Ende siebenundzwanzig Nationen verwickelt sein werden, der einen Tribut von zehn Millionen Menschenleben und drei Kaisern fordern wird und der nicht nur die Grenzen erschüttern wird.

Niemand in Frankreich oder Deutschland bezweifelt, daß dieser Krieg nur von kurzer Dauer sein und die eigene Nation daraus siegreich hervorgehen werde.

Im Fahnenmeer von Paris ist am ersten Tag der Mobilmachung laut *Le Figaro* »die Ausgelassenheit und Pracht eines Feiertags« zu erleben. Marie schreibt etwas nüchterner an ihre Töchter: »Paris ist ruhig und macht trotz der ausrückenden Truppen einen guten Eindruck.«

---

* Charles Péguy ist am 18. September 1914 an der Front gefallen, sein Sohn im Juni 1918. Raoul Vilain bleibt während des Krieges inhaftiert, wird danach entlassen und 1936 von einem spanischen Republikaner auf Menorca ermordet.

In der Bretagne kommt die Post jedoch nicht mehr an, wo man noch nichts Genaueres weiß, außer daß die Sturmglocke geläutet hat, die Frauen weinen und die Männer abfahren mit den Worten »Es geht um die Serben …« Als hochrangiger Offizier kann Jean Perrin schon am zweiten Tag eingezogen werden und setzt sich widerwillig in den Zug.

Erstaunlicherweise ist Marie zwar sehr optimistisch über den Ausgang des Krieges, aber sofort der festen Überzeugung, daß er lange dauern und viele Opfer fordern werde und daß die moderne Kriegsmaschinerie viele Schwerverletzte hinterlassen werde.

Ihre Einsicht ist zu diesem Zeitpunkt um so bemerkenswerter, wenn man bedenkt, daß die Presse auf Anweisung des Kriegsministeriums am 11. August folgende Meldung zur Beruhigung der durch Gerüchte aufgeschreckten Angehörigen verbreitet: »Alle [Verwundeten] erklären einmütig, daß ihre Verletzungen nicht schmerzhaft sind. Infektionen sind aufgrund der Schnelligkeit und Hitze, unter der sie hervorgerufen werden, nicht zu befürchten, und die Schäden sind größtenteils unerheblich.«

Alle Männer in Maries Umfeld sind einberufen worden: Perrin, Debierne, Langevin, ihr Neffe Maurice Curie, die Mitarbeiter im Labor und eine ganze Reihe von Studenten. Marguerite Borel engagiert sich für das »Nationale Hilfswerk«, eine Sanitätsorganisation, zu deren Vorsitzenden ihr Vater Paul Appell ernannt wurde, der aufgrund seines vorgerückten Alters vom Kriegsdienst befreit ist. Er ist Elsässer. Sollten die Deutschen also in Paris einmarschieren, liefe er Gefahr, exekutiert zu werden. »In Kriegszeiten ein schöner Tod für einen Elsässer«, meint er.

Auf seine Bitte um Mitwirkung entgegnet Marie: »Man muß handeln, sofort handeln.« Ein angemessenes Betätigungsfeld ist schnell gefunden.

Abgesehen von einigen Pariser Krankenhäusern werden Röntgenstrahlen bzw. X-Strahlen kaum oder nicht fachgerecht eingesetzt. Für die Feldlazarette sind keine stationären Röntgeneinrichtungen vorgesehen, und die gesamte französische Armee verfügt nur über eine einzige mobile Einheit, die in einem Automobil installiert ist. In den Armeekrankenhäusern wird improvisiert, sie besitzen weder entsprechendes Material noch fachkundiges Personal.

Marie wirft ihren bekannten Namen und ihre ganze Autorität in die Waagschale und läßt ihre Beziehungen spielen, um den überlasteten Beamten im Kriegsministerium bereits am 12. August die behördliche Genehmigung für ihr Vorhaben abzutrotzen.

Sie plant einen ganzen Fuhrpark von Automobilen, die mit Röntgengeräten und dem notwendigen Personal ausgestattet sind, damit alle Verwundeten direkt vor Ort geröntgt werden können. Jetzt müssen nur noch geeignete Fahrzeuge, Geräte und Fachkräfte gefunden werden. Alle Automobile mit mehr als 16 PS werden requiriert.

Aus naheliegenden Gründen hat Marie die Rußlandbegeisterung der Franzosen nie geteilt. Als Zar Nikolaus II. ankündigt, nach seinem Sieg über Österreich »die alte Ordnung in Polen« unter seiner Regentschaft wiederherstellen zu wollen, womit er Frankreich in eine äußerst mißliche Lage bringt, hat sie keinerlei Nachricht von Bronia, weiß nicht, auf welcher Seite ihr Bruder und ihr Schwager stehen. Auf Seiten Rußlands gegen die Österreicher, die in Polen einfallen? Oder kämpfen sie an der Seite der Österreicher und des Regiments von General Pilsudski gegen die verhaßte russische Fremdherrschaft? Aber wie man weiß, steht sie treu zu ihrer Wahlheimat. Der Aufforderung, sich öffentlich zur »polnischen Frage« zu äußern, kommt sie mit einer unmißverständlichen Erklärung nach, die in *Le Temps* abgedruckt wird.

Von der Bretagne aus fleht Irène ihre Mutter an, ihr die Heimkehr zu gestatten. Einerseits will sie sich »nützlich machen«, andererseits beginnen die Leute auf dem Land allmählich, die

beiden Schwestern schief anzusehen. In welcher Sprache reden die eigentlich mit ihrer Köchin und ihrer Gouvernante?
Irène schreibt ihrer Mutter:

»Diese Dinge sind um so schlimmer, weil man Dir ja schließlich auch schon einmal vorgeworfen hat, Ausländerin zu sein, und keiner unserer Verwandten ist in der französischen Armee ... Sie behaupten, ich wäre eine deutsche Spionin ... Das alles erschreckt mich zwar nicht besonders, aber es tut sehr weh. Der Gedanke, daß man mich für eine Ausländerin hält, bekümmert mich, wo ich doch mit Leib und Seele Französin bin und Frankreich über alles liebe. Immer, wenn ich darüber nachdenke, fange ich an zu weinen ...
Ich wäre im Moment hundertmal lieber mit Eve allein als noch mit Walcia und Jozia ...«

Pierre Curie hätte Maries Antwort gefallen:

»Ich war untröstlich zu erfahren, daß Du Schwierigkeiten wegen deiner Nationalität hast. Nimm Dir solche Dinge nicht zu sehr zu Herzen, sondern bemühe Dich nach Kräften, die Leute aufzuklären, mit denen Du zu tun hast. Denke auch daran, daß Du nicht nur solche kleinen Kümmernisse mit Geduld ertragen mußt, sondern auch die Pflicht hast, Joséphine und Valentine zu beschützen, die schließlich Ausländerinnen sind. Dies wäre auch dann Deine Pflicht, wenn sie Deutsche wären, denn sie hätten selbst in diesem Falle das Recht, sich in der Bretagne aufzuhalten. Liebling, denke einmal etwas gewissenhafter darüber nach, was Du Dir als Französin schuldig bist, Dir selbst wie auch anderen ...«

Es folgen einige praktische Ratschläge, und dann empfiehlt sie:

»Laß Fernand [Chavannes] Physikaufgaben machen. Da ihr nichts für die Gegenwart Frankreichs tun könnt, arbeitet für seine Zukunft. Viele Menschen werden leider, leider nach diesem Krieg fehlen – es wird heißen, sie zu ersetzen. Übt Physik und Mathematik, so viel ihr könnt.«

Marie ihrerseits sucht alle vermögenden Frauen auf, die sie kennt. Jetzt können sie ihren Patriotismus unter Beweis stellen, indem sie sich von ihren Automobilen trennen. »Nach dem Krieg erhalten Sie es zurück«, versichert sie. Einige Damen lassen sich überzeugen, schlimmstenfalls durch eine kleine Erpressung.
Marie hat bereits mehrere Fahrzeuge beisammen, als ein deutsches Flugzeug ein paar Bomben über der Hauptstadt abwirft und ein Transparent entrollt: »Die deutschen Truppen stehen vor den Toren von Paris. Ergebt euch besser gleich.«
Am 2. September fliehen Staatspräsident und Regierung nach Bordeaux. Alles, was Beine hat, tut es ihnen gleich. Auch Marie zwängt sich in einen der überfüllten Züge, die nur im Schritttempo vorankommen. Ihre Mitreisenden sind »jene, die der möglichen Gefahr einer deutschen Besetzung nicht entgegentreten konnten oder wollten«, schreibt Marie später. Die Menschen nehmen ihr Gold, ihren Schmuck, ihr Silber mit. Auch Marie reist mit einer Tasche, die sie kaum tragen kann, weil sie schwer wie Blei ist. Es befindet sich übrigens tatsächlich Blei darin. Zwanzig Kilogramm Blei, die ein Gramm Radium umschließen, das einzige in ganz Frankreich. Maries Radium.
Sie ist den ganzen Tag unterwegs, in beständiger Angst, man könne sie erkennen und glauben, sie sei auch auf der Flucht. Mitten in der Nacht trifft sie in Bordeaux ein, steht ratlos neben ihrer schweren Tasche, die sie allein nicht tragen kann, auf dem Bahnsteig herum und freut sich zum ersten Mal in ihrem Leben, daß jemand ruft: »Aber da ist doch Madame Curie!« Sie ist überaus dankbar, daß sich derjenige dann auch noch ihrer Tasche annimmt und ihr eine Privatunterkunft in der überfüllten Stadt besorgt. Am nächsten Tag deponiert sie ihre kostbare Fracht in

einem Bankschließfach und reist umgehend wieder ab. Diesmal mit einem der Truppentransporte in Richtung Paris. Einer der Soldaten bietet der vornehmen Dame im Alpakamantel die Hälfte seiner Stulle an, die sie dankbar annimmt. Hier findet sie ihre Mitreisenden um einiges sympathischer als in der Gegenrichtung.

Im Zug kursieren beunruhigende Gerüchte. Die Deutschen sind in Compiègne!

Am 12. September schreibt Marie Irène ein paar Zeilen zu ihrem 17. Geburtstag.

Und am 14.: »Die Deutschen sind zurückgedrängt, und bald kannst Du ohne große Schwierigkeiten nach Paris zurückkehren.«

Am 20.: »Du hast meine Erlaubnis, allein zurückzukommen... Falls Du Gepäck mitnehmen kannst, nimm den kleinen Lederkoffer. Wir haben hier wenig Zeit, uns um unsere Kleidung zu kümmern, bring also mit, was Du kannst.«

Irène kann im Moment nicht reisen, weil sie sich den Fuß verletzt hat. Sie wird von Henriette Perrin gepflegt und antwortet: »Ich mache einstweilen mit dem Koordinatensystem weiter, weil ich die Differentialrechnung nicht begreife.«

Schließlich ist sie wieder in Paris, und Marie teilt sie sofort zur Arbeit ein.

Nachdem sie die Automobile der reichen Damen ergattert hat, klopft Marie bei den Karosseriefabrikanten, damit sie die Fahrzeuge zu Kastenwagen umbauen. Ihre nächste Anlaufstelle sind Hersteller von Röntgengeräten, Dynamos und Induktoren, um das nötige Material für die Ausstattung der Fahrzeuge zusammenzutragen.

Als der erste Röntgenwagen am 1. November 1914, in vorschriftsmäßigem Grau mit dem Symbol des Roten Kreuzes, zur Front aufbricht, hat es allein auf französischer Seite bereits 310 000 Tote und 300 000 Verwundete gegeben. Im Wagen sitzen Marie und Irène, ein Arzt und zwei Soldaten, einer von

ihnen Assistent, der andere Fahrer. Ihr erster Einsatzort ist das Feldlazarett in Creil, nördlich von Paris.
Maries mobiles System ist einfach, aber effektiv: Jeder Wagen enthält einen Dynamo, ein tragbares Röntgengerät, die entsprechende fotografische Ausrüstung, ein Kabel, Vorhänge und Wandschirme sowie Schutzhandschuhe. Das Röntgengerät wird in einem geeigneten, mit Hilfe der Vorhänge verdunkelten Raum aufgestellt und mit dem Kabel an den Dynamo im Wagen angeschlossen, der vom Fahrer bedient wird.
Bis dahin ist es ein rein technischer Ablauf. Aber geröntgt werden müssen Männer, Soldaten, die leiden, die zum Teil grauenhafte Wunden haben.
»Um allein schon den Gedanken an den Krieg zu hassen, genügt es, ein einziges Mal zu sehen, was ich so oft gesehen habe in all den Jahren«, schreibt Marie später. »Männer und Jungen, die, in einem Gemisch von Blut und Schmutz, zur Feldambulanz gebracht wurden ...«
Für eine Siebzehnjährige, die bis dahin behütet aufgewachsen ist, ist der Schock besonders hart. Irène bekommt das zu spüren, hält sich aber tapfer. Der Name Curie verpflichtet. Und was täte sie nicht alles, um den Erwartungen ihrer Mutter gerecht zu werden ... Sie würde nie den Tag vergessen, als sie im Physikunterricht bei ihrer Mutter nicht aufgepaßt und deshalb eine falsche Antwort gegeben hatte. Marie hatte daraufhin wütend ihr Heft genommen und aus dem Fenster geworfen.
»Meine Mutter zweifelte nicht mehr an mir als an sich selbst«, sagt Irène mit achtzehn, als sie nunmehr eigenverantwortlich einen Röntgendienst im Feldlazarett von Amiens einrichtet. Auch für einen weiteren Röntgendienst in der Nähe von Ypres trägt sie die alleinige Verantwortung: »Ich hatte die undankbare Aufgabe, einem belgischen Militärarzt, der nicht einmal die einfachsten Grundbegriffe der Geometrie kannte, zu erklären, wie die Geschosse im Körper lokalisiert werden konnten.«

An jenem 1. November 1914 ist es Irène, die noch viel zu lernen hat, und das will sie auch. Dreißig Untersuchungen sind unter dem Datum im Notizbuch von Röntgenwagen E verzeichnet, mit dem sie unterwegs sind.
Um ihre Technik zu justieren, beginnt Marie mit einfachen Fällen. Der erste Verwundete, den sie mit Irènes Hilfe vor ihrem Gerät plaziert, hat eine Kugel im Unterarm. Marie schaltet den Apparat ein, begutachtet das Ergebnis auf der Projektionsfläche, macht eine Aufnahme, während der behandelnde Arzt seine Diagnose diktiert, entnimmt das Negativ und gibt es dem Assistenten, der es umgehend entwickelt.
Kopfverletzungen sind besonders häufig. 1911 war der Kriegsminister mit seinem Vorschlag, einen Helm einzuführen, im Pariser Abgeordnetenhaus gescheitert, weil der »zu deutsch wirken würde«. Erst im Juni 1915 kann man sich zu der Entscheidung durchringen, die Truppen mit Helmen auszustatten.
Zu Beginn des Krieges haben die Chirurgen noch wenig Erfahrung mit der Radiologie. Manche von ihnen, vor allem unter den älteren, haben kein Vertrauen zu der neuen Methode. Anfänglich bedarf es der Überzeugungsarbeit von »Madame Curie«, später orientieren sich viele Ärzte bei den Operationen sogar direkt am Röntgenschirm, ohne daß überhaupt noch Röntgenbilder gemacht werden.
Wo auch immer Marie in ihrem grauen Renault hinter der Front auftaucht, überprüft sie, ob eine stationäre Röntgeneinheit installiert werden kann, und kommt persönlich mit der notwendigen Ausrüstung zurück, wenn das der Fall ist.
Am 1. Januar 1915 schreibt sie an Paul Langevin, der als Feldwebel in einer Pioniereinheit dient: »Ich habe einen Brief bekommen, in dem man mir mitteilt, daß der Röntgenwagen, der im Gebiet von Saint-Pol eingesetzt war, beschädigt wurde. Das bedeutet, daß der gesamte Norden ohne Röntgendienst ist!«
Einen Monat später gibt es dort einen Röntgenwagen. Dann zwei. Dann drei. Marie besaß schon immer das nötige Organisa-

Marie Curie fährt eines der insgesamt zwanzig Röntgenautos, die im Ersten Weltkrieg in Frankreich eingesetzt wurden, um den verletzten Soldaten an der Front zu helfen. Diese mobilen Systeme waren jeweils mit einem Dynamo, einem tragbaren Röntgengerät, einer fotografischen Ausrüstung, einem Kabel, Vorhängen und Schutzhandschuhen ausgestattet. Die Abbildung zeigt Marie im Oktober 1917.
(Foto: Association Curie et Joliot-Curie, Paris)

tionstalent und die Gabe, Menschen und Material so effektiv wie möglich einzusetzen. Sie kann gut alles selbst machen, sie kann aber auch gut delegieren.
Die zwanzig Fahrzeuge, die »die kleinen Curies« genannt wurden, und die zweihundert stationären Röntgeneinheiten, die Marie installieren konnte, lieferten allein in den Jahren 1917/18 1,1 Millionen Röntgenaufnahmen.
Kaum hat sich die Front stabilisiert, geht das Leben in der Hauptstadt wieder seinen gewohnten Gang. Die Pariser Bühnen sind wieder geöffnet. Auch die Lichtspielhäuser nehmen ihr Programm wieder auf. Im März 1915 stellen die Modehäuser ihre Kollektion mit gewagten dreiviertellangen Röcken vor.

Diaghilews »Ballets Russes« gibt eine Benefizvorstellung an der Oper zugunsten des britischen Roten Kreuzes. Der Jahrgang der Sechzehnjährigen wird einberufen, und *Le Figaro* schreibt: »Ihr Säckel geschultert laufen muntere Trupps junger Männer in der Morgenfrische zu den Bahnhöfen; die Hände in den Hosentaschen, Hut oder Mütze über die Ohren gezogen, necken sie sich gegenseitig, und die älteren Herrschaften, die Frauen und jungen Mädchen, die viele von ihnen begleiten, geben sich redliche Mühe, die jugendliche Ausgelassenheit nicht zu stören.«

Ein Frontarzt schreibt Marie aber von der Somme:

»Ich bin von früh bis spät auf den Beinen. Im Laufe des Juli konnte ich 588 Röntgenuntersuchungen durchführen... Ich glaube nicht, daß ich diese Art von Verantwortung noch sehr viel länger tragen kann...«

Alle verfügbaren Männer sind bereits im Einsatz. Daher beschließt Marie, weibliche Radiologen auszubilden.

Was tun die Frauen nicht schon alles seit einigen Monaten? Marguerite Borel hat ein Rekrutierungsbüro in der Hochschule eingerichtet, wo Tauglichkeitstests für nationale Aufgaben durchgeführt werden. Sie schickt ganze Züge mit Frauen zur Arbeit in die Pulverfabriken oder die Flugzeugwerke. Frauen sind in der Verwaltung tätig, als Friseusen, auf den Feldern oder bei der Eisenbahn.

Diese Entwicklung wurde so begeistert aufgenommen und nahm solche Ausmaße an, daß sich der Abgeordnete Jules Siegfried sogar traute, im Pariser Abgeordnetenhaus den Vorschlag einzubringen, den Frauen in Anerkennung ihrer Verdienste nach dem Krieg das Wahlrecht zuzugestehen.* Der Dramatiker Eugène Brieux analysiert in der auflagenstarken Tageszeitung

* Das Pariser Abgeordnetenhaus sprach sich am 20. Mai 1919 mit 344 zu 97 Stimmen für das Frauenwahlrecht aus. Kurz darauf wurde diese im Siegestaumel getroffene »Fehlentscheidung« jedoch vom Senat widerrufen.

Le Journal die daraus resultierenden gesellschaftlichen Konsequenzen. Er schreibt: »Sie sagen sich: Da wir weder so schwach noch so einfältig noch so unbegabt sind, wie die Männer behaupten, stehen uns noch andere Lebenswege offen als Heirat und Familie. Wenn wir also finanziell nicht mehr auf ihn angewiesen sind, haben wir auch das Recht, uns zu entscheiden.«

Brieux kommt zu dem Schluß, daß »der Mann die Frau nach dem Krieg respektieren wird«, daß der »unsägliche Brauch der Mitgift aufgegeben wird«, daß aber »der Kampf der Geschlechter um die Arbeitsplätze hart sein wird«.

Im Moment gibt es ganz andere Probleme. Der Armee fehlen Fahrer, so daß zweihundert Fahrerinnen angefordert werden. Marie braucht Radiologen und sucht Frauen, die in der Lage sind, sich die notwendigen Kenntnisse anzueignen.

Marthe Klein, eine ihrer ehemaligen Schülerinnen, kümmert sich um die Anwerbung der Frauen, während Marie mit ihnen eine Art »beschleunigte Ausbildung« durchführt. Die Schulungen finden in Gruppen von je zwanzig Frauen im Curie-Gebäude statt. Marie trichtert ihnen dort in zwei Monaten die notwendigen Grundkenntnisse in Mathematik, Physik und Anatomie ein. Danach werden sie auf die Röntgeneinrichtungen verteilt. Insgesamt werden so 150 Frauen ausgebildet.

Wie sich selbst gegenüber, erweist sich Marie auch hier gleichzeitig als geduldig und unbarmherzig. Geduldig im Umgang mit denjenigen – und das sind die meisten –, die ernsthaft arbeiten, und unbarmherzig den anderen gegenüber, die sie ohne Umschweife hinauswirft.

Sie führt natürlich auch wieder ein Notizbuch, in das die Fortschritte der Schülerinnen täglich eingetragen werden. Hinter einem Namen ist zu lesen: »dämlich«. Hinter einem anderen: »Versuchte, den Kurs wegen schädlicher Strahlenwirkung zu verlassen (???).«

Ganz so »dämlich« ist diese Schülerin letztlich nicht gewesen.

Es ist nicht bekannt, wie viele der jungen Frauen, die der Strahlung praktisch schutzlos ausgesetzt waren – lediglich mit Stoffhandschuhen ausgestattet! –, schwere Schäden davongetragen haben.
Während sie sich um die Organisation des Röntgendienstes kümmert, hat Marie auch das Radium aus Bordeaux zurück nach Paris geholt. Es gibt mittlerweile eine neue Behandlungsmethode auf Radonbasis, ein Gas, das durch die Radiumemanation entsteht und das man inzwischen verflüssigen kann. In Dublin hatte Professor Joly eine Methode entwickelt, wie das Gas dem Radium entzogen werden kann, so daß man es in winzigen Glasröhrchen versiegeln und in Platinnadeln einschließen kann. Das Gas wird dann in den Körper des Patienten injiziert.
Beispielsweise zur Behandlung von Narbengewebe, aber auch einer ganzen Reihe anderer Beschwerden, benötigen die Krankenhäuser soviel Radon wie möglich. Marie hatte mit Irène den größten Teil der Ausstattung aus dem Labor in der Rue Cuvier in das neue Curie-Gebäude gebracht und richtet nun dort den ersten französischen Dienst ein, der Röhren mit Radon herstellt, ausgehend von ihrem Gramm Radium. Auch hier vertraut sie die Arbeit mit der kostbaren Substanz wieder Frauen an, aber nur den geschicktesten.
Die eine oder andere von ihnen ist plötzlich am Ende ihrer Kräfte, kann sich nicht mehr auf den Beinen halten. Während die Mitarbeiterin sich ein paar Tage zu Hause erholt, nimmt Marie ihren Platz ein.
Obwohl sie die offizielle Leiterin des militärischen Röntgendienstes ist, wird man sie nie in einer Uniform sehen. Sie ist Madame Curie und Punkt. Unterwegs trägt sie eine Armbinde über ihrem Mantel und einen unförmigen runden Hut.
»Irène sagt mir, daß Sie in der Gegend von Verdun sind«, heißt es in einem Brief von ihrem Neffen Maurice Curie. »Ich halte in jedem Sanitätswagen nach Ihnen Ausschau, aber ich sehe im-

mer nur Offiziersmützen. Ich glaube allerdings nicht, daß es sich um eine neue Armeevorschrift handelt, damit sich Ihr unkonventioneller Kopfschmuck nicht durchsetzt...«

Marie liebt ihren kleinen Neffen und bangt um ihn, läßt aber trotzdem nicht ihre Beziehungen spielen, um seine Versetzung zu erwirken. Aber sie bedauert zutiefst, daß all dieses wissenschaftliche Talent so vergeudet wird...

Jean Perrin war glücklicherweise zu den »kleinen Curies« versetzt worden und ist für einen der Röntgenwagen verantwortlich. Im Januar 1915 fahren Marie und er gemeinsam Richtung Norden, haben unterwegs zweimal eine Panne, prallen gegen einen Baum, halten kurz an, um einen Tee zu trinken und schreiben an Paul Langevin, der bei seiner Einheit ausharren muß:

> »Wir sitzen gerade in einem halbwegs komfortablen Hotel in Dünkirchen und trinken an einem wackeligen Tisch zu starken Tee... Wir werden überall herzlich empfangen, natürlich vor allem, weil Madame Curie dabei ist.
>
> Wir machen so schwere Zeiten durch, daß ein Mann wie Du schleunigst seine außergewöhnlichen Fähigkeiten in den Dienst des Vaterlandes stellen sollte. Du kannst und Du mußt viel tun. Glücklicherweise hast Du nicht einen dieser »statistischen« Gestellungsbefehle erhalten, nach denen wir alle gleich sind. Du kannst also noch Deine Versetzung erwirken. Wenn Du Deine Intelligenz als PHYSIKER anwenden würdest, könntest Du dem Vaterland einen größeren Dienst erweisen als tausend Feldwebel, trotz der hohen Achtung, die ich vor diesem Rang habe... Ernsthaft, ich glaube im Moment ist es geradezu Deine Pflicht, nach Mitteln und Wegen zu suchen, unseren Sieg zu beschleunigen. Alle anderen Pflichten kommen erst an zweiter Stelle oder unter ›ferner liefen‹! Jetzt hast Du die einmalige Gelegenheit, Deiner wahren Bestimmung zu folgen.
>
> Nutze sie, und laß alles andere stehen und liegen...«

Marie fügt diesem Brief noch einige Perrin beipflichtende Zeilen hinzu.
Paul Langevin ist nicht der einzige ältere Wissenschaftler, der zur Arbeit an den Schützengräben abkommandiert ist, während die jüngeren an der Front fallen. Neben so vielen anderen steht auch der Name von Maries Lieblingsmitarbeiter auf der Verlustliste: Artilleriehauptmann Jean Danysz.
Erst als im April 1915 algerische Einheiten kurz vor Ypres in ihren Schützengräben von einer grünen Wolke eingehüllt werden, husten, ersticken und leblos zu Boden fallen, die Lungen mit Chlorgas gefüllt, beginnt die Mobilisierung der Wissenschaftler.
Diese grüne Wolke war der erste Giftgaseinsatz der Deutschen im Ersten Weltkrieg. Diese wahnwitzige Idee war auf dem Mist eines deutschen Chemikers gewachsen. Das Berliner Institut für Organische Chemie der Kaiser-Wilhelm-Gesellschaft war der Armee unterstellt worden und beschäftigte 150 Universitätsangehörige und 2 000 weitere Mitarbeiter, was erst sehr viel später bekannt wurde.
Einige französische Chemiker, unter ihnen auch der Gefreite André Debierne, der inzwischen einen Tapferkeitsorden erhalten hat, werden von der Front zurückbeordert. Charles Moureu stellt ein Team zur Entwicklung chemischer Kampfstoffe zusammen. Der nach Paris versetzte Physiologe André Mayer entwickelt den Prototyp einer Gasmaske.
Moureu und Mayer haben bereits mit Senfgas experimentiert, als die Deutschen es erneut in Ypres einsetzen und sich die Lazarette mit halbblinden Männern mit verätzten Lungen füllen. Auch Frankreich wird das Gas im Verlauf des Kriegs zur Genüge einsetzen.
Als Painlevé im Oktober 1915 das Ministerium für Öffentliche Bildung übernimmt, werden auch die Physiker und Mathematiker nach Paris zurückbeordert. Langevin führt ballistische Studien durch und arbeitet an einer rückstoßfreien Kanone. Perrin

arbeitet an einem System zur Aufspürung von Geschützen und Flugzeugen mittels Echo, das 1918 einsatzfähig sein wird.
Verheerend für die Versorgung Frankreichs wirken sich die hohen Verluste auf See aus, wo deutsche U-Boote die Nachschubwege der Alliierten blockieren. Allein 1916 wurden 936 alliierte Schiffe versenkt, 1917 stieg die Zahl noch weiter auf 2 681. »Es hat nicht viel gefehlt«, schreibt Winston Churchill später, »und der U-Boot-Krieg hätte uns gezwungen, eine bedingungslose Kapitulation zu akzeptieren, weil eine Hungersnot drohte. Unser Sieg hing an einem seidenen Faden, der bedrohlich gespannt war.«
Diesen seidenen Faden halten Wissenschaftler in den Händen. Die britischen Gelehrten, die ebenfalls zurückbeordert wurden, – unter ihnen auch Rutherford – forschen verzweifelt nach einer Abwehrmöglichkeit der deutschen U-Boote. Wie können sie aufgespürt werden?
In Frankreich schlägt der Ingenieur Constantin Chilowski vor, zur Ortung der U-Boote die oberhalb der menschlichen Hörgrenze liegenden akustischen Schwingungen, die sogenannten Ultraschallwellen aufzufangen.
Aber wie sollten sie aufgefangen werden? Langevin und zwei seiner ehemaligen Schüler werden mit der Lösung dieses Problems betraut. Erste Tests auf der Seine mit Kondensator- und Kohlemikrophonen belegen, daß man auf dem richtigen Weg ist, aber der Empfang der Ultraschallwellen ist schlecht.
Langevin hat endlich die zündende Idee: Er wird den piezoelektrischen Effekt nutzen, den Pierre und Jacques Curie entdeckt haben. Er baut Pierres Quarzkristall, den einer seiner Schüler ehrfurchtsvoll aufbewahrt hat, in ein Mikrophon ein: Die Geburtsstunde des Ultraschallmikrophons.
Es folgen einige Monate fieberhafter Teamarbeit, bis Langevin 1917 einen Schallempfänger für Frequenzen über 20 kHz präsentieren kann.
Vor Toulon wird in Gegenwart von Experten der Admiralität

ein getauchtes U-Boot auf eine Entfernung von 2 Kilometer geortet. Die anschließende Entwicklung des Sonars in Großbritannien baut auf Langevins Erfindung auf, wie auch unzählige weitere Ultraschallanwendungen.

Viele der Wissenschaftler reisen häufig zwischen England und Frankreich hin und her, und so ist auch Rutherford 1917 zu einem kurzen Aufenthalt in Paris. Gegen 12.30 Uhr taucht ein von einem Soldaten gesteuertes Taxi mit Perrin, Langevin, Marie und Debierne vor seinem Hotel auf.

»Sie nahmen mich zum Lunch mit und bewirteten mich königlich«, sagte Rutherford. Die Gruppe hört danach Rutherfords Vortrag und geht dann ins Curie-Gebäude zum Tee. Rutherford findet Marie an jenem Tag »ziemlich grau, abgekämpft und müde«.

Das ist sie auch. Sie ist seit zwanzig Jahren einer höheren Strahlendosis ausgesetzt als irgend jemand sonst und kommt auch weiterhin täglich mit Radioaktivität in Kontakt. Sie ist bei jedem Wetter unterwegs in den Automobilen, die noch Anlasser mit Handkurbelbetrieb haben und höchstens 50 Kilometer pro Stunde erreichen. Sie übernachtet, wo sie gerade unterkommt, und ißt das erstbeste, was ihr in die Hände fällt... Dennoch hat sie etwas, was ihr in der Vergangenheit meist gefehlt hat: gute Laune. Alle trüben Gedanken und Selbstzweifel sind wie weggeblasen – sie ist mit sich selbst im reinen, weil in dieser dramatischen Zeit ihre ganze Kraft gefordert ist.

Der Kriegswinter 1918 ist besonders hart. Es fehlt an Brennstoff, und die Seine ist zugefroren. Die von André Citroën konzipierten Lebensmittelkarten werden eingeführt, Brot wird rationiert.

Die Nachricht vom Vertrag von Brest-Litowsk, in dem das bolschewistische Rußland Polen und die Ukraine an Deutschland abtritt, erreicht Frankreich am 3. März. Am selben Tag stellen die Pariser Modehäuser ihre neuen Kollektionen vor: kurze Röcke aus Jersey.

Im April überschreiten deutsche Truppen die Aisne, Soissons wird evakuiert, Château-Thierry aufgegeben. Vor Château-Thierry fällt auch ein unbekannter Amerikaner, bei dem ein Tagebuch gefunden wird, in das er notiert hat: »Amerika muß diesen Krieg gewinnen. Ich werde also arbeiten, sparen, mich opfern, alles ertragen, mich tapfer schlagen und alles tun, was mir möglich ist, als ob der Ausgang des Krieges ganz allein von mir abhinge.«
Wie durch ein Wunder bleibt Marie, die sich sonst in jedem Herbst eine schlimme Erkältung einfängt, von der spanischen Grippe verschont, der ab Oktober wöchentlich etwa 2 000 Menschen zum Opfer fallen – unter ihnen auch die Dichter Guillaume Apollinaire und Edmond Rostand.
Anfang November kann der Röntgenwagen E die 944. Untersuchung verbuchen. Der betreffende Verwundete hat einen Schrapnellsplitter in der linken Schulter.
Am Abend des 8. November 1918 werden die Vorstellungen aller Pariser Bühnen (außer an der Oper, deren Musiker gerade für eine Gehaltsaufbesserung streiken) unterbrochen, weil bekanntgegeben wird, daß Kaiser Wilhelm II. geflohen ist.
Am 11. November 1918, dem 1 561. Kriegstag, ist Marie gerade mit Marthe Klein im Labor, als um 11 Uhr Kanonenschüsse ertönen. Sie laufen ins nächste Geschäft, kaufen blauen, weißen und roten Stoff für eine französische Flagge, um sie am Curie-Gebäude zu hissen. Dann schließen sie sich der jubelnden Menge auf den Champs-Elysées an.

VI. TEIL

Das Denkmal

Frankreich gehört zu den Siegern, Polen hat seine Fesseln abgeschüttelt – der Pianist Paderewski war zum Präsidenten des polnischen Nationalkomitees gewählt worden –, ihre Familie und ihre besten Freunde haben den Krieg unversehrt überstanden – während eineinhalb Millionen Franzosen umgekommen sind –, das Radiuminstitut und das Radium selbst sind verschont geblieben... Marie kann sich glücklich schätzen. Am Ende des Krieges gehört sie zu den Privilegierten.*

Im Gegensatz zu manch anderem schreckt sie die Nachricht von der russischen Revolution nicht.

»Die Stimme des russischen Volkes dringt schärfer und zwingender an mein Ohr als irgendeine andere, die zahlreiche Völker in dem aufgewühlten Universum erklingen lassen...« Diese Worte des Präsidenten der Vereinigten Staaten, mit denen er seinen 14-Punkte-Plan – die Grundlage des Friedensvertrages – vorstellte, haben Maries Zustimmung gefunden. Und sie ist eine begeisterte Befürworterin des angestrebten Völkerbunds.

Der Morgen, der nach vierjähriger Nacht anbrach, erhellte ein Trümmerfeld, doch es war die Dämmerung über einer neuen Welt. »Ich habe einen Besuch in der Zukunft gemacht, und sie sieht prächtig aus!« sagte ein Mitglied jener amerikanischen Delegation, die Wilson 1919 zu Lenin geschickt hatte.

---

* 32 Milliarden Auslandsschulden, 150 Milliarden Schulden bei privaten Geldgebern (statt 33 Milliarden 1914); 600 000 Häuser, 20 000 Fabriken, 5 000 Kilometer Schienennetz, 53 000 Kilometer Straße und 3 Millionen Hektar Ackerland waren teilweise oder völlig zerstört.

Zweifellos ist Marie, wie etliche andere auch, etwas enttäuscht von dem, was im Friedensvertrag von Wilsons Gedankengut übrigblieb, sei es im Hinblick auf Rußland oder auf Deutschland.
»Entweder muß man die Deutschen bis zum letzten Mann ausrotten, was ich nicht anraten möchte, oder man muß ihnen einen Frieden geben, mit dem sie leben können«, sagt sie.
Da sie sich nicht besonders auf Wirtschaftsfragen versteht, hat Marie keine genauere Vorstellung als andere von der unmittelbaren materiellen Situation, in der sich Frankreich nach dem Krieg befindet.
Als der Sommer kommt, gönnt sie sich zum ersten Mal seit langer Zeit ausgiebige Ferien. Ein wahres Vergnügen. Obwohl sie natürlich Arbeit dabei hat: die Redaktion eines Buchs über die Radiologie und den Krieg. Dank Marthe Klein, die sie mitgenommen hat, entdeckt sie die Schönheiten Südfrankreichs, genießt sie die Augustnächte, in denen man auf der Terrasse übernachtet, das angenehm temperierte Mittelmeer, in dem sie endlich wieder einmal schwimmen kann. Es sind nur wenige Touristen dort – ein paar Engländer höchstens, die am Strand unter sich bleiben …
»Wenn das Hotel nur ein wenig besser ausgestattet wäre«, schreibt sie an Irène, »könnte man sich keinen schöneren Ort zum Arbeiten vorstellen.«
Sie fühlt sich dort so wohl, daß sie später ein Haus in Cavalaire bauen läßt, das an drei Seiten übers Meer hinausragt und in dessen Garten sie unter größter Sorgfalt einzelne Pflanzenterrassen anlegen wird. Grundbesitz ist die einzige materielle Leidenschaft, die man ihr nachsagen kann, aber dafür ist sie um so vehementer: Sie wird ein weiteres Haus in der Bretagne kaufen und das Haus in Brunoy bis an ihr Lebensende behalten.
Wie immer, wenn sie von ihren Töchtern getrennt ist, schreibt sie ihnen oft und sehr ausführlich. Diesmal sind es die Briefe

einer liebenden Mutter – und nicht die von Marie Curie, die das Gefühl hat, sie sei in der Mutterrolle gefangen.
Sie erwähnt die »selbstgemachte Marmelade, die sicher zu schimmeln begonnen hat, weshalb wir sie wohl nochmals kochen müssen«, ermahnt die Töchter, wegen der Motten aufzupassen, spricht Probleme mit dem Dienstmädchen an – und all dies in einem neuen, zärtlich-vorsichtigen Tonfall, der vor allem das Verhältnis zu Irène, ihrer »lieben, großen Tochter«, kennzeichnet. Ihr vertraut sie »die Sorge um den ordnungsgemäßen Zustand des Labors« an, »damit während meiner Abwesenheit nicht alles durcheinandergebracht wird«.

> »Ich denke oft an das Arbeitsjahr, in das wir jetzt eintreten, und mein einziger Wunsch ist es, daß etwas Gutes dabei herauskommen wird. Ich denke aber auch an Euch beide und an alles Schöne, an alle Freuden und an alle Sorgen, die ich durch Euch habe. Ihr bedeutet wirklich einen großen Reichtum in meinem Leben, und ich wünschte, daß mir noch einige gute Jahre des Zusammenlebens mit Euch beschieden wären. Ich weiß, daß Du gerne Deine alte Freundin und Mutter wiedersehen würdest und daß Du ihr wie immer die gewohnte, liebevolle Freundschaft entgegenbringen würdest.«

Marie, die mittlerweile über fünfzig Jahre alt ist, scheint eine zweite Jugend zu durchleben, wie es so schön heißt. In Wahrheit ist es aber das genaue Gegenteil echter Jugend. Marie fordert weniger, fürchtet weniger, genießt es, »noch« aktiv, »noch« jung zu sein, »noch« reiten und mit Irène Schlittschuh laufen zu können. Wie lange noch? Irgendwann wird es vorbei sein. In der Zwischenzeit gilt es, das Leben auszukosten. Und Marie, die ihre Existenz stets als Qual begriffen hatte, liebt das Leben leidenschaftlich.
Sie sieht noch genauso dünn und zerbrechlich aus wie früher, spaziert wie ein junges Mädchen mit nackten Beinen durch die Gegend, die Füße in Sandalen. Je nach Tagesform scheint sie

zehn Jahre jünger oder zehn Jahre älter als in Wirklichkeit zu sein.
Seit einiger Zeit muß sie eine Brille tragen, doch das ist für sie das Natürlichste der Welt.
Ihr Stern war einen Augenblick verhüllt von ... ja, was war es eigentlich? Davon, daß alles so weit weg erschien, fast irreal, nachdem ein Zyklon einen Kontinent, eine Epoche, eine Gesellschaft und ihre Umgangsformen hinweggefegt hat ...
Als sie wieder nach Paris zurückkehrt, ist vom Siegestaumel nicht mehr viel zu spüren.
Gewiß – ganz Paris ist nach wie vor »ein einziges Fest« und würde es auch noch eine ganze Weile bleiben in den »goldenen Zwanzigern«, den Jahren voller Lebensgier. Gewiß – Frankreichs Spitzenposition scheint in den Zwanzigern gefestigter denn je, selten zuvor blühte das kulturelle Leben so üppig, war die Anziehungskraft der Stadt stärker. Luftschlösser und Paläste waren jedoch auf Sand gebaut, wie sich später herausstellen sollte.
Ja, in Paris scheint jeder Tag ein Fest. Doch nicht für alle. Tausende von Menschen, die ihren Arbeitsplatz in der Rüstungsindustrie verloren haben, hungern und frieren. Tausende müssen mit ansehen, wie die Kaufkraft zunehmend schwindet. Die Löhne haben sich zwar verdreifacht, doch die Preise sind viermal so hoch wie zuvor. Der Hauptstadt, so hoffen die einen und fürchten die anderen, stehen schwere Auseinandersetzungen bevor.
In seiner letzten öffentlichen Rede hatte Jaurès prophezeit: »Wenn der Typhus das Werk der Granaten allmählich vollendet ..., werden sich die ernüchterten Menschen an die Regierenden in Deutschland, Frankreich, Rußland und Italien wenden und sie fragen, womit sie diese Masse von Kadavern rechtfertigen. Und dann wird ihnen die nunmehr unaufhaltsame Revolution antworten: ›Geht und bittet Gott und die Menschen um Vergebung!‹«
Lenin war weniger poetisch veranlagt, aber ebenso davon überzeugt, daß die proletarische Weltrevolution Europa erobern

würde. Und so hat er sie nach Rußland gebracht – wo sie auch bleiben wird. In Deutschland ist sie verkümmert, Polen hat sich ihr verweigert, in Italien wurde sie niedergeschlagen – und in Frankreich wird sie gar nicht erst Fuß fassen.
Die Sozialisten wollten ihr Ziel auf demokratischem Weg erreichen und hofften, die Wahlen zu gewinnen und anschließend, mit Zustimmung der Massen, das von Léon Blum ausgearbeitete Programm durchzusetzen, auf das sich ihr Wahlkampf stützte.* Anstatt jedoch wie erwartet die Mehrheit zu erringen, zogen die Sozialisten nur mit einer geschwächten Fraktion in das Pariser Abgeordnetenhaus ein und stellten lediglich 60 der insgesamt 350 Sitze in dem nunmehr »konservativen« Parlament. Das war im November 1919.
Zu Beginn des Jahres 1920 erschütterte eine Streikwelle das Land. Am Abend des 1. Mai 1920 hatten 90 Prozent der Métro-Angestellten und 70 Prozent der Post-Beschäftigten die Arbeit niedergelegt. Um die Verstaatlichung der Eisenbahngesellschaften zu erreichen, die damals noch in privater Hand waren, hatten die Gewerkschaften der Eisenbahner zu einem unbefristeten Streik aufgerufen. Angestellte der Transportgesellschaften, Bergleute, Hafenarbeiter, Seeleute und Bauarbeiter folgten in zwei Schüben.
Am 29. Mai bahnte sich das Scheitern des einen Monat zuvor mit soviel Enthusiasmus ausgerufenen Streiks an. Der Generalsekretär einer der Eisenbahnergewerkschaften beging Selbstmord.
Die Arbeiterbewegung wurde erfolgreich zerschlagen. Achtzehntausend Eisenbahner wurden zurück an ihren Arbeitsplatz gerufen, aus einflußreichen Positionen entfernt oder gar entlassen. Das war das Ende.

---

* In seinen Grundzügen war dieses Programm mit dem des Nationalrats der Résistance von 1945 identisch.

Etwas anderes nahm jedoch seinen Anfang: Auf dem Kongreß von Tours kam es im Dezember zu einer Spaltung der Linken. Bekanntlich stand damals der Beitritt der sozialistischen Partei zur III. Internationale zur Debatte, eine Entscheidung, die untrennbar mit der Zustimmung zum 21-Punkte-Plan der Bolschewiken verbunden war. Und in der Folge sollte diese – zunächst eher unbeabsichtigte – Spaltung in Sozialisten und diejenigen, die sich nunmehr Kommunisten nannten, zu einem Strukturmerkmal der französischen Gesellschaft werden.

Es sei an dieser Stelle darauf hingewiesen, daß ein beträchtlicher Teil der Wissenschaftler, insbesondere der »Curie-Clan«, Einfluß auf das politische Leben der zwanziger und dreißiger Jahre nahm. Und daß man durchaus nicht immer einer Meinung war – ohne daß dies Auswirkungen auf die freundschaftlichen Bande gehabt hätte.

Allzusehr drifteten die Ansichten allerdings nicht auseinander. Schließlich waren die Grenzen zwischen Kommunismus und Sozialismus zu jener Zeit fließend. Vielleicht kann man es so ausdrücken, daß es unter den Mitgliedern des »Clans« seit Kriegsende in Einzelfragen leichte Abweichungen gab.

1919 gehörte Paul Langevin, Professor am Collège de France, zu den Unterzeichnern einer »Sympathiebekundung« an die Adresse der russischen Intellektuellen. Dieses neue Rußland, wo, wie man ihm sagte, nun erstmals Forschungszentren eingerichtet werden – und das mitten im Bürgerkrieg! –, wo Fakultäten für Arbeiter ohne höhere Schulbildung existieren, dieses neue Rußland gibt Anlaß zu den schönsten Hoffnungen.

Langevin unterzeichnet auch – neben Anatole France und Maurice Ravel – das »Manifest der Intellektuellen«, das sich gegen die den Russen auferlegte Blockade richtet.

Während der Streiks des Jahres 1920 ist er, damals an der Hochschule für Industrielle Physik und Chemie tätig, der einzige Professor, der sich öffentlich dagegen ausspricht, daß Hoch-

schulstudenten als Freiwillige eingesetzt werden, um den Streik der Eisenbahner zu brechen.
Der Direktor der Hochschule, Albin Haller, der ihm einst zusammen mit Painlevé als Sekundant beim Duell gegen Gustave Téry gedient hatte, hatte sich damit einverstanden erklärt, daß einstweilen kein Unterricht stattfand, um so die freiwillige Teilnahme an der Aktion gegen die Streikenden zu erleichtern. Am 18. Mai veröffentlichte Langevin einen »Offenen Brief«, in dem er die Gründe darlegte, die dagegen sprachen, die Hochschule »in Konflikte hineinzuziehen, in denen junge Menschen zwangsweise Position beziehen müssen, und zwar verfrüht. Sie wissen noch nichts über die industrielle Arbeitswelt, in die sie einmal eintreten werden und in der ihnen ihr jetziges Verhalten große Schwierigkeiten bereiten kann. Wir dürften auf keinen Fall zulassen, daß Schulen von ihrer eigentlichen Bestimmung abgehalten werden.«
Dies sollte einer seiner ersten öffentlichen Auftritte sein auf seinem Weg, den ihn sein leidenschaftliches Naturell und seine Großzügigkeit beschreiten ließ und nicht zuletzt seine Erfahrungen, die er im ärmlichen Arbeitermilieu machen mußte, sowie die damals weitverbreitete Überzeugung, das Reich menschlicher Gerechtigkeit, Gleichheit und Würde liege im bolschewistischen Rußland.
Ebenfalls im Jahr 1920 schloß er sich der Kampagne an, die für die »Meuterer vom Schwarzen Meer« eine Amnestie forderte. Seeleute der französischen Marine – auch André Marty gehörte zu ihnen – waren verurteilt worden, weil sie sich geweigert hatten, Odessa zu bombardieren.
Niemals tauchen die Namen von Marie Curie, Jean Perrin und Émile Borel neben dem von Langevin auf. Am 21. Oktober 1921 schreibt Marie an Irène: »Alles in allem bin ich froh, daß Marty gewählt worden ist. Das wird den Reaktionären und der Finanzwelt zu denken geben.« Doch sie hat ihren Namen ebensowenig für diese Kampagne hergegeben wie für irgendeine andere.

Der gesamte Clan, mittlerweile in vorgerücktem Alter, hat sich die reformatorische Leidenschaft der Jugendjahre bewahrt. Weder Titel noch Auszeichnungen oder Ämter, mit denen einige von ihnen überhäuft werden, können diesen Enthusiasmus schmälern. Ihre Überzeugung, daß die Zukunft der Gesellschaft von der Wissenschaft abhängt bzw. von dem Stellenwert, den man ihr zubilligt, von den Geldmitteln, die für die Ausbildung von Forschern und für Forschungsprojekte bereitgestellt werden – diese Überzeugung ist nach dem Krieg sogar noch stärker geworden. Besser als andere wissen sie, daß dieser Erste Weltkrieg nicht nur ein Krieg der Menschen, sondern auch der Technologien war. Doch Langevin ist überzeugt, daß nur eine vollkommene Neuordnung der gesellschaftlichen Strukturen der Wissenschaft den ihr gebührenden Stellenwert und die nötigen Geldmittel garantiere.
Borel ist der Ansicht, die Wissenschaft selbst werde eben diese gesellschaftlichen Strukturen verändern. Jean Perrin und Marie dagegen glauben nur an konkrete Anstrengungen mit konkreten Ergebnissen. Wenn man es aber konkret betrachtet, ist die Situation der französischen Wissenschaft katastrophal. Wie sieht es mit dem »Menschenpotential« aus? 10 Prozent der arbeitsfähigen männlichen Bevölkerung sind tot. Die Hälfte der Hochschulabsolventen der Jahrgänge 1911 bis 1913 ist gefallen oder wurde verwundet. Letztere haben ihr Studium nicht wieder aufgenommen. Die junge Generation, die die Mathematiker, Physiker, Chemiker, also die führenden Geister der zwanziger Jahre hätte hervorbringen sollen, ist buchstäblich ausgeblutet.
Und die übrigen? Da die Gehälter in diesem Bereich nicht mit der Preissteigerung mitgehalten haben, zögern die vielversprechendsten Talente, sich auf eine Hochschulkarriere einzulassen, und wandern in die Industrie ab.
Eine eigenständige Forschung gibt es noch nicht. Die gesamte Forschung ist nach wie vor am »désintéressement« ausgerichtet

und wird ausschließlich vom Lehrkörper betrieben. Und, wie Jean Perrin es so treffend formuliert hat, »ärgerlicherweise hängt an einem klugen Kopf immer auch ein Bauch, der gefüllt werden will«.
Was die Arbeitsbedingungen angeht, so verfügt die naturwissenschaftliche Fakultät 1920 über keinerlei finanzielle Mittel, um ihre Schulden zu bezahlen. Im Radiuminstitut hat Marie nicht einmal eine Schreibmaschine. Nur weil sie auf die Idee kommt, billige Kriegsrestbestände aufzukaufen, kann sie ein wenig Material zusammentragen; nur weil sie persönlich beim Finanzminister insistiert, werden ihr zwei Lieferwagen überlassen.
Sie hat zwar ein hübsches offizielles Schreiben erhalten, in dem ihr »alle notwendigen Mittel, dringend benötigte Geräte und sonstiges Arbeitsmaterial« zugesichert werden, aber nur im Rahmen des Möglichen. Und der ist geradezu lächerlich.
Auch Gönner und Wohltäter gibt es immer weniger. Diejenigen, die ihr Vermögen über den Krieg retten konnten, haben von den Zeiten der großen Mäzene noch nie etwas gehört, und die finanziellen Mittel der meisten anderen sind stark zusammengeschrumpft. Wenn überhaupt Gelder in die Wissenschaft fließen, dann vorzugsweise in rein medizinische Projekte.
1920 gründet Henri de Rothschild, seines Zeichens Doktor der Medizin, eine Stiftung zur Entwicklung der Radiologie, stattet sie mit einem großzügigen Startkapital aus und benennt sie zu Ehren von Marie »Curie-Stiftung«. Die Stiftung ist allerdings, wie zu erwarten, an die Abteilung für biologische und medizinische Forschung am Radiuminstitut angeschlossen, deren Leiter Dr. Regaud ist.
Dieser Bereich gehört nicht zu Maries eigentlichem Interessengebiet. Die Verbindung zwischen ihrer Forschungsarbeit auf dem Gebiet des Radiums und dessen medizinischer Anwendbarkeit war eher zufällig gewesen. Ihr Ziel ist vielmehr die Schaffung einer gänzlich neuen Schule für Radioaktivität. Forscher sollen nach den von ihr entwickelten Methoden ausgebil-

det werden. Das Curie-Labor soll zur führenden Forschungseinrichtung auf dem Gebiet der Radioaktivität werden, welche allen, die diese von ihr benannte Kraft erforschen können und wollen, die notwendigen Mittel zur Verfügung stellt.

Als sie jedoch ihre jährliche Überweisung zu Forschungszwekken erhält, muß sie feststellen, wie sehr die Kaufkraft durch die Inflation geschwunden ist: Die vorhandene Summe reicht gerade einmal zur Anschaffung zweier Meßgeräte aus.

Ihr Mut, die Entschlossenheit und Zuversicht, die ihr bereits zweimal den Titel der Königin der Radioaktivität eingebracht haben, vermögen in dieser Situation nichts auszurichten: In Paris scheint jeder Tag ein Fest, doch die französische Wissenschaft liegt kraftlos am Boden. An wen oder wohin soll sie sich wenden?

Die temperamentvollsten Wissenschaftler versuchen, Alarm zu schlagen, indem sie bei jeder Gelegenheit ihre Stimme erheben oder zur Feder greifen: Ob es nun ums Prestige, die wirtschaftliche Wettbewerbsfähigkeit oder um den Fortschritt der Menschheit geht – eine Nation, die nicht in die Forschung investiert, wird scheitern.

Mehr oder weniger – eher weniger als mehr – ist dies heute jedermann bewußt. In den zwanziger Jahren ist es jedoch eine neuartige Überlegung. Damals bringen nur wenige Franzosen die Macht Deutschlands mit der Überlegenheit seiner Wissenschaft im 19. Jahrhundert in Verbindung. Und nur wenige haben sich Gedanken über die Ursachen für diese Überlegenheit gemacht: die Anziehungskraft, die das perfekt organisierte Universitätssystem, die vernünftige Ausstattung, die vorzüglichen Berufsaussichten sowie die beträchtliche Unterstützung seitens der Industrie auf die brillantesten Köpfe des In- und Auslands ausübten.

Großbritanniens Antwort auf die Überlegenheit der deutschen Wissenschaft war die Gründung etlicher Studien- und Forschungseinrichtungen – darunter das berühmte Cavendish-

Laboratorium in Cambridge, an dem Rutherford arbeitete. Seit dem Krieg werden diese weiter ausgebaut.

Und Frankreich? Nach Aussage derjenigen, die die Wissenschaftler zu überzeugen suchen, liegt die Betonung hier auf Begriffen wie »Prestige«, »wirtschaftlicher Konkurrenzkampf« – der sich offensichtlich gegen Deutschland richten soll – und »menschlicher Fortschritt«.

Dem ehemaligen Giftgasexperten Charles Moureu gelingt es, den Nationalismus eines Maurice Barrès zu entflammen. Den Abgeordneten des rechtsnationalen Lagers bleibt vor Staunen der Mund offen stehen, als Barrès, mittlerweile einflußreicher denn je, im Parlament in eindringlichen Worten »das Laboratorium als Stern der Wahrheit und Modell sozialer Disziplin« heraufbeschwört.

Nichts läge den nationalistischen Abgeordneten ferner als die Vorstellung, daß die Macht einer Nation auf wissenschaftlichem und technischem Fortschritt basiert. Allein die Armee verkörpert die Macht. Und hat die französische Armee nicht soeben bewiesen, daß sie die beste der Welt ist?

Die Kampagne, mit der die Gelehrten die Wissenschaft in den Blickpunkt der Öffentlichkeit rücken wollen, wird dennoch nicht vergebens sein. Ein Ereignis, das die Menschen in seinen Bann zieht, wird Anteil an diesem Erfolg haben. Ein Ereignis, in dessen Mittelpunkt – wieder einmal – Marie Curie stehen wird.

Wo mag Marie Henri-Pierre Roché kennengelernt haben, jenen Kunstkenner und -sammler, aus dessen Feder der Roman »Jules und Jim« stammt und der tonangebend in den Künstlerkreisen der feinen Pariser Gesellschaft ist? Zweifellos bei dem einen oder anderen Mitglied eben jener feinen Pariser – und das heißt: internationalen – Kreise, in denen von jeher auch Wissenschaftler verkehren. Oder vielleicht bei Rodin …

Jedenfalls kennt Roché Marie gut genug, um sie zu bitten, ein Mitglied jener Spezies zu empfangen, die Marie ganz besonders verhaßt ist, und das aus gutem Grund: die Journalisten.

Ständig wurde Marie um Interviews gebeten, und stets spulte sie dieselbe Antwort ab: »Madame Curie empfängt keine Vertreter der Presse, außer, um Auskünfte technischer Natur zu erteilen, und sie spricht niemals über ihr Privatleben oder ihre persönlichen Vorlieben.«

Schreiben mit der Bitte um Autogramme oder Fotografien mit Widmung oder um ein Treffen dagegen, Briefe jeglicher Art beantwortete sie gewissenhaft, vor allem, wenn Krebskranke sie um Rat fragten. So holte auch die schöne Tänzerin Loïe Fuller, die an Brustkrebs erkrankt war, ihre Meinung zu einer bevorstehenden Amputation ein. Marie verwies sie an Doktor Regaud.

An einem Morgen im Mai 1920 empfängt Marie also in ihrem Arbeitszimmer im Curie-Gebäude Henri-Pierre Roché in Begleitung einer sehr kleinen Frau mit großen, dunklen Augen und bereits leicht ergrautem Haar, die durch ein leichtes Hinken auffällt. Es handelt sich um Mrs. Meloney Mattingley, von ihren Freunden kurz Missy genannt – wie sie Marie sogleich wissen läßt.

Roché kennt inzwischen beide Frauen ein wenig und freut sich insgeheim schon auf Maries heftige Reaktion, die er Missy jedoch in gemäßigter Form übersetzen will.

Missy ist Chefredakteurin des erfolgreichen Frauenmagazins *The Delineator*. Mit ihren neununddreißig Jahren hat sie bereits viel erreicht, verfügt über gute politische Kontakte in Washington und wird sich gewiß nicht von einer Madame Curie aus der Fassung bringen lassen. Eigentlich gelingt es niemandem, sie bei ihrer Tätigkeit als Journalistin einzuschüchtern. Später wird sie sogar Hitler und Mussolini interviewen. Jetzt kommt sie gerade aus Großbritannien, wo sie sich mit H. G. Wells und Bertrand Russell unterhalten hat.

Sie bereist Europa, um sich ein Bild zu machen von den Hilfeleistungen für die Ausgebombten, die von ihrem Magazin finanziert werden. Gleichzeitig nutzt sie die Gelegenheit, um verdiente europäische Persönlichkeiten zu treffen. So hat sie es jedenfalls in dem Gesuch um ein persönliches Gespräch formuliert, das sie Marie übermittelt hat.

Die Absage, die sie von Marie erhalten hat, scheint sie nicht entmutigt zu haben. Schließlich hat sie ja einen Mittelsmann gefunden, der ihr diese fest verschlossene Tür öffnen kann.

Und das Unfaßbare geschieht: Die beiden finden sich auf der Stelle sympathisch. Zwischen ihnen herrscht eine augenblickliche Harmonie, wie man sie nur selten antrifft. Es sollte der Beginn einer wunderbaren Freundschaft sein.

Kaum zu glauben, aber Marie zeigt sich dieser eigenwilligen kleinen Frau gegenüber von ihrer liebenswürdigsten Seite. Wie wir sie kennen, wird sie Roché wohl auch ziemlich deutlich klargemacht haben, daß sie durchaus keinen Übersetzer brauche. In dieser Hinsicht benimmt Marie sich noch immer wie eine Zehnjährige.

Missy spricht im übrigen recht passabel Französisch, und später werden die beiden Frauen, in Briefen und Gesprächen, die beiden Sprachen miteinander mischen. Doch die kluge Journalistin begreift in diesem Augenblick sofort, daß Marie stolz auf ihr Englisch ist, und bei diesem ersten Treffen hütet sie sich, Marie des Vergnügens zu berauben, ihre Sprachkenntnisse unter Beweis zu stellen.

Marie erzählt bereitwillig von sich, beantwortet Missys Fragen gerne – vielleicht, weil es intelligente, direkte und präzise Fragen sind. Missy beherrscht ihr Metier. Sie hat sich auf dieses Interview vorbereitet.

Und sie erfährt überraschende Dinge. Daß es in den Vereinigten

Staaten fünfzig Gramm Radium gibt, und zwar auf verschiedene Labors verteilt, die Marie alle namentlich aufzählt. In Frankreich, wo es entdeckt wurde, gibt es dagegen nur ein einziges Gramm Radium. Daß Madame Curie ihre Arbeit nicht fortsetzen kann, weil es ihr an Material und Ausrüstung fehlt. Daß ihr die Entdeckung des Radiums nicht einen einzigen Franc eingebracht hat, weil sie aus freien Stücken auf das Patent dafür verzichtet hat. Kein Patent, keine finanzielle Gegenleistung. Hunderte von Männern und Frauen, die an Krebs erkrankt sind, werden mit Radium behandelt, doch Madame Curie ist – das mag man drehen und wenden, wie man will – *arm.* In einem armen Land.
Unglaublich! In der Fifth Avenue würde diese Tatsache sicherlich mit Verwunderung aufgenommen. Das wird die Amerikaner rühren. In ihren Leitartikeln appelliert Missy stets an das Verantwortungsbewußtsein ihrer Landsleute im Hinblick auf Nationen, die unter den Folgen des Kriegs schrecklich zu leiden haben.
»Was würden Sie sich wünschen, wenn Sie einen Wunsch frei hätten?« fragt sie Marie zum Abschluß. Die Antwort kommt wie aus der Pistole geschossen:
»Ein Gramm Radium.«
Missy notiert es, bedankt sich und geht.
Zwei Tage später spricht sie wieder vor, diesmal am Quai de Béthune. Ohne Probleme hat man ihr dieses zweite Treffen bewilligt. Beim fünften weiß Missy mehr über Marie als so mancher, der sie seit zehn Jahren kennt. Was bezweckt Missy? Sie ist ein guter Mensch, liebt es, andere zu bewundern, und Marie erscheint ihr bewunderungswürdig. Sie schätzt positives Handeln, und könnte man sich etwas Positiveres vorstellen als Forschung zum Wohle der Menschheit? Diese Einstellung verbindet sich bei Missy mit einem ausgeprägten Sinn fürs Praktische – und sie, die sich zuweilen mit einer Lokomotive vergleicht, setzt ganze Züge in Bewegung, wenn sie nicht sogar Berge versetzt.

Wieviel kostet ein Gramm Radium? Eine Million Francs, das entspricht – im Jahr 1920 – hunderttausend Dollar. Hunderttausend Dollar für eine edle Sache, die von einer Berühmtheit verfochten wird – das müßte sich machen lassen. Missy ist überzeugt, daß es ihr gelingen wird, die erforderliche Summe bei einigen ihrer steinreichen Landsleute einzutreiben.
Sobald sie dies zuwege gebracht hat, müßte Marie natürlich persönlich ihr Gramm Radium abholen. Zugleich könnten Marie die Autorenrechte an einer geschickt vermarkteten Autobiographie zusätzliche Einnahmen bringen. Welchen persönlichen Nutzen zieht Missy aus der ganzen Aktion? Einen rein moralischen. Der Herausgeber ihre Magazins, die Butterick Company, erhält die Exklusivrechte für die ersten Artikel über Maries Reise nach Amerika. Einverstanden? Einverstanden, mit dem größten Vergnügen.
Marie gefällt diese einfache, direkte Sprache. Eine einzige Sorge plagt sie: Wenn man in den Staaten über sie berichtet, wird die amerikanische Presse ihre Affäre mit Langevin wieder ausgraben.
Ihr Vertrauen zu Missy ist mittlerweile so groß, daß sie sogar dieses Tabuthema anspricht. Missy versteht sie nur zu gut. Das Amerika der zwanziger Jahre ist viel prüder als Frankreich es je war. Vor ihrer Abreise aus Paris vereinbart sie deshalb mit Marie einen Code, der es ihnen ermöglichen soll, diese knifflige Frage telegrafisch zu besprechen. Missys telegrafische Adresse in New York lautet: IDEALISM. Der Name ist Programm.
Die beiden Frauen haben etliche Gemeinsamkeiten. Auch Missy wirkt schwächlich und steckt doch voller Energie: Sie hatte Tuberkulose. Und beide haben eine »Männerkarriere« gemacht: Missy, eine Arzttochter, hat als Sechzehnjährige ihre ersten Artikel geschrieben, zu einer Zeit, als der amerikanische Journalismus noch fest in männlicher Hand war. Dann ist da der ausgeprägte Sinn für Finanzierungsfragen, ohne jegliches Interesse an persönlicher Bereicherung. Und schließlich ihr mis-

sionarischer Eifer. Aber der Umstand, daß die beiden sich so rasch verstehen, deutet auch darauf hin, daß Marie in Missy eine jener treuen Kameradinnen gefunden hat, die sie immer wieder aufspürt: jene gutherzigen, mütterlichen und selbstsicheren Frauen, die stets bereit sind, alles stehen- und liegenzulassen, sobald Marie ruft. In Gedanken ist Marie stets bei Bronia, obwohl sie weit weg ist, und gewisse Parallelen in den Charaktereigenschaften der einen oder anderen Freundin sind nicht zu übersehen ...

Fünfzehn Jahre nach ihrer ersten Begegnung schreibt Marie an Missy, sie möge alle Briefe vernichten, die sie ihr im Lauf der Zeit geschickt hat, denn »sie sind ein Teil meiner selbst, und Sie wissen ja, wie zurückhaltend ich bin, wenn es um meine Gefühle geht«.

Zum Glück sortiert Missy ein paar Briefe aus, bevor sie Maries Bitte entspricht. Der Rest des regen, zeitweilig sogar täglichen Briefwechsels beweist, wie dauerhaft die Zuneigung war, die diese beiden kämpferischen Frauen verband; beide von der Natur benachteiligt, aber die eine so unerschrocken wie die andere.

Wieder zurück in New York, absolviert Missy in den folgenden sechs Monaten ein enormes Arbeitspensum. Spenden für eine großartige Sache auftreiben? Nichts leichter als das, rein theoretisch. In der Praxis gestalten sich die Dinge allerdings nicht so einfach.

Eine glückliche Fügung wollte es, daß die amerikanischen Dollarmillionärinnen sich nicht gerade darum rissen, Marie zu helfen – zumindest nicht in ausreichender Zahl. Als sie dies einsah, beschloß Missy ganz einfach, eine landesweite Spendenaktion ins Leben zu rufen. Sie gründete ein Komitee, das sich aus Leuten zusammensetzte, die für den wissenschaftlichen Ernst der Sache bürgten. Sie konnte die Gattin des wichtigsten Erdölbarons für die Sache gewinnen, Mrs. John D. Rockefeller, sowie die Frau des Vizepräsidenten der USA, Mrs. Calvin Coolidge, des weiteren die Gründerin der American Society for the Control of Cancer, Mrs. Robert Mead, und ein paar andere Damen dieses Kalibers. Dann rührte sie die Werbetrommel in einem bis dahin unbekannten Ausmaß, nachdem sie sich zuvor in die Zeitungen des Jahrgangs 1911 vertieft hatte, um in Erfahrung zu bringen, wie die amerikanische Presse auf die Affäre Langevin reagiert hatte.

Diese hatte damals ein beträchtliches Echo hervorgerufen, vor allem von seiten der Hearst-Gruppe. Somit stand Schlimmes zu befürchten.

Als sie dies erkannt hatte, packte Missy den Stier bei den Hörnern, das heißt, sie appellierte an das Ehrgefühl der Chefredakteure aller New Yorker Zeitungen. Das war bei jenen Herren zwar nicht sehr stark ausgeprägt, doch Missy legte eine derartige Überzeugungskraft an den Tag, daß ihr kein einziger abschlug, worum sie bat: Dieser Aspekt aus Madame Curies Vergangenheit sollte nicht noch einmal zur Sprache kommen.

Die Presseleute hielten tatsächlich Wort, und nicht nur das: Der hartgesottenste von allen, der Direktor des *New York Evening Journal*, übergab Missy einen Scheck über hundert Dollar für den Marie Curie Radium Fund.

Mit Beginn des Jahres 1921 treibt die Korrespondenz zwischen Missy und Marie kuriose Blüten.

Wenn jemand um seinen eigenen Wert weiß, dann Marie. Wenn jemand bereit ist, diesen Wert anzuerkennen, dann Missy. Doch zuerst müssen sich beide Seiten absichern.

Marie hat versprochen, das Radium in den Vereinigten Staaten selbst in Empfang zu nehmen, richtig? Ja, korrekt. Und ihre Autobiographie zu schreiben, richtig? Ja, korrekt. Schön. Vier Verleger unterbreiten ihr ein Angebot.

In ihren Briefen, mit denen sie Marie überhäuft, spricht Missy einmal von einem Gran, ein andermal von einem Gramm Radium. Am 12. Januar erhält Missy folgendes Telegramm, das die

Unterschrift Pierre Rochés trägt: »Madame Curie fragt, ob Gramm oder Gran. Gran reicht nicht, um Abwesenheit von Labor zu rechtfertigen, da nur ein Fünfzehntel Gramm.«

Es handelt sich natürlich um ein ganzes Gramm, bestätigt Missy. Übrigens werde Madame Curie das Gramm Radium vom Präsidenten der Vereinigten Staaten persönlich bei einem Empfang im Weißen Haus übergeben.

Hervorragend. Ich könnte zwei Wochen bleiben, schreibt Marie.

Das belgische Königspaar sei sechs Wochen geblieben, antwortet Missy. Der Aufenthalt der Königin des Radiums dürfe nicht kürzer ausfallen. Außerdem dauere die Bewältigung des ehrgeizigen Programms, das Missy auf die Beine gestellt hat, mindestens sechs Wochen. Schließlich soll Marie ja quer durch die Vereinigten Staaten reisen und Universitäten, Laboratorien, Hochschulen und Bankette besuchen; zudem will man ihr mehrere Ehrendoktortitel, Medaillen und sonstige Auszeichnungen verleihen, die oft mit finanzieller Unterstützung verbunden sind.

Sechs Wochen ohne meine Töchter – eine lange Zeit, deutet Marie an. Bringen Sie Ihre Töchter mit, antwortet Missy.

Missys Pressekampagne anläßlich Maries bevorstehendem Besuch in Amerika erregt derartiges Aufsehen, daß der Colony Club anbietet, für die Unterbringung der Besucherin zu sorgen.

Was? Der Colony Club? Vorsicht! Marie in den Vereinigten Staaten – das ist Missys Idee. Schließlich hat sie dieses großartige Projekt nicht ins Leben gerufen, um kostenlos Werbung für den Colony Club zu machen. »Der Colony Club«, so schreibt sie, »ist ein schönes und luxuriöses Etablissement, aber ich bin nicht sicher, ob Sie es dort so ruhig hätten, wie Sie es wünschen. Ich würde mich natürlich sehr geehrt fühlen, wenn Sie in den Tagen, die Sie in New York verbringen, bei mir wohnen würden. Mein Mann und ich leben recht ruhig und einfach, wie die meisten Literaten hier. Ich wünsche mir sehr, daß Sie in

New York mein Gast sind und Ihnen selbst keinerlei Kosten entstehen.«
Einverstanden, meint Marie, aber was ist mit meinen Töchtern? Missys Nachbar, »mein Freund, Mr. John R. Crane, Botschafter in China«, derzeit abwesend, stellt gerne seine Wohnung zur Verfügung.
Die Pariser Zeitungen verbreiten, daß die Vereinigten Staaten der Universität von Paris ein Gramm Radium schenken wollen. Marie wird hellhörig. Vorsicht! Missy hat doch stets beteuert, es handle sich um ein Geschenk an Madame Curie. Missy antwortet: »Das Gramm Radium ist für Sie bestimmt, *für Ihren persönlichen Gebrauch,* und Sie verfügen, was nach Ihrem Ableben damit geschehen soll.«
Und sie fügt noch diesen wunderbaren Satz hinzu: »Ich würde mich freuen, der Universität von Paris von Nutzen zu sein, wenn sie Unterstützung braucht, doch im Augenblick konzentriere ich meine Zeit und Energie ausschließlich auf die Wahrung Ihrer Interessen.«
Sollte Marie das jemals in Frage gestellt haben, dürfte damit jeglicher Zweifel ausgeräumt worden sein. Missy läßt sie das mit folgenden Worten wissen: »Ich werde nicht einen einzigen Vorschlag ohne Ihr Einverständnis annehmen.«
Ein falscher Ton im Symphoniekonzert der Presse bereitet Missy Sorgen. Eine Zeitung, die in ihren Archiven eine »Akte Curie« mit Ausschnitten aus Pariser Zeitungen aufbewahrt, läßt die Information durchsickern, Madame Curie sei Jüdin, was ihre Aufnahme in die Akademie der Wissenschaften verhinderte.
Missy läßt am nächsten Tag eine Richtigstellung drucken. Dies sollte der einzige Fall bleiben, bei dem jemand in Maries Vergangenheit stöberte.
Im März kommt wieder ein Telegramm aus New York: »Laboratoriumskosten Südfrankreich telegraphieren. Erbitte auch neue Photographien von Ihnen und Töchtern.«
Marie träumt tatsächlich von einem Privatlabor irgendwo in

Südfrankreich. Doch sie redet darüber, ohne wirklich daran zu glauben. Niemals hat sie auch nur einen Kostenvoranschlag erstellen lassen. Brieflich teilt sie Missy mit, ein derartiges Labor sei ohne Zweifel ein Segen für ihre Gesundheit und ihr seelisches Gleichgewicht und darüber hinaus sehr nützlich für die Bearbeitung großer Mengen an Mineralien, die im Institut nicht durchgeführt werden kann. Der Brief schließt mit folgenden Worten:

> »Wenn ich Ihnen weiterhin mitteile, daß mein gegenwärtiges Laboratorium der Vergrößerung bedarf, daß wir in solchem Maße knapp an Mitteln und Personal sind, daß ich für meine eigene Arbeit keinerlei Hilfe habe und zum Beispiel diesen Brief an Sie selber tippe, dann werden Sie wohl ohne weiteres verstehen, daß großzügige Zuwendungen sehr notwendig sind.«

Sie muß nichts weiter tun, als diese Zuwendungen dort in Empfang zu nehmen, wo man sie ihr anbietet. Man einigt sich auf Mai. Marie bittet Missy, einen Termin bei einem angesehenen Facharzt in New York für sie zu vereinbaren. Vor kurzem hatte sie an Bronia geschrieben:

> »Meine Augen sind sehr geschwächt, und man kann wahrscheinlich nicht viel dagegen tun. In den Ohren peinigt mich ein fast ununterbrochenes, oft sehr lautes Sausen. Ich bin sehr beunruhigt: Meine Arbeit könnte dadurch gestört – ja unmöglich gemacht werden. Vielleicht hat das Radium etwas mit diesen Störungen zu tun, aber es läßt sich nichts Sicheres darüber sagen.
> Dies sind meine Leiden. Sprich mit niemandem darüber, damit sich keine Gerüchte verbreiten …«

Sollte das Radium daran schuld sein? Zum ersten Mal spricht sie diesen Gedanken aus. Bald wird sie die Bestätigung erhalten, daß sie beidseitig an grauem Star erkrankt ist.

Als man in Paris erfährt, daß Madame Curie aus den Händen des amerikanischen Präsidenten Spendengelder der ganzen Nation in Empfang nehmen würde, führt dies zu einer gewissen Aufregung in den Zeitungsredaktionen und im Bildungsministerium. Wie soll man sich in dieser Situation verhalten?
Das Ministerium läßt diskret bei Marie anfragen, ob sie das Kreuz der Ehrenlegion annehmen würde. Sie lehnt zum zweiten Mal ab. Das ist sie Pierre schuldig.
Die Chefredakteure weisen ihre jungen Redakteure zurecht, die gemeint hatten: »Madame Curie – ist die was Besonderes?« Ohne sich abgesprochen zu haben, schlagen alle einen hymnisch-patriotischen Tonfall an. Das Magazin *Je sais tout* schlägt vor, eine Abschiedsgala vor Maries Abreise zu veranstalten. Eine Gala? In Verbindung mit einem Spendenaufruf, Madame, einem Spendenaufruf für das Radiuminstitut... Eine Veranstaltung in großem Rahmen zugunsten der französischen Wissenschaft, deren wichtigste Vertreterin Sie sind!
Die wichtigste Vertreterin erklärt sich einverstanden. Wie immer tippt sie den Brief selbst auf der Schreibmaschine.
Mit der Gestaltung des Abends wird Sacha Guitry beauftragt. Die Elite der französischen Wissenschaft findet sich am 27. April 1921 im Opernhaus ein. Marie wird mit herzlichem Applaus empfangen. Die in Würde gealterte Sarah Bernhardt trägt eine »Ode an Madame Curie« vor, deren vierzehn Strophen von Maurice Rostand stammen. Jean Perrin und Doktor Regaud halten eine Rede in Würdigung ihrer Verdienste. Guitry spielt in einem Stück, das sinnigerweise »Pasteur« heißt.
Indirekt hatte Missy zumindest eins schon erreicht – daß ihre Heldin in Frankreich öffentlich rehabilitiert wurde.
Einige Tage später brachte sie Marie mit ihren Töchtern auf der *Olympique* unter, einem Dampfer der White-Star-Linie, deren Präsident überredet werden konnte, Madame Curie persönlich zu ihrer Kabine zu geleiten. Die Suite war normalerweise jungen Brautpaaren vorbehalten.

Marie genoß eine ausgesprochen ruhige Überfahrt, in gespannter Erwartung dessen, was auf sie zukommen würde.

Die erste Begegnung mit der Neuen Welt verlief für beide Seiten ziemlich unglücklich.
Marie stand ihre erste Pressekonferenz bevor. Sie hatte sich nicht richtig darauf vorbereitet, sondern vielmehr – taub für Missys Ratschläge während der Überfahrt – in aller Seelenruhe eine Erklärung ausgearbeitet, die sie maschinenschriftlich vervielfältigt an die Journalisten verteilen wollte, wie sie es aus Paris im Umgang mit den angesehenen Reportern der *Temps* gewohnt war.
Als sie auf dem Oberdeck des Passagierdampfers erschien, wo Missy ihre erste Begegnung mit der Presse geplant hatte, spielte sich eine jener Szenen ab, die uns heute nur allzu vertraut sind und die einige von uns sogar selbst schon erlebt haben. Verschreckt kauerte Marie auf ihrem Stuhl, die Handtasche an den Körper gepreßt; den Hut hatte sie abgenommen und so ihr weißes Haupt entblößt. Im Blitzlichtgewitter der Fotografen, umstellt von den Kameras der Nachrichtensender, wurde sie von allen Seiten mit persönlichen Fragen bombardiert und saß mit zusammengepreßten Lippen da – erstarrt, beinahe stumm.
Vom Kai drang der Jubel der Menge herauf, die sich bereits vor mehreren Stunden eingefunden hatte, um die Entdeckerin des Radiums, die »Wohltäterin der Menschheit« zu sehen. Eine Musikkapelle spielte abwechselnd die Marseillaise, The Star-Spangled Banner und die polnische Nationalhymne. Bataillone von Pfadfinderinnen stimmten Willkommensgesänge an, in die sich die Hochrufe zahlreicher Empfangskomitees und der pol-

Auf Drängen von Missy begibt sich Marie Curie zusammen mit ihren Töchtern 1921 auf eine Amerikareise. Dort wird sie von Präsident Harding ein Gramm Radium erhalten. Auf dem Schiffsdeck stehen Missy, Irène, Marie und Eve Curie. (von links nach rechts; Foto: Sygma, Paris)

nischen Delegation mischten; dreihundert Frauen schwenkten rote und weiße Rosen.
Ohne diesen überaus herzlichen Empfang auch nur mit einer Geste zu würdigen, stieg Marie mit gesenktem Kopf die Gangway hinab und verschwand auf dem schnellsten Weg in der ersten der riesigen Limousinen, die Mrs. Andrew Carnegie zur Verfügung gestellt hatte, als bringe sie sich vor einer Feuersbrunst in Sicherheit. Bestürzt fragten sich ihre Bewunderer: Gefällt Amerika Madame Curie etwa nicht?
In der Ausgabe des *Delineator*, die zum größten Teil Madame Curie und ihrer Arbeit gewidmet war, hatte Missy sie als eine Frau »von seltener Schönheit« beschrieben, »aufrecht wie eine

griechische Statue«, mit »sanften, wohlgeformten Gesichtszügen«. Ihre Kollegen berichteten dagegen, was sie gesehen hatten: schmächtige Schultern, einen gebeugten Rücken, eine zerfurchte Stirn und ein Gesicht, das nichts Jugendliches mehr an sich hatte.

Die Fotografien in den Zeitungen gaben ihnen auf grausame Weise recht. Sie war sehr gealtert. Anstatt Amerika zu erobern, erregte Madame Curie vielmehr das Mitleid der Nation.

In einem Land, in dem eine gesellschaftlich angesehene Frau unweigerlich mit Reichtum und Grazie assoziiert wurde – heute ist dies freilich ganz anders – und in dem Frauen glaubten, ihren Willen um so eher durchsetzen zu können, je lauter sie sich zu Wort melden, geriet der Auftritt der »ärmlich gekleideten Wissenschaftlerin«, der »kleinen, schüchternen Frau«, der »erschöpften Besucherin«, der ein Heer zunehmend frustrierter Journalisten auf Schritt und Tritt folgte, zu einem Fiasko.

Wie hoch war doch der Preis, den Marie zahlen mußte! Dieses zweite Gramm Radium aus der Goldmine spontaner amerikanischer Großzügigkeit zutage zu fördern kostete sie beinahe ebenso viele Mühen wie das erste, das sie der leidigen Pechblende entrissen hatte.

Begleitet von Hymnen und Festreden, eilte sie von einem Mädchengymnasium zum nächsten, von einem Bankett zum andern, von der Carnegie Hall ins Waldorf, von West Point zum Naturkundemuseum – ein überschäumender Jahrmarkt war das, bei dem ihr eine allzu enthusiastische Bewunderin die ohnehin bereits ermüdete Hand so überschwenglich schüttelte, daß Madame Curie, der Erschöpfung nahe, den Arm in einer Schlinge tragen mußte, kaum daß sie eine Woche in Amerika war. Und das war erst der Anfang.

Da sie befürchtete, sich vor dem Empfang im Weißen Haus allzusehr zu verausgaben, ließ sie sich auf einigen Partys, die ihr zu Ehren veranstaltet wurden, von ihren Töchtern vertreten. Die Gastgeberinnen waren reiche Gönnerinnen, die zum Ausgleich für ihre hektische Aktivität nichts weiter verlangten, als sie eine Stunde lang in ihrem Salon präsentieren zu dürfen. Irène, die sich rasch langweilte und dies auch zeigte, war mit ihrem ungezügelten Temperament, ihrem brüsken Wesen und ihrer lächerlichen Art, sich zu kleiden, noch weniger für diese Art von Festlichkeiten geschaffen als ihre Mutter – sofern das überhaupt denkbar war.

Dafür glänzte die sechzehnjährige Eve dort um so mehr. Sie trug einen hübschen Hut und unterhielt sich, ganz aufgeregt wegen ihres unerwarteten Erfolgs, mit Leuten, die sich ebensowenig für Physik, dafür ebensosehr wie sie für Jazz interessierten. Endlich war das Mädchen »mit den Radium-Augen« seiner Mutter einmal nützlicher als Irène – und ohne Zweifel genoß sie das. Schließlich hatte die kleine Schwester zu Hause in Paris nicht jeden Tag soviel Spaß, wo ihr Mathematik doch so wenig Freude machte …

Die Zeremonie im Weißen Haus sollte am 20. Mai stattfinden. Am 19., nach einem letzten Empfang in New York, kam Missy zu Marie aufs Zimmer und legte ihr das Dokument vor, das am folgenden Tag die Übergabe des Radiums besiegeln sollte. Die beiden Frauen waren gleichermaßen erschöpft. Marie setzte die Brille auf, las das Dokument durch und sagte dann ganz ruhig: »Es fehlt noch etwas.«

An diesem Abend erkannte Missy endgültig, mit wem sie es zu tun hatte. Und umgekehrt verhielt es sich genauso.

Worum ging es Marie? Sie wollte einen noch eindeutigeren Passus, daß sie über das Radium frei verfügen könne. Denn was würde nach ihrem Tod mit dem Radium geschehen? Wem würde es dann gehören? Sie beanspruchte aber ein Übereignungsrecht, um es dem Curie-Laboratorium vermachen zu können.

Das Problem ihrer Nachfolge ließ sie seit den Schwierigkeiten nach Pierres Tod nicht mehr los. Aber ihre häufigen Anspielungen auf einen baldigen Tod schienen auch ihre Art zu sein, der Unausweichlichkeit des Schicksals zu begegnen.

Einverstanden, sagte Missy. Wir ändern das Dokument. Allerdings muß ein Notar den neu eingefügten Passus überprüfen. Dann holen Sie eben einen Notar, entgegnete Marie. Außerdem müssen die Stifterinnen mit dieser Änderung einverstanden sein, sagte Missy. Dann fragen Sie sie eben, entgegnete Marie.
Wie nicht anders zu erwarten, trieb Missy einen Notar auf, der bereit war, Madame Curie umgehend seine Dienste zur Verfügung zu stellen. Und sie machte zwei Vertreterinnen des Stiftungskomitees ausfindig; eine davon war die Frau des amtierenden Vizepräsidenten und künftigen Präsidenten der Vereinigten Staaten, Mrs. Calvin Coolidge. Maries Wunsch wurde entsprochen. Obwohl es schon spät war, begann Marie eine Diskussion über die künftige Verwendung der Spendengelder, die nach wie vor reichlich flossen. Die für das Radium erforderlichen hunderttausend Dollar waren bereits bei weitem überschritten.
Die Amerikanerinnen, die den Marie Curie Radium Fonds gegründet hatten, konnten sich an diesem Abend des unangenehmen Eindrucks nicht erwehren, daß Madame Curie nicht genau die Person war, die man ihnen beschrieben hatte, und begannen, den Unmut der Wissenschaftler, die Marie auf Kongressen begegnet waren, zu teilen.
Doch so rasch ließen sich diese Damen nicht einschüchtern. Die Diskussion wurde abgebrochen, ohne daß eine Einigung erzielt worden wäre; die fraglichen Gelder – mehr als fünfzigtausend Dollar – wurden mehrere Jahre lang eingefroren.
Aber es kann nicht überraschen, daß Marie Curie am Ende doch ihren Willen durchsetzte.
Im Weißen Haus gab es keine Überraschungen. Eine Menge geladener Gäste, Botschafter, französische und polnische Abordnungen defilierten an Marie vorbei, die den Arm noch immer in der Schlinge trug und ihren Töchtern Händeschütteln und französische, englische oder polnische Begrüßungsworte überließ. Marie trug zu diesem Anlaß ihr schwarzes Spitzen-

kleid, das sie auch zehn Jahre zuvor bei der zweiten Verleihung des Nobelpreises getragen hatte.
Präsident Harding war ein liebenswürdiger, aber wankelmütiger Mann und bekleidete sein Amt nur deshalb, weil man sich im Zuge interner Streitigkeiten in der republikanischen Partei auf den am leichtesten zu beeinflussenden Kandidaten geeinigt hatte, der von der eisernen Hand seiner Gattin – die er »die Herzogin« nannte – auf die politische Bühne katapuliert worden war.
»Ich bin nicht für dieses Amt geschaffen«, sagte er, »und sollte eigentlich gar nicht hier stehen.« Eine Bemerkung, die wenigstens seiner Urteilskraft Ehre machte.
Er gab würdevoll ein paar Platitüden über die »Seele des Radiums« von sich, über »diese noble Frau, hingebungsvolle Gattin und liebende Mutter, die neben ihrem bahnbrechenden Werk sämtlichen Pflichten einer Frau vollauf Genüge getan hat.«
Er legte ihr ein Band um den Hals, an dem ein goldener Schlüssel baumelte, der dazu diente, die auf einem Tisch stehende Magahonischatulle zu öffnen. Der Inhalt war mit Blei ummantelt und wog fünfzig Kilo – plus ein Gramm. Das Radium.
Empfänge, Konferenzen und Bankette, Züge und Reisebusse, Philadelphia, Boston, Pittsburgh, Buffalo, Chicago, Universitäten und wissenschaftliche Gesellschaften, Besuche in Fabriken und Laboratorien … neugierige Menschenmassen, die stundenlang herumstanden, um einen Blick auf die Frau zu erhaschen, die den Krebs besiegt hatte …
Möglicherweise befand sich in der Menschenmenge die eine oder andere junge Fabrikarbeiterin, deren Aufgabe darin bestand, Leuchtziffern auf die Zifferblätter von Armband- oder Pendeluhren zu malen. Die verwendete Farbe enthielt Radium oder Mesothorium. Die Arbeiterinnen feuchteten für gewöhnlich die Pinselspitze mit der Zunge an. Die meisten von ihnen starben wenige Jahre später an Kieferkrebs. Entdeckt hatte diese tödliche Krankheit – den »radium jaw« (verstrahlter Kiefer) –

1924 ein amerikanischer Zahnarzt, doch für die meisten seiner Patienten kam jede Hilfe zu spät.
Bekanntlich zerstört die Strahlung von Radium und anderen radioaktiven Metallen Krebszellen, sie kann diese aber auch produzieren, denn sie greift auch gesunde Zellen an. Die vielfältigen Anwendungsmöglichkeiten der Strahlentherapie konnte sich 1921 jedoch niemand vorstellen.

Missys Arzt diagnostizierte bei Madame Curie zu niedrigen Blutdruck und verordnete ihr absolute Ruhe. Noch erschöpfter war allerdings zu diesem Zeitpunkt die kleine, hinkende Amerikanerin. Sie war nicht schlechter als Marie darin, ungeahnte Energiereserven zu mobilisieren – doch mittlerweile hatte auch sie jenen kritischen Punkt erreicht, an dem nichts mehr half. Das wahnwitzige Unterfangen, das sie geplant und durchgeführt hatte, löste bei ihr einen tuberkulösen Rückfall aus.
Marie ihrerseits brauchte nur ein Empfangskomitee mit Blumenstrauß im Arm und musikalischem Willkommensgruß auf den Lippen zu sehen, um sich bereits einer Ohnmacht nahe zu fühlen. Eine Zeitung titelte recht drastisch: »Übertriebene Gastfreundschaft! Durch unsere maßlose Begeisterung hätten wir schon Marschall Joffre beinahe umgebracht. Töten wir nun Madame Curie?«
Einschränkend muß allerdings gesagt werden, daß die wissenschaftliche Fachwelt diese maßlose Begeisterung nicht teilte. Zwar hatten die amerikanischen Forscher zu Beginn des Jahrhunderts kaum Furore gemacht – der Physiker Rowland bemerkte damals, Amerika verwechsle Wissenschaft mit mechanischer Erfindung –, doch warf der Krieg wie überall zahlreiche Fragen auf, an deren Beantwortung fieberhaft gearbeitet wurde.* Die in

* Die entscheidende Wende brachte der Zweite Weltkrieg. Zwischen 1901 und 1938 erhielten nur zwölf Amerikaner einen Nobelpreis (in Physik, Chemie, Medizin und Physiologie). In den Jahren 1939 bis 1976 wurden dagegen 88 amerikanische Forscher ausgezeichnet.

jüngster Zeit verstärkten Bemühungen in der Grundlagenforschung waren aber immer noch von privaten Geldgebern abhängig, allen voran der Carnegie Corporation und der Rockefeller Foundation. Und was wollte Madame Curie schließlich in den Vereinigten Staaten? Die privaten Geldtöpfe plündern! Von Andrew Carnegies Großzügigkeit hatte sie bereits stark profitiert. Das Geld, das sie mit nach Frankreich nehmen würde, stände amerikanischen Forschungseinrichtungen jedenfalls nicht mehr zur Verfügung.

Und warum veranstaltete man überhaupt diesen Zirkus um eine Frau, die strenggenommen seit zehn Jahren nichts mehr zuwege gebracht hatte?

Angesehene Universitäten wie etwa Yale oder Columbia beschlossen dennoch, Marie zu empfangen und ihr die Ehrendoktorwürde zu verleihen. Die älteste und arroganteste, nämlich Harvard – dem »Wissen und der Gottesfurcht« verpflichtet – entschied sich hingegen, nichts dergleichen zu tun. Die gesamte physikalische Fakultät hatte sich dagegen ausgesprochen.

Maries langjähriger Feind, Bertram Boltwood, der nie ein Hehl daraus gemacht hatte, daß er sie weder in fachlicher noch in menschlicher Hinsicht schätzte, war daran nicht ganz unbeteiligt.

Als Marie auf Einladung der American Chemical Society zwei Stunden im Sloane Laboratory verbrachte, begegnete er ihr jedoch plötzlich persönlich. Er empfand sie als »rührend, auf eine feierliche Art«, und mußte zugeben, daß sie »ungewöhnlich liebenswürdiger Stimmung« war. Auch schien er bei dieser Gelegenheit zum ersten Mal zu bemerken, »wie gut sie in wissenschaftlichen Angelegenheiten auf dem laufenden ist«, wodurch ihr fachliches Urteil insgesamt weniger suspekt erschien.*

Weitere Wissenschaftler äußerten in der Presse ihren Unmut

* Boltwood stützte sich übrigens 1907 auf die von Marie entwickelten Methoden, um ein neues radioaktives Element, das Ionium, zu isolieren.

über die »Razzia«, die Marie Curie in den Brieftaschen der Amerikaner veranstaltete. Dabei wußten sie noch gar nicht alles.

Obwohl Missy die »Zirkustournee« in den amerikanischen Westen abgesagt hatte, konnte Marie aus den Vereinigten Staaten nicht nur Radium im Wert von 100 000 Dollar mitnehmen, sondern auch Mesothorium und andere kostbare Mineralien für 22 000 Dollar, dazu 6 900 Dollar für verschiedene Ausgaben – die Restsumme der Spendengelder, schätzungsweise 52 000 Dollar, noch nicht eingerechnet – sowie zahlreiche Ausrüstungsgegenstände aller Art, die ihr noch obendrein geschenkt worden waren.

Dies ermöglichte ihr, das Curie-Labor zu einem wahren Tempel der Physik und der Radioaktivität zu machen, das den besten ausländischen Laboratorien in nichts nachstand. Ihr Traum hatte sich erfüllt. Und Missy sorgte dafür, daß diese Geldquelle auch in den nächsten Jahren nicht versiegte.

Eine fabelhafte »Razzia«.

Darüber hinaus hatte Marie 50 000 Dollar Vorschuß auf die Autorenrechte an einer faden Autobiographie kassiert. Missy hatte in allen Punkten Wort gehalten, hatte ihre Zusagen sogar übertroffen.

Als sich die beiden Frauen, umringt von einer Horde Fotografen, auf dem Dampfer verabschiedeten, der Marie zurück nach Le Havre bringen sollte, hörte man Marie murmeln: »Lassen Sie sich noch einmal anschauen, teure, teure Freundin... Vielleicht werde ich Sie nie wieder sehen.«

Maries schöne graue Augen wurden mit jedem Tag matter. Sie war überzeugt, daß sie binnen kurzem erblinden würde.

Weinend sagten die beiden Frauen einander Lebewohl.

Es sollte am besten gleich gesagt werden, daß sich die beiden zierlichen Frauen doch noch einmal wiedersahen. Sieben Jahre später übergab der neue Präsident der Vereinigten Staaten Marie im Weißen Haus ein Geschenk des amerikanischen Vol-

kes, mit dem sie ein weiteres Gramm Radium kaufen sollte. Diesmal für Polen.
In der Zwischenzeit hatte auch Missy, die Chefredakteurin der Wochenendbeilage der *New York Herald Tribune* geworden war, Bestrahlungen zur »experimentellen« Behandlung eines offenbar bösartigen Tumors erhalten. Marie ihrerseits hatte sich dreimal einer Augenoperation unterzogen, ohne deswegen auf Reisen nach Holland und Brasilien, nach Italien und Dänemark, in die Tschechoslowakei und nach Spanien, Schottland und Polen zu verzichten, ganz zu schweigen von einigen Abstechern nach Genf, wo sie Mitglied einer Kommission des Völkerbundes zur Förderung der intellektuellen Zusammenarbeit war, und nach Belgien zu den Solvay-Kongressen.
Missy und Marie waren aus dem gleichen Holz geschnitzt – sie trotzten allen Stürmen.
Vom Schiff aus, das sie zurück nach Frankreich brachte, sandte Marie einen herzlichen Brief an Missy:

> »Wir alle machen uns große Sorgen um Ihre Gesundheit, und ich hoffe, daß Sie beschlossen haben, sich einer ernsthaften Behandlung zu unterziehen. Bitte, lassen Sie es uns so bald wie möglich wissen. Wir alle lieben Sie und wollen, daß Sie stark und glücklich sind.«

Im selben Brief sorgt sie sich jedoch auch um die 52 000 Dollar, die bei der Equitable Trust Company hinterlegt worden sind:

> »... Selbstverständlich wäre es mir sehr unangenehm, die Entscheidungen in Frage stellen zu müssen, die Sie und das Komitee treffen könnten, um mir und meinen Töchtern das Leben zu erleichtern ... Was jedoch die grundsätzliche Verwendung des Fonds betrifft, so bin ich sicher, daß die Spenderinnen es gerne sähen, daß ihr Geld meinen Wünschen gemäß verwendet würde, und denke, daß mein Rat Ihnen in dieser Angelegenheit von Nutzen sein könnte.«

Als der Zug aus Le Havre am 2. Juli 1921 im Pariser Bahnhof Saint-Lazare einfuhr, erwarteten Madame Curie am Bahnsteig weder Blumensträuße noch Transparente oder Fotografen.
Das Empfangskomitee bestand nur aus drei Leuten: Ein junger Forscher aus dem Labor, Marcel Laporte, der sogleich das kostbare Radium in Empfang nahm, und zwei Journalisten, denen nur eine Frage einfiel: »Was halten Sie von dem Kampf zwischen Carpentier und Dempsey?«
Mit derselben Frage hatte man sie auch in den Vereinigten Staaten verabschiedet. Sie erwiderte trocken, daß sie zu diesem Thema keine Meinung habe.
Ein paar Stunden später wäre ihr dazu zweifellos mehr eingefallen. Vor dem Bahnhof gab es kein einziges Taxi. Auch in der Umgebung des Bahnhofs war keins zu finden. Dafür Lautsprecher, die Runde für Runde den Kampf um die Boxweltmeisterschaft übertrugen, die gerade in New York stattfand. Ganz Paris war auf der Straße, in Erwartung des Feuerwerks, das dann auch tatsächlich den Sieg des Franzosen durch K.O. in der vierten Runde verkündete. Ganz Paris, einschließlich der Taxifahrer.
Und so kehrte Marie zu Fuß zum Quai de Béthune zurück, in einer herrlichen Sommernacht. Unterwegs hatte sie sicherlich reichlich Gelegenheit, über den unterschiedlichen Stellenwert, den man berühmten Persönlichkeiten einräumte, nachzudenken ...
Einige Jahre später mußte Marie wiederum auf einem Bahnsteig ihren »Stellenwert« gegenüber einem Boxer behaupten. Diesmal in Berlin, und der Boxer war Jack Dempsey. Sie schrieb an ihre Tochter:

> »Am Bahnsteig in Berlin drängte sich eine Menschenmenge und schrie nach dem Boxer Dempsey, der im gleichen Zug ankam wie ich. Er sah befriedigt drein. Aber ist es nicht letztlich gleichgültig, ob Dempsey umjubelt wird oder ich?

> Ich glaube, daß die bloße Tatsache einer derartigen Huldigung etwas an sich hat, was nicht gebilligt werden darf, an wen immer sie sich auch richtet.«

Nein, das durfte nicht gebilligt werden. Aber Marie fügte hinzu:

> »Dennoch ist mir nicht ganz klar, wie man sich verhalten sollte, oder inwieweit man zulassen darf, daß die Person mit der Idee, die sie vertritt, verwechselt wird.«

Eine Idee zu vertreten – dieser Aufgabe sollte sie den größten Teil der ihr noch verbleibenden Lebensjahre widmen. Eine einfache, starke Idee, die heute so heftig umstritten ist: Wissenschaft ist die einzige Quelle des Fortschritts.

Während Marie in Amerika umjubelt wurde, nutzen ihre Freunde in Paris den Rummel um ihre Reise und entdecken ein einfaches Prinzip: Man muß jede Finanzierungsmöglichkeit ausschöpfen, die sich bietet.
Selbst an den Teufel hätten sie sich gewandt – doch der hochbetagte Edmond Rothschild ist eher ein gütiger Engel, zumindest für Künstler. Er hat aber auch ein lebhaftes Interesse an der Wissenschaft.
Zunächst spendet er einer Stiftung, die Stipendien an Jungforscher vergibt, zehn Millionen Francs. Dank eines solchen Stipendiums wird ein Schüler Langevins, ohne akademische Titel, seine Forscherlaufbahn im Curie-Labor beginnen. Er heißt Frédéric Joliot.
Baron Rothschild möchte gern selbst einmal unter einem geeigneten Mikroskop jenen Partikeltanz verfolgen, den man Brownsche Bewegung nennt. Die Bewegung wird durch heftige

Zusammenstöße der Umgebungsmoleküle mit den unsichtbaren Atomen ausgelöst, deren Beobachtung Jean Perrin seine Berühmtheit verdankt.
Der lädt ihn zu einer Demonstration ins Labor. Perrins rote Lokken sind inzwischen weiß geworden, doch seine ansteckende Begeisterungsfähigkeit ist ungebrochen – sie wird noch lange Zeit jung und alt in ihren Bann ziehen. Als der alte Baron endlich die steile Treppe zum Labor im obersten Stockwerk der Sorbonne erklommen hat, stellt er fest, daß »die Wissenschaft in Frankreich wirklich schlecht situiert ist«. Und so beschließt er, fünfzig Millionen für die Errichtung eines neuen Instituts für Biologie, Physik und Chemie zur Verfügung zu stellen. Jean Perrin, André Mayer und Georges Urbain werden die einzelnen Abteilungen leiten.
Emile Borel stellt den Kontakt zu einem Vertreter der Rockefeller Foundation her. Eine gemeinsame Finanzierung gestattet die Einrichtung des Institut Henri Poincaré für Mathematik und mathematische Physik. Borel wird zu dessen Leiter bestimmt. Diese neuen Gebäude werden in den zwanziger Jahren errichtet, als Anbau bzw. in unmittelbarer Nachbarschaft des Radiuminstituts in der Rue Pierre Curie.
Auch die Appelle der Wissenschaftler an das Parlament fanden Gehör. Obwohl die Gesten meist symbolischer Art waren, führten sie doch zu entscheidenden Veränderungen. Maurice Barrès prangerte im Plenum »die schlecht beleuchteten, feuchten Räume« an, »von deren Wänden der Putz bröckelt und in denen die Instrumente verrosten«. Daraufhin stimmte die Mehrheit der Abgeordneten, rechte wie linke, der Einführung einer neuen Regelung zu: Es sollte künftig eine unabhängige Forschung geben, die über eigene Geldmittel verfügt.
Davon profitierte auch das Curie-Labor. Marie überließ ihrer Tochter Irène ein Füntel der so erhaltenen Summe für deren eigene Forschungsarbeit. Zum Verdruß einiger Mitarbeiter war Irène inzwischen zur »Thronfolgerin« avanciert.

Borel, dem seine Freunde ebenso wie Langevin vorwarfen, sich zu verzetteln, der aber viel zu breitgefächerte Interessen hatte, als daß er sich auch nur fünf Minuten Langeweile gestattete, ließ sich zum Abgeordneten des Départements L'Aveyron wählen, in dem er geboren war. Sein Vater war dort Pfarrer gewesen. Er behauptete, nichts mehr von höherer Mathematik wissen zu wollen und war nach dem Krieg erst einmal nach China gereist. Als man ihn bat, gegen General de Castelnau zu kandidieren, nahm er unter der Bedingung an, daß auch der Sozialist Paul Ramadier aufgestellt würde.

Beide Kandidaten gewannen – im Jahr 1924 schlug das Politbarometer wieder nach links aus. Nach seiner Wahl kümmerte Borel sich selbstverständlich um die Wissenschaft. Er war es, der den sogenannten Sou du laboratoire, den »Laborpfennig« erfand.

Im Parlament wurde gerade eine Zwangsabgabe der Industrie zur Unterstützung der Berufsausbildung diskutiert. Borel gab zu bedenken, daß es ohne wissenschaftliche Forschung keine moderne Industrie geben könne. Er schlug vor, die Abgabe um ein Siebtel zu erhöhen und den Differenzbetrag den Wissenschaftlern zukommen zu lassen.

Painlevé war Vorsitzender des Abgeordnetenhauses, Herriot Ratspräsident, Léon Blum Parteivorsitzender der Sozialisten ... Das Abstimmungsergebnis spiegelte die altgewohnte Komplizenschaft der Hochschulabsolventen wider. Im darauffolgenden Jahr wurde Borel Marineminister, obwohl er nicht die geringste Ahnung von der Seefahrt hatte. Aber das ist eine andere Geschichte.

Gegen Ende der zwanziger Jahre hatten sich die Rahmenbedingungen, unter denen Forschung betrieben wurde, nur unwesentlich geändert, doch immerhin war eine leichte Verbesserung eingetreten. Zwischen dem Institut Pasteur, dem Radiuminstitut und den Rothschild-Stiftungen konnte sich eine hochschulunabhängige Forschung etablieren. Parallel zu dieser Entwicklung

trug Langevin einen Kampf aus, der in der Geschichte der Wissenschaft seinesgleichen sucht.
Seit 1909 hatte er am Collège de France Vorlesungen zur bedingten Relativität gehalten und auch Einstein als Gastdozenten eingeladen. Der Krieg hatte die Fortsetzung dieses Projekts vereitelt. Als Langevin es nach dem Krieg wieder aufnimmt, scheint Einsteins Relativitätstheorie bestätigt zu sein.
Ende 1919 ist in der englischen Presse zu lesen gewesen: »Eine Revolution in der Wissenschaft: Newtons Ideen sind hinfällig!« Die Lichtbeugung durch Gravitation war kurz zuvor bei einer totalen Sonnenfinsternis bewiesen worden.
Dennoch weigert sich beinahe die Gesamtheit der Physiker und Mathematiker lange Zeit aufs heftigste, »ein neues Fenster zur Ewigkeit« zu öffnen, wie Langevin es nennt. Nicht einmal das Wort »Relativität« wird 1921 bei der Verleihung des Nobelpreises an Einstein erwähnt.
Um die französischen Physiker von der radikalen Neuerung des Einsteinschen Gedankenguts zu überzeugen, geht Langevin ein Jahr später so weit, den Gelehrten zu einer Vortragsreihe nach Paris einzuladen. Und das im Jahre 1922, als der Nationalismus auf beiden Seiten des Rheins gleichermaßen heftig lodert.*
Einstein, der mit achtzehn Jahren Schweizer Staatsbürger geworden war, hatte sich während des Krieges ausschließlich wissenschaftlich betätigt. Um die Verletzung belgischen Territoriums zu rechtfertigen, hatten dagegen 1914 93 deutsche Intellektuelle (darunter Max Planck) ein »Manifest an die zivilisierte Welt« unterzeichnet, mit dem sie den Militarismus ihres Heimatlandes unterstützten, das ihrer Meinung nach die germanische Kultur verteidigte.

---

* Erst 1927 konnten deutsche Wissenschaftler zur Teilnahme an den Solvay-Kongressen eingeladen werden, die zum dritten Mal nach dem Krieg stattfanden. Einstein wurde 1923 eingeladen, lehnte aber ab, da das belgische Institut keine anderen Deutschen duldete.

Der Physiker und Begründer der allgemeinen Relativitätstheorie Albert Einstein (1879–1955) ist hier 1920 in seiner Bibliothek abgebildet. 1911 hatte Marie ihn auf dem Solvay-Kongreß kennengelernt, der Anfang einer zwanzigjährigen Freundschaft.

(Foto: Süddeutscher Verlag, München)

In einem Gegenmanifest rief Professor Nicolai die Universitätsangehörigen der kriegführenden Nationen um der Zukunft Europas willen zur Zusammenarbeit auf und schlug die Gründung einer Liga der Europäer vor. Er fand drei Unterzeichner, darunter Einstein. Wie Bertrand Russell in Großbritannien und Marie Curie in Frankreich gehörte Einstein zu jenen Wissenschaftlern, die es nicht fassen konnten, daß die theoretischen Vermittler höchster geistiger Werte oft nicht davor zurückschreckten, sich mit Blut zu besudeln.

Als Außenminister Walther Rathenau, sozialkritischer Demokrat und erklärter Internationalist, von Langevins Vorschlag hörte, überzeugte er Einstein, daß es seine Pflicht sei anzunehmen, auch wenn er dadurch zur Zielscheibe deutscher Nationalisten würde. Aber auch die französischen Nationalisten hatten Einstein im Visier, protestierten aufs schärfste gegen den Aufenthalt eines »deutschen Juden« in Paris und kündigten an, seine Vorträge verhindern zu wollen.

Und so fand Einsteins Antrittsvorlesung am Collège de France unter polizeilichem Schutz statt. Es wurden nur geladene Gäste eingelassen, zu denen natürlich Marie gehörte sowie Perrin, Borel, Painlevé, Henri Bergson, die Gräfin Greffulhe, die offensichtlich großes Interesse an der Wissenschaft hatte (oder nur an einem bestimmten Wissenschaftler?), und Madame Ménard-Dorian, welche Proust neben anderen zu seiner Madame Verdurin inspirierte – kurzum, man war in bester Gesellschaft.

Die Gräfin Anna de Noailles, deren Gedichte zumindest nach Ansicht ihrer Verfasserin hervorragend waren, wollte – wie alle übrigen auch – dem großen Mann vorgestellt werden. Emile und Marguerite Borel fungierten als Gastgeber eines Diners, das Langevin und Borel, beide glänzend aufgelegt, Marie, wie immer lakonisch, die geschwätzige Anna de Noailles und Einstein vereinte, der entzückt mit der hübschen Gräfin ein Fingerknüpfspiel spielte.

Doch Einsteins Aufenthalt in Paris geriet keineswegs zu einem bloßen Forum für mondäne Eitelkeiten. Er sprach mehrere Male vor Wissenschaftlern, traf bei Borel mit etlichen Politikern und auch mit Paul Valéry zusammen. Er reiste mit dem Gefühl wieder ab, daß sein Besuch zur Völkerverständigung beigetragen habe.

Nach Berlin zurückgekehrt, erfuhr er, daß er auf der schwarzen Liste der Nationalisten stand und umgebracht werden sollte. Einstein tauchte vorübergehend unter. Im Juni wurde Rathenau ermordet.

Einige Monate später lud Einstein Langevin nach Berlin ein, wo beide an einer Zusammenkunft zur Sicherung der Demokratie und des Friedens teilnahmen. Auf Druck der Nationalisten wurde den beiden Wissenschaftlern ein öffentliches Redeverbot erteilt.

Dabei war Einstein im Grunde unpolitisch. Im Zuge seines Einsatzes für eine moderne Physik nahm Langevin dagegen immer entschiedener zu politischen Fragen Stellung. Dies dürfte mit dazu beigetragen haben, daß sein Antrag, in die Pariser Akademie der Wissenschaften aufgenommen zu werden, zweimal abgewiesen wurde.

Nichtsdestotrotz war er nach wie vor ein gerngesehener Gast in den besten Pariser Kreisen – und auch das belgische Königshaus hatte eine Schwäche für ihn. Langevin sprach dort zwar nur selten über die Situation in der Sowjetunion – obwohl derartige Äußerungen seine Gastgeber durchaus nicht gestört hätten, da man der Auffassung zu sein schien, alle menschliche Hoffnung konzentriere sich auf dieses Land –, aber dafür um so häufiger über den faschistischen Triumph in Italien und die Aufmärsche nationalistischer Kräfte in Deutschland, beides eine Bedrohung des Friedens.

Der Pazifist Langevin, der so leidenschaftlich die Einheit aller Völker zur Sicherung des Friedens beschwor, erinnerte immer noch an einen Kavallerieoffizier. Er war in der Tat ein Anhänger der alten Schule von Jaurès. Der Mann, der so gerne Schauspieler geworden wäre, hatte sich zu einem eindrucksvollen Redner entwickelt, der sich auf politischen Versammlungen Gehör zu verschaffen wußte. Perrin, Borel, Marie und alle Freunde hatten durchaus recht, wenn sie um die Einrichtung neuer Institute und finanzielle Unterstützung kämpften – im übrigen trug er selbst dazu bei –, aber was würde davon übrigbleiben, wenn ein neuer Krieg...? Und wer konnte den Krieg verhindern, wenn nicht das Volk, die Völker...?

1927 leitete Langevin die erste große antifaschistische Versammlung in Paris vor achttausend Zuhörern.

Marie scheint daran nicht teilgenommen zu haben.

Ihre Einstellung zu diesen Dingen steht außer Frage. Hartnäkkig enthält sie sich jeglicher politischen Einmischung – aber nicht etwa, weil sie keine Meinung dazu hätte, sondern weil sie sich schon vor langer Zeit entschieden hat. Sie steht auf seiten der Demokratie gegen die Autokratie, der Gerechtigkeit gegen die Ungerechtigkeit, des sozialen Fortschritts gegen den Konservatismus, der Freiheit des Geistes gegen jeglichen Dogmatismus.

Doch welche Kräfte dienen dem Fortschritt? Das Volk, lautet Langevins Antwort. Die Wissenschaft, meint Marie. Und es sei Aufgabe der Wissenschaftler selbst, dem Fortschritt durch Wissenschaft zum Durchbruch zu verhelfen. Jeder Mann und jede Frau, die sie im Geiste der Wissenschaft ausbilden und von denen die Forschung vorangetrieben wird, diene dem Fortschritt. Gegen Revolutionsromantik und schwärmerische Illusionen, denen sie bereits mit zwanzig Jahren nichts mehr abgewinnen konnte, ist sie auch jetzt völlig immun. Sie verurteilt sie zwar nicht – vorausgesetzt, es kommt nicht zu Gewalttätigkeiten –, läßt sich aber auch nicht darauf ein.

Auf Einladung der republikanischen Regierung reist sie nach Spanien. »Alle freuen sich hier über die junge Republik«, schreibt sie an Irène, »und es ist sehr bewegend, mit anzusehen, welch großes Vertrauen die jungen Leute und etliche von den älteren in die Zukunft setzen.« Doch fügt sie hinzu: »Ich wünsche mir von ganzem Herzen, daß ihre Hoffnungen nicht allzusehr enttäuscht werden.«

»Meine Mutter starb, bevor die Faschisten Spanien ins Unglück stürzten«, schreibt Irène später. »Ohne Zweifel hätte sie die Faschisten als Verbrecher bezeichnet, doch wer weiß, ob sie auch der Meinung gewesen wäre, die spanische Republik hätte von Anfang an härter gegen die Faschisten vorgehen sollen? Ich weiß es auch nicht. Argumente, die auf eine spezifische Situation gemünzt waren, lehnte sie jedenfalls stets ab, wenn diese sich nicht mit den Prinzipien in Einklang bringen ließen, die ihr wichtig waren.«

Marie ließ sich durch nichts und niemanden beeinflussen, glaubte aber stets, daß »eine Sache durchgeführt werden muß, wenn man von ihrer Richtigkeit überzeugt ist, selbst wenn es tausend Gründe gäbe, sie nicht durchzuführen.« Und so unterzeichnet sie nur zweimal im Lauf ihres Lebens eine Petition: Die erste, wie bereits erwähnt, zugunsten der englischen Suffragetten; die zweite 1927 für Sacco und Vanzetti.* Marie gehört zu denjenigen, die ihr Leben in den Dienst einer einzigen Sache stellen.

Was sie Langevin verweigert – ihren Namen, ihre Unterschrift, ihren Beistand, ihr Engagement –, gewährt sie Jean Perrin, weil

* Die beiden italienischen Immigranten Sacco und Vanzetti wurden 1921 in den USA nach der Ermordung eines Kassierers verhaftet und zum Tode verurteilt, ohne daß Beweise für ihre Schuld vorgelegt worden wären. Man hatte in ihrem Wagen anarchistisches Propagandamaterial gefunden, und in den Vereinigten Staaten grassierte damals eine »Panik vor den Roten«. Es wurde ein Komitee zu ihrer Verteidigung gebildet. Die Affäre zog sich bereits seit sechs Jahren hin und hatte weltweites Aufsehen erregt, als sich französische Intellektuelle zu Wort meldeten, die zwar nicht zu der Schuldfrage Stellung nahmen, aber sich gegen eine Verhängung der Todesstrafe unter solchen Umständen aussprachen. Die Hinrichtung von Sacco und Vanzetti löste ein regelrechtes Trauma in der amerikanischen Öffentlichkeit aus und führte dazu, daß sich ein Teil der Liberalen der Sowjetunion zuwandte, während die Konservativen darin den Beweis für »die Lebenskraft der bestehenden Ordnung« sahen.

er seine gute alte Freundin nur um Unterstützung für die »gute Sache«, die Wissenschaft, bittet.
»Das Leben ist zu kurz, als daß man alle Schlachten schlagen könnte«, meint er. Deshalb konzentriert er sich auf eine einzige Schlacht, die der Forschung. Nicht aus persönlichem Ehrgeiz, denn er hat den Gipfel akademischer Würden bereits erreicht – 1926 wird ihm der Nobelpreis verliehen –, sondern für die kommende Generation und für sein Land. Denn zwei Tatsachen sind unübersehbar:
Erstens: Frankreich hat den Anschluß an die moderne Physik verpaßt und steht nun hinsichtlich der wissenschaftlichen Produktion innerhalb Europas nur an dritter, wenn nicht gar an vierter Stelle. Perrin erkennt darin eine Gefahr.
Zweitens: Ein beträchtlicher Anteil – Perrin zufolge drei Viertel – des französischen Wissenschaftspotentials bleibt ungenutzt. Denn die Jugend wendet sich anderen Dingen zu, weil die Forscher von der Wissenschaft nicht leben können und meist nicht den wohlhabenden Gesellschaftsschichten entstammen. Nicht jeder verfügte, wie Maurice de Broglie – und später sein Bruder Louis, der die Materiewellen entdeckte –, über die notwendigen Mittel zur Finanzierung eines eigenen Labors.
Perrin bedrängt einerseits Universitätsleitungen, andererseits Regierungschefs und deren Minister, gleich welcher politischen Partei sie angehören. Er kann auch Marie für seine Ideen einspannen – die »durch ihr Aussehen und ihre moralische Entschlossenheit immer mehr einem tibetanischen Mönch ähnelt« –, so daß es ihm am Ende gelingt, sein mit Freunden ausgearbeitetes Konzept durchzusetzen und die Gründung des berühmten C.N.R.S. (Staatliches Zentrum für Wissenschaftliche Forschung) zu erreichen.
Dessen endgültige Umsetzung erfolgte erst nach Maries Tod, in den letzten Wochen der Regierungszeit einer großen Linkskoalition im Jahre 1938. Vorausgegangen waren heftige Auseinan-

dersetzungen zwischen dem Regierungsmitglied Jean Perrin und Joseph Caillaux im Senat.
Mit seinen 73 Jahren am Ende einer bewegten Laufbahn und seinerzeit Vorsitzender des Finanzausschusses, verspottete der alte Zyniker Caillaux einmal mehr aufs heftigste die Wissenschaftler und somit den technischen Fortschritt. Heute würde man ihm wohl vielerorts Gehör schenken – damals gelang es Caillaux jedoch nicht, das gerade ins Leben gerufene C.N.R.S. auszulöschen, an dessen Fortbestand und Gedeihen Perrin soviel gelegen war.
Die bewegte Entstehungsgeschichte dieser Institution nachzuvollziehen, würde hier zu weit führen. Das C.N.R.S. verdient jedoch insofern Erwähnung, als es das Werk des »Curie-Clans« war, jener kleinen Gruppe von Menschen, die der unermüdliche, jahrelange Einsatz für den Fortschritt zusammengeschweißt hatte – und die Gewißheit, daß dieser Fortschritt nur durch wissenschaftliche Forschung errungen werden kann.
In diesem Glauben schwang, wie bei jedem Glauben, sicherlich auch utopisches Wunschdenken mit. Doch die Menschheit ist bisher den Beweis schuldig geblieben, daß ein anderer Weg mit größerer Sicherheit zu einer besseren Welt führt.

Nach ihrer Rückkehr aus Amerika schreibt Marie an ihre Schwester Bronia:

> »Ich habe in meinem Leben schon so viel gelitten, daß mich nichts mehr erschüttern kann. Höchstens eine echte Katastrophe würde mich noch berühren. Ich habe auch die Resignation kennengelernt und versuche nun, den tristen Alltag mit kleinen Freuden aufzuhellen...

Sag Dir einfach, daß Du Häuser bauen, Bäume pflanzen, Blumen züchten kannst, ohne dabei an etwas anderes zu denken. Uns bleibt nicht mehr viel Zeit, warum sollten wir uns also in unseren letzten Lebensjahren noch quälen?«

Resignation, Weisheit … das gehört zu Maries Rolle, einer Rolle, die sie schon mit zwanzig Jahren spielte, als sie vorgab, von nichts anderem zu träumen als einer Stelle als Lehrerin.
Wenn man diesen Brief vom August 1921 liest, könnte man glauben, Marie hätte in den letzten dreizehn Jahren, die noch vor ihr liegen, nur noch in der Vergangenheit geschwelgt und wäre weltfremd zwischen Blumen gewandelt, während fernab von ihrer heilen Welt die Geschicke der Menschheit entschieden wurden.
Doch in Wahrheit wird Marie niemals aufhören, Zukunftspläne zu schmieden. Sie kann nicht einmal den Gedanken ertragen, von der Zukunft ausgeschlossen zu sein.
»Wenn von meinem großartigen Lebenswerk die Rede ist, kommt es mir vor, als wäre ich schon tot, als müßte ich mich als gestorben betrachten«, gesteht sie Eve.
Und daß sie nicht sterben will, versteht sich von selbst. Sonst hätte sie in all den Jahren nicht diesen eisernen Lebenswillen gehabt. Noch sechs Wochen vor ihrem Ableben wollte sie ein neues Haus bauen lassen.
Was aber ist es, das sie aufrecht hält, diese schmächtige, vom Radium und von einem schwierigen Leben gezeichnete Frau? Leidenschaft und Stolz. Jene Eigenschaften, die sie stets gleichermaßen als Herausforderung und Verpflichtung betrachtet hat.
In Arcouest, dem bretonischen Fischer- und Bauerndorf, in dem sich eine Gruppe »Sorbonnards«, also Absolventen der traditionsreichen Pariser Universität, im Gefolge des Historikers Charles Seignobos und des Biologen Louis Lapicque eingenistet haben, trainiert Marie unermüdlich den neuen Schwimmstil,

den ihr die beiden Töchter beigebracht haben. Stolz auf die gute Figur, die sie in ihrem schwarzen Badeanzug abgibt, stellt sie fest:
»Ich glaube, daß ich besser schwimme als Monsieur Borel... Jean Perrin schlägt sich auch ganz wacker, aber ich war weiter draußen als er, stimmt's?«
Abends, beim »Buchstabenspiel« – heute würde man »Scrabble« sagen –, muß sie natürlich auch gewinnen. Und tut es auch. Harmlose Herausforderungen im Vergleich zu anderen, denen sie sich auch stellen muß.
Als der Nebel vor ihren angegriffenen Augen immer dichter wird, weiht sie nur ihre Töchter und Schwestern in dieses Geheimnis ein, unter der Auflage, es strengstens zu hüten. Niemand darf erfahren, daß Madame Curie allmählich erblindet.
Trotzdem erklimmt sie das Podium im Hörsaal der Sorbonne noch immer ohne Hilfestellung und spricht vor einer Horde Studenten, deren Gesichter sie nicht mehr erkennen kann, unter Zuhilfenahme ihres Konzepts, das sie in riesigen Buchstaben verfaßt hat. Die Zahlen, die sie an die Tafel schreibt, kann sie kaum mehr unterscheiden.
In dem kleinen Labor neben ihrem Arbeitszimmer stehen die Markierungen ihrer Meßgeräte in großen farbigen Ziffern auf dem Tisch. Zum Lesen benutzt sie eine Lupe.
Als die Ärzte zum ersten Mal beschließen, sie zu operieren, meldet sie sich in der Klinik unter falschem Namen an, als Madame Carré.
Nach wochenlanger Angst vor unerwarteten Komplikationen, vor Blutungen, die die Hoffnung auf Heilung zunichte machen würden, werden ihr endlich die Bandagen abgenommen, wird sie aus der dunklen Nacht befreit. Aus Cavalaire schreibt sie an Eve, die sie liebevoll gepflegt hatte:

> »Ich habe zwei Spaziergänge auf steinigen, schlechten Bergwegen mitgemacht, es ist ganz gut gegangen, ich komme

rasch und glatt vorwärts. Was mich am meisten stört, ist das Doppeltsehen, das mich auch hindert, die Leute zu erkennen, die mir entgegenkommen. Täglich mache ich Lese- und Schreibübungen. Vorläufig fallen mir diese noch schwerer als das Gehen ...«

In den darauffolgenden Monaten werden zwei weitere Operationen notwendig. Danach sind ihr sechs ruhige Jahre vergönnt. Ihre strikte Weigerung, sich mit der Krankheit abzufinden und das daraus resultierende verbissene Bestreben, wieder arbeiten und allein reisen zu können, führen schließlich zum Erfolg.

Ihre Situation ist derart mitleiderregend, ihr eiserner Wille derart beeindruckend, daß im Labor eine »Verschwörung« angezettelt wird, damit sie nicht merkt, daß man sie trotz ihrer kleinen Tricks durchschaut hat.

Das langgestreckte Backsteingebäude mit seinen schmalen Fluren, das sie entworfen und errichtet, mit Radium, verschiedenen Mineralien und wissenschaftlichen Instrumenten ausgestattet hat und für dessen Organisation sie allein verantwortlich zeichnet – es ist nun zum weltweit wichtigsten Zentrum für die Untersuchung von Radiumproben geworden, die medizinischen oder industriellen Zwecken dienen. Doch das ist nur ein Teil des Aufgabengebiets.

Das Curie-Labor verfügt über eine große Anzahl verschiedenster Uran- und Thoriumproben, deren natürliche Isotope Anfangsglieder radioaktiver Zerfallsreihen sind. (Damals sind bereits über vierzig verschiedene radioaktive Atomkernarten bekannt.)

Mit unerschöpflicher Geduld hatte Marie diese Reichtümer angehäuft, indem sie überall hartnäckig um Unterstützung bat. Insbesondere die Minengesellschaft von Katanga hatte sich als sehr entgegenkommend erwiesen.

Etwa vierzig Forscher arbeiten unter Maries Leitung, darunter

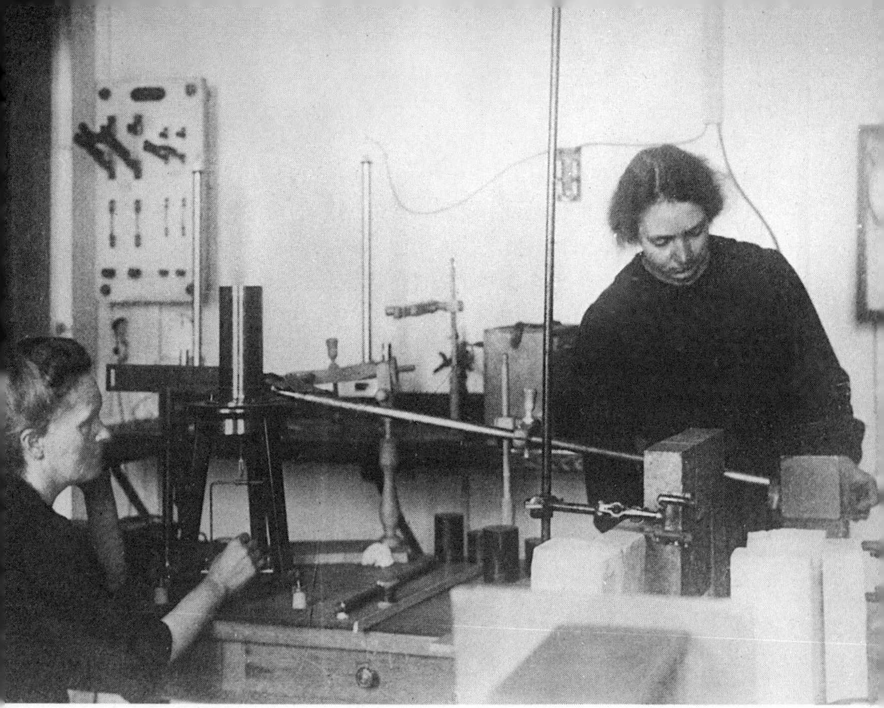

Marie (links) *und Irène* (rechts) *im Labor des Radiuminstituts in Paris* (Foto: Bildarchiv Preußischer Kulturbesitz, Berlin)

viele junge Frauen, die sie gerne aufnimmt. Eine von ihnen, Marguerite Perey, eine Chemikerin ohne jeglichen akademischen Abschluß, wird es zu internationaler Berühmtheit bringen, als sie das Francium isoliert.

Viele französische Wissenschaftler arbeiten jahrelang im Labor, aber auch einige Ausländer, die aus ihrem Heimatland fliehen mußten. Junge Forscher aus der ganzen Welt, aus der Sowjetunion und aus Brasilien, aus Bulgarien und Japan, kommen zu Studienaufenthalten dorthin. Nachdem sie in Frankreich den Doktortitel erworben haben, gründen sie oft in ihren Heimatländern Institute, die auf Radioaktivität spezialisiert sind, und pflegen enge Kontakte mit Paris.

Diejenigen, die noch keinerlei experimentelle Erfahrung besitzen, werden zu Anfang einem leitenden Forscher unterstellt, so wie Irène seinerzeit ihrer Mutter. Auch Frédéric Joliot beginnt seine Karriere als Maries Gehilfe. Wenn ein Forscher seine Befähigung bewiesen hat, wird ihm ein eigenständiges Projekt anvertraut. Die besonders Begabten verfügen über eigene Instrumente und Versuchseinrichtungen und dürfen ihr Forschungsprojekt, das natürlich mit Radioaktivität zu tun haben muß, selbst bestimmen.
Marie hat aus dem Radiuminstitut eines der wenigen Laboratorien weltweit gemacht, die sich der Untersuchung der Radioaktivität verschrieben haben.
Sein größter Konkurrent ist das Cavendish-Laboratorium, das Rutherford inzwischen leitet. Diesem wird in seinem Heimatland verschiedentlich vorgeworfen, die Forschungsarbeit des Laboratoriums zu wenig auf eine industrielle Verwertbarkeit auszurichten.
Als ihm 1919 die Verwandlung von Stickstoffkernen in Sauerstoffatome durch Beschuß mit Alphastrahlen gelungen war, hatte er eine Möglichkeit zur gezielten Veränderung von Atomkernen entdeckt und somit die Ära der Atomphysik eingeläutet. Von dieser Entdeckung erhoffte man sich wichtige praktische Anwendungsmöglichkeiten, vielleicht sogar die Freisetzung und Nutzung dieser neuen Energie.
»Im Vergleich dazu«, schreibt Perrin, »wird die Entdeckung des Feuers nur ein kleiner Schritt in der Geschichte der Menschheit gewesen sein.«
Davon war auch Rutherford überzeugt. Bereits vor dem Krieg hatte er auf die unvorstellbaren Möglichkeiten einer Nutzung radioaktiver Elemente hingewiesen und zugleich vor den fürchterlichen Folgen gewarnt, wenn sie zu Rüstungszwecken mißbraucht würden.
Der Chemiker Frederick Soddy, der das Phänomen der Energiefreisetzung beim radioaktiven Zerfall zusammen mit Ruther-

ford beobachtet hatte, schrieb, daß in der Radioaktivität zweifellos ein Ersatz für die zur Neige gehenden Kohlevorräte zu finden sei.*

Zu Beginn der zwanziger Jahre glaubt allerdings kaum noch jemand an spektakuläre Anwendungsmöglichkeiten der Atomenergie. Forschungen zum Atomkern stellen eine Randerscheinung in der wissenschaftlichen Fachwelt dar, und die betreffenden Physiker setzen ihre Arbeit, laut Chadwick, eher »als eine Art sportliche Disziplin« fort. Oder wegen der ästhetischen Befriedigung, die sie aus ihren Beobachtungen ziehen. Die reine Wissenschaft, Wissenschaft um ihrer selbst willen ...

Ein alter Traum.

Marie realisiert ihn im Labor, umgeben von ihren »Kindern«, die von ihrer außergewöhnlichen Erfahrung profitieren und deren Arbeit sie höchstpersönlich bis ins kleinste Detail verfolgt. Dort ist sie in ihrem Element ...

Die Aggressivität, die sie im Lauf ihres Lebens entwickeln mußte, um sich Zugang zu einem von Männern beherrschten Fachgebiet zu verschaffen, voll und ganz anerkannt zu werden und ihre Stellung zu behaupten – diese latent vorhandene Aggressivität, die sie manchmal so hart erscheinen läßt, so unerbittlich, legt sie an der Labortür ab, wie man seinen Mantel ablegt.

Sie umgibt sich nicht mit einer Fangemeinde, die der großen Wissenschaftlerin huldigt. Sie hat nur »Kinder«, und sind diese erst einmal in die Familie aufgenommen, tragen sie sozusagen das Curiesche Familienwappen. Natürlich gibt es, wie üblicherweise unter Geschwistern, Begabte und weniger Begabte. Doch jeder hat ein Anrecht auf Zuwendung. Und dann ist da ja noch der Liebling, das leibliche Kind, die Nachfolgerin – Irène, auf die mancher eifersüchtig ist.

Doch wurde sie wirklich von ihrer Mutter bevorzugt?

---

* Damals ahnte man noch nichts davon, daß Benzin einmal als Kohleersatz dienen würde, und von der rasanten Entwicklung, die sich daran anschließen würde.

So sahen es zumindest manche Mitarbeiter. Einmal kam es zu einem Vorfall, dessen genaue Umstände nicht bekannt sind: Fernand Holweck hämmerte wütend mit der Faust gegen die wurmstichige Tür zu Maries Arbeitszimmer und brüllte: Gemeinheit! Bosheit!

Sie konnte zweifellos auch gemein und boshaft sein.

Marie ist tatsächlich zu allem fähig.

Ging dieser Streit auf Irènes zuweilen schroffe Arroganz zurück, und hatte Marie zugunsten ihrer Tochter geschlichtet? Oder war Irène zu rasch befördert worden? Vielleicht war auch Maries Haltung gegenüber Salomon Rosenblum der Auslöser. Der junge Forscher hatte 1929 im Curie-Laboratorium die feinen Linien im Spektrum der Alphastrahlen entdeckt, und zwar anhand stark radioaktiven Materials, das Marie höchstpersönlich für ihn vorbereitet hatte. Es ist unmöglich, zu überprüfen, ob Marie nach dieser Entdeckung, die zu den ersten und wichtigsten des Curie-Laboratoriums gehörte, Rosenblum tatsächlich Forschungsmittel kürzte und weniger Ausrüstung bewilligte und diese statt dessen Irène zukommen ließ. Es heißt, sie habe sich auch nicht übermäßig dafür stark gemacht, daß die Arbeit des jungen Mannes gebührend gewürdigt wurde.

Wissenschaftler sind keine Heiligen.

Wie immer, wenn Menschen unter einem Dach zusammenarbeiten, kam es auch im Curie-Laboratorium zu Eifersüchteleien und Ressentiments, zu Intrigen und Machtkämpfen. Festzuhalten bleibt, daß es Marie gelang, für den nötigen Zusammenhalt und die erforderliche Kontinuität zu sorgen. Alle, die das Privileg genossen, in ihrem Labor zu arbeiten, waren stolz auf ihre Zusammenarbeit mit Madame Curie.

Es ist offensichtlich, welch große Befriedigung Marie im Labor empfindet. Sie kann, wie sie Bronia schreibt, nicht darauf verzichten. Doch die Annahme, sie habe dort vor allem ihre Machtgelüste befriedigen wollen, ist falsch.

Das größte Vergnügen bereitet ihr jene völlige Konzentration

bei der Durchführung eines Experiments. Ihre Handbewegungen sind so geschickt, daß menschliche Fehler so gut wie ausgeschlossen sind. Sie taucht dann in die Welt des Schweigens ein, unberührt von allen äußeren Einflüssen, nimmt nicht einmal mehr die Geräusche wahr, die sie selbst verursacht, ganz von Glück erfüllt. Und sie rechnet immer noch auf polnisch.
Und so beschreibt eine ihrer Mitarbeiterinnen Marie im letzten Jahr ihres Lebens, als sie sich langsam mit dem Gedanken anfreundet, die Leitung des Labors André Debierne zu übertragen:

> »Der Arbeitstag ist nicht lang genug, um die Abtrennung [von Actinium X] durchzuführen. Madame Curie bleibt den Abend über im Laboratorium, ohne zu essen. Doch die Abtrennung dieses Elements geht langsam vor sich. Dann arbeitet man eben auch nachts weiter...
> Es ist zwei Uhr morgens, und der letzte Arbeitsgang muß noch durchgeführt werden: Eine Stunde lang muß die Flüssigkeit durch eine besonders konstruierte Zentrifuge laufen. Der Apparat dreht sich mit einem ermüdenden Geräusch, Madame Curie bleibt neben ihm stehen und verläßt das Zimmer nicht. Sie schaut die Maschine an, als ob ihr brennender Wunsch, das Experiment zu einem glücklichen Abschluß zu bringen, auf suggestivem Wege eine Beschleunigung des Prozesses herbeiführen könnte. In diesem Augenblick existiert für sie nichts außer dieser Zentrifuge: nicht ihr morgiger Tag, nicht ihre Müdigkeit. Es ist ein Vorgang völliger Entpersönlichung, eine Konzentration der ganzen Seele auf die Arbeit, die sie vollbringt...«

Aber auch der beste Taucher muß irgendwann wieder an die Oberfläche zurückkehren. So kehrt auch Marie immer wieder in die Realität zurück und erfüllt die ihr zugewiesene Rolle.
Seit der Rückkehr aus Amerika ist sie nämlich zu einer Art lebendem Denkmal in Frankreich geworden.

Die häufigen Ehrungen, die ihr zuteil werden, läßt sie mittlerweile mit königlicher Würde über sich ergehen. Eine Verpflichtung, die ihr Beruf wohl oder übel mit sich bringt. Sie nimmt die Rolle an. Das sind eben die zwei Seiten des Ruhms.
Man billigt ihr eine Rente von 40 000 Francs jährlich zu, die auf ihre Töchter übertragbar ist, man verehrt die große Französin, die den Krebs in die Schranken gewiesen hat, während sie selbst in der Radiologie doch eher ein zufälliges Nebenprodukt ihrer Arbeit sieht. Die Öffentlichkeit aber betrachtet sie nun einmal als größte Wohltäterin der Nation.
So ist es auch die Medizinische Akademie – und nicht die der Wissenschaften –, die sie einstimmig zum freien Mitglied ernennt, »in Anerkennung ihrer Verdienste bei der Entdeckung des Radiums und einer neuen Methode zur Krebsbehandlung, der Curie-Therapie.«
Die Curie-Stiftung, die sich ganz der Strahlentherapie verschrieben hat, feiert im großen Hörsaal der Sorbonne, wo Marie noch immer unterrichtet, den fünfundzwanzigsten Jahrestag der Entdeckung des Radiums in Anwesenheit des französischen Staatspräsidenten, von Ministern und verschiedensten Delegationen.
Zur gleichen Zeit zerstören jedoch Hunderte, ja Tausende von Menschen allmählich ihren Körper im Umgang mit Radium, radioaktiven Substanzen und Röntgenstrahlen – in Fabriken, Laboratorien und Krankenhäusern, ohne Vorsichtsmaßnahmen, ohne wirksamen Schutz. Auch Marie zerstört allmählich ihren Körper, obwohl ihre Widerstandskraft enorm ist. Ebenso Irène und Madame Arthaud, eine charmante junge Frau, die Marie persönlich kennt und die innerhalb weniger Monate an »Anämie« stirbt. So lautet zumindest der offizielle Befund. Sie war mit Radium und Mesothorium in Berührung gekommen, die zur Herstellung bestimmter Medikamente verwendet wurden. Die offizielle Todesursache des vierzigjährigen Chemikers Maurice Demenitroux, der als junger Mann mit Pierre und

Marie zusammengearbeitet hatte, lautet ebenfalls »Anämie«. Zuletzt hatte er in einer Fabrik in Creil an der Entwicklung eines industriellen Verfahrens zur Gewinnung von Thorium X gearbeitet. Marcel Demalander, Maries persönlicher Assistent, stirbt an Leukämie.

Diese Todesfälle und noch zahlreiche weitere, die überall dort auftreten, wo Menschen in direktem Kontakt mit radioaktiven Substanzen stehen, haben bereits in mehreren Ländern zur Einsetzung von Untersuchungskommissionen geführt, die mögliche Gefahren der Strahlung erforschen sollen.

In Frankreich gibt es dergleichen nicht. Die Devise des Curie-Laboratoriums lautet nach wie vor, diese Gefahr zwar nicht zu leugnen, wohl aber herunterzuspielen. Seit den 1904 von Pierre an Versuchstieren durchgeführten Experimenten schützen sich die Forscher lediglich durch einen Schutzschirm aus Holz oder Blei vor der Strahlung. Es gibt nicht einmal Belüftungssysteme zur Ableitung der radioaktiven Gase.

In bezug auf Radium wird sich Marie bis zu ihrem Lebensende wie eine Mutter verhalten, die nicht wahrhaben will, daß ihr geliebtes Kind zuweilen auch ein Mörder ist. Sie wird die Augen vor den Tatsachen verschließen, auch wenn die Beweise erdrückend sind.

Dieses geliebte Kind, das sie so viele Entbehrungen und Mühen gekostet hat, wird heute als Maries geniale Entdeckung betrachtet. Dabei liegt Maries Genialität in dem, was sie zunächst als Hypothese formuliert und dann herausgefunden hat: Radioaktivität ist die Folgeerscheinung eines Prozesses im Innern des Atoms. Alles übrige war Ausdauer, Mut und Fleiß.

Marie lag sehr viel daran, daß ihre Geschwister an dem Festakt in der Sorbonne teilnehmen. Jozef, Bronia und Hela reisten daher extra aus Polen an. Natürlich hatte ihre kleine Schwester das einst gegebene Versprechen schon lange eingelöst und übertroffen: »Die Begabung, die ohne Zweifel in unserer Familie vorhanden ist, darf nicht verlorengehen und muß in einem von uns zum Durchbruch kommen.«

Doch diesmal sind sie gekommen, um der offiziellen Ehrung durch Frankreich beizuwohnen, das sie einst vertreiben wollte, durch die Sorbonne, die sie einst hinauswerfen wollte.

Weder räumliche noch zeitliche Distanz konnten Maries Bindung an ihr Heimatland etwas anhaben. Dort liegen ihre Wurzeln. Mehrmals wird sie nach Polen zurückkehren und neue Kräfte sammeln. »Dieser Fluß«, schreibt sie über die Weichsel, »übt auf mich eine starke Anziehungskraft aus, deren Ursprung ich nicht erklären kann.« Nur der Gedanke an die Heimaterde bringt in Marie eine romantische Saite zum Klingen.

Da natürlich auch Warschau ein Radiuminstitut braucht, startet Bronia eine Kampagne und überschwemmt Polen geradezu mit Plakaten, auf denen steht: »Kauft einen Ziegel für das Marie-Sklodowska-Curie-Institut!« Auf Postkarten wird eine handschriftliche Erklärung Maries abgedruckt. Das Institut wird gebaut werden. Bronia soll es überwachen. Doch damit das Unterfangen gelingen kann, muß Missy ein weiteres Mal eingreifen.

Marie trifft sich mit Missy, als diese zu einem kurzen Aufenthalt in Paris ist. Da die beiden Frauen stets in brieflichem Kontakt standen, wußte sie, daß Missy zu einem Interview mit Mussolini nach Italien gefahren war und ihre Rückreise in Paris unterbrechen würde. Marie hatte veranlaßt, daß Missy das Kreuz der Ehrenlegion erhielt, die einzige Belohnung, die der kleinen Amerikanerin je für ihren Einsatz zuteil wurde. Sie hatte auch nie eine Anerkennung verlangt. Das einzige, worum sie Marie jemals gebeten hat, war der bescheidene

Wunsch nach einer signierten Fotografie von Marie, der ihr natürlich umgehend erfüllt wurde.
Missy ist müde und alt geworden. Ihr Mann ist an Tuberkulose gestorben. Ihr Beruf läßt ihr keinen Augenblick Ruhe. Und das Amerika des Jahres 1928 ist nicht mehr mit dem von 1921 zu vergleichen. Missy hat den ihr so teuren Idealismus eingebüßt. »Dieses Land ist ein Land der Wirtschaft, und es braucht eine Regierung, die sich an der Wirtschaft orientiert«, erklärt Missys Freund Coolidge, der nach dem plötzlichen Tod seines Vorgängers Harding Präsident der USA geworden und 1924 wiedergewählt worden war.
Seine Amtszeit neigt sich dem Ende entgegen, und Amerika befindet sich mitten im Präsidentschaftswahlkampf.
Im Gegensatz zu der amerikanischen Geschäftswelt ist das intellektuelle Amerika desillusioniert. »Die Wissenschaft hat den Glauben an moralische Werte, an menschliche Würde, ja an das Leben selbst zerstört«, schreibt etwa Joseph Wood Krutch. Und Mencken erklärt: »Gutes zu tun ist ein Zeichen für schlechten Geschmack geworden.« Walter Lippmann wirft die Frage auf, »wie die Menschheit, die jetzt der großen Mythen beraubt ist, jene menschlichen Bedürfnisse befriedigen will, die diese Mythen notwendig machten«. Man liest immer wieder, daß die vorherrschende Geldgier abstoßend sei.
Missy hat die Situation klar erkannt und gibt sich keinen Illusionen hin. Die Amerikaner dafür begeistern zu wollen, dem polnischen Volk Radium zu schenken, hat keinen Sinn. Anders sähe die Sache aus, wenn Marie selbst, die Wohltäterin der Menschheit, sich noch einmal persönlich in die Staaten bemühen würde.
Warum läßt Missy sich überhaupt auf dieses neuerliche Unterfangen ein? Scharfsinnig bemerkt sie: »Viele Dinge im Leben finde ich nicht mehr lohnend, aber in eben dieser demütigen Weise einer großen Sache zu dienen, ist für mich wirklich ein Ausgleich.«

Wie immer, wenn sie etwas in die Hand nimmt – und das hat sie mit Marie gemeinsam –, will sie die Sache erfolgreich abschließen. Es kommt daher nicht in Frage, daß Marie in Begleitung von Bronia nach Amerika reist. Zu polnisch, das Ganze.
Ich bestehe darauf, sagt Marie.
Nein, entgegnet Missy sanft.
Doch, antwortet Marie. Ich bin im Winter oft krank. Und meine Schwester ist Ärztin, ich brauche sie.
Nein, erwidert Missy immer noch sanft, aber diesmal mit unmißverständlichem Nachdruck. Lassen Sie uns dieses eine Mal sowohl Polen als auch Frankreich vergessen. Madame Curie soll sich in ihrer Eigenschaft als Weltbürgerin des Radiums hierher bemühen, um ausschließlich für sie bestimmte Spendengelder in Empfang zu nehmen.
Marie gibt nach.
Damit die Sache zu einem erfolgreichen Abschluß gebracht werden kann, betont Missy, müssen die einflußreichsten Politiker gewonnen werden. Sie ist sicher, daß der Republikaner Herbert Clark Hoover, »einer Ihrer Bewunderer«, zum Präsidenten gewählt wird, und rät deshalb Marie, ihm ein Glückwunschtelegramm zu schicken.
Marie entgegnet, sie mische sich niemals in politische Angelegenheiten ein.
Hoover sei kein Politiker, schreibt Missy, sondern »Gelehrter und Menschenfreund«.
In Wirklichkeit ist Hoover kein »Gelehrter«, sondern ein Ingenieur, der zu Beginn des Krieges die Hilfeleistungen an Belgien organisiert hatte, und zwar mit einem solchen Geschick, daß ihm die Verantwortung für die Lebensmittelversorgung ganz Europas übertragen wurde.

1929 unternahm Marie Curie eine zweite Amerikareise, um einen Scheck über 50 000 Dollar vom amerikanischen Präsidenten Hoover zu empfangen. Mit diesem Geld konnte sie ein Gramm Radium kaufen, das für weitere Forschungszwecke dienen sollte. (Foto: Sygma, Paris)

Entsetzt mußte er feststellen, daß sich die Alte Welt in »einen Hort glühenden Hasses« verwandelt hatte. An den Pariser Friedensverhandlungen nahm er in der Hoffnung teil, daß der Idealismus, der während des Krieges allmählich das egoistische Denken der Völker ersetzt hatte, Europa wieder auf die Beine helfen würde. Die erste Ministerkonferenz der Alliierten, an der er teilnahm, raubte ihm jedoch jegliche Illusion. Fortan wollte er sich nur noch für die Durchführung seiner Mission einsetzen: den Kontinent mit Lebensmitteln zu versorgen. Dem jungen Diplomaten John Maynard Keynes zufolge, der, gleichfalls entmutigt, seiner Delegation sogar den Rücken kehrte, war »Hoover der einzige, der gestärkt aus der schweren Prüfung in Paris hervorging«.

Das Verhalten der Europäer hatte ihn jedoch schwer enttäuscht. Trotzdem trat er 1921 dem Stiftungskomitee des Marie Curie Radium Fund bei.

Marie gibt schließlich nach, und so lädt Hoover sie ein, im Weißen Haus zu wohnen.

Ich möchte in meinem Programm weder Interviews noch Autogrammjäger, Fotografen oder Gelegenheiten zum Händeschütteln haben, schreibt Marie an Missy.

Sie werden nur Laboratorien, wissenschaftliche Konferenzen und kleine offizielle Empfänge besuchen, antwortet Missy. Und sie sollte recht behalten.

Die Unterstützung des Präsidenten der Vereinigten Staaten erwies sich als entscheidend. Marie erhielt aus seinen Händen die für den Kauf von einem Gramm Radium bestimmte Summe, ein Geschenk des amerikanischen Volkes. Wieder einmal brachte die Spendenaktion mehr als die benötigten Mittel ein. Die von Missy sorgfältig ausgewählten Geschäftsmänner waren auch diesmal von Marie fasziniert, die hinter ihren dicken Brillengläsern gewinnender denn je wirkte.

Einer von ihnen, Owen D. Young, zugleich Mitglied des amerikanischen Bundesschatzamts und Präsident der General Electric Corporation, hilft ihr dabei, das Radium zu einem äußerst günstigen Preis einzukaufen und die Spendengelder gewinnbringend anzulegen. Sie erhält so etwas mehr Radium als vorgesehen und überdies eine stattliche Sammlung von Proben radioaktiver Mineralien und Ausstattungsgegenstände für ihr Labor sowie Zusagen für Forschungsstipendien an ihre Mitarbeiter.

Da sie wie ein Staatsoberhaupt auf Privatbesuch empfangen worden war, blieben ihr Belästigungen durch Journalisten erspart.

Einen Ausflug aufs Land beschreibt sie Irène folgendermaßen:

> »Sie ließen mich über die Dienstbotentreppe herunterkommen, um den sechzig Reportern auszuweichen, die vor dem Haupteingang warteten. Dann machten wir eine sensationelle Fahrt von New York nach New Island. Wir folgten einem Polizisten auf einem Motorrad, der eine Sirene ertönen ließ und alle Fahrzeuge mit energischen Handbewegungen verscheuchte; auf diese Weise fuhren wir wie die Feuerwehr zu einer Brandstelle. Es war sehr amüsant.«

Dieses Geständnis beweist, daß nicht einmal eine Marie Curie immun gegen den schönen Schein war, den eine einflußreiche Position mit sich bringt.

Im darauffolgenden Jahr teilt Missy Marie mit, daß es »für Mister Ford ein großes Vergnügen und eine Ehre darstellt, den Ertrag Ihrer Arbeit noch zu steigern, indem er Ihnen ein Automobil zur freien Verfügung in Ihrem Heimatland stellt. Mrs. Henry Moses würde sich glücklich schätzen, Ihnen einen Chauffeur besorgen zu dürfen.«

Marie nimmt ohne Umschweife an.

Seit Missy ihr beigebracht hat, wie wichtig Publicity ist – eine Lektion, die sie nie vergessen wird –, ist Marie zu einer eifrigen Handlungsreisenden in Sachen Wissenschaft geworden. Wann immer es ihren Zwecken dient, begibt sie sich auf Reisen.

Während eines Aufenthalts in Prag schreibt sie an Irène:

> »Von dem Leben, das ich führe, bin ich verwirrt, und daher unfähig, Dir etwas Vernünftiges zu schreiben. Ich frage mich, was es für einen grundlegenden Fehler im menschlichen Wesen geben mag, der diese Art von Gehabe in gewissem Maße erforderlich macht. *Dignifying science*, würde Mrs. Meloney sagen. Aber es läßt sich nicht bestreiten, daß all die Leute, die sich so aufführen, es ehrlich meinen, es mit ehrlicher Überzeugung tun.«

Irène begleitet sie nach Brasilien, Eve nach Spanien, wo sie »wie üblich Eroberungen macht«, und nach Genf, wo »Monsieur Einstein sehr nett zu ihr ist«.

Nach Genf ist Marie wegen einer Sitzung der Internationalen Kommission für geistige Zusammenarbeit gefahren. Sie ist seit 1922 Mitglied dieser Kommission und sollte bald zu deren Vizepräsidentin aufsteigen. Auf den Sitzungen werden unermüdlich hochtrabende Reden gehalten, doch was sie letztlich bewirken können ...

»Ihre Mitglieder können so aktiv sein, wie sie wollen, doch das hier ist das wirkungsloseste Unterfangen, an dem ich jemals beteiligt war«, bemerkt Einstein.

Doch wenn Marie von etwas überzeugt ist, läßt sie nicht locker, und nichts kann sie davon abhalten.

»So unvollkommen es auch sei, das Werk von Genf ist großartig genug, um jede Unterstützung zu verdienen«, äußert sich Marie Eve gegenüber.

Es gelingt ihr, eine Regelung durchzusetzen, die Maries Worten zufolge Ordnung in »die weltweite Anarchie der wissenschaftli-

chen Arbeit« bringen soll. Nach einer langwierigen Auseinandersetzung einigt man sich auf eine Art Urheberrecht für wissenschaftliche Entdeckungen.
Die Diskussion ufert aus, als es um die praktische Anwendung dieses Prinzips geht. Was soll dieses Urheberrecht bewirken? Finanziellen Gewinn? Entsetzlich! Eine Kontrolle über die Nutzung der jeweiligen Entdeckung? Unfaßbar! Die Wissenschaft steht allen zur Verfügung. Mag sein. Doch wie kommt es zu wissenschaftlichen Entdeckungen? Dazu benötigt man Geld, ständig bessere Instrumente, immer größere Laboratorien, eine wachsende Zahl von Mitarbeitern. Das Herumbasteln in irgendwelchen Schuppen gehört ein für allemal der Vergangenheit an.
Es sei denn, man ist ein Genie.
Einstein kann auch mit einem Bleistift und einem Block auf den Knien arbeiten. »Der ideale Beruf für Leute, die sich mit theoretischer Physik beschäftigen«, so sagt er, »ist Leuchtturmwärter.«
Um jedoch beispielsweise den großen Elektromagneten in Bellevue zu konstruieren – eine der ersten Einrichtungen zur Sondierung von Atomen weltweit, das Werk von Pierres und Maries altem Freund Aimé Cotton –, waren in den zwanziger Jahren fast zwei Millionen Francs* vonnöten.
Marie bekam nicht die Genugtuung, ihre Idee, an der sie so lange gearbeitet hatte, verwirklicht zu sehen – die Einrichtung dessen, was man heute Forschungsauftrag nennt.
Einer der ersten wurde 1939 Frédéric Joliot erteilt; er und seine Mitarbeiter – darunter der Sohn Jean Perrins, Francis, der ebenfalls Physiker geworden war – verzichteten dabei auf etwaige Gewinne, die gegebenenfalls aus dem Gelingen ihres Forschungsvorhabens, nämlich der Freisetzung atomarer Energie, zu erzielen wären.

---

* Das entspräche heute einer Summe von ca. 14–16 Millionen FF, also etwa 5 Millionen DM.

Für die eine Hälfte potentieller Gewinne wurde ihnen das benötigte Uran kostenlos zur Verfügung gestellt (von der Minengesellschaft in Katanga), für die andere die notwendigen Geldmittel für ihre Arbeit (vom C.N.R.S.).
In der von Joliot und seinem Team ausgehandelten Vereinbarung wurde den »Entdeckern« die Kontrolle über die Verwendung jeglicher Gewinne des C.N.R.S. zugesichert, die automatisch in andere Forschungsprojekte investiert werden sollten.
Das war die praktische Umsetzung dessen, was Marie Curie gewünscht hatte: Die Wissenschaftler sollten keinen persönlichen Gewinn erzielen, konnten sich aber auf finanzielle Unterstützung verlassen – und darauf, daß ein Teil der durch ihre Arbeit erzielten Gewinne erneut wissenschaftlichen Zwecken zugeführt wurde.
Zu Beginn der dreißiger Jahre kam das in Gang, was damals noch nicht Kolloquium, Seminar oder Symposium genannt wurde, sondern schlicht Debatte.
Paul Valéry bat Marie, den Vorsitz einer Debatte zu übernehmen, die 1933 in Madrid zum Thema »Die Zukunft der Kultur« stattfand. Die Mehrheit der Teilnehmer waren Schriftsteller und Künstler aus aller Welt; »Don Quijotes des Geistes, die gegen Windmühlenflügel ankämpfen«, wie Valéry es formulierte.
Man traf sich also in Madrid und stellte fest, daß die Kultur in einer Krise steckte, schöpferische Kraft von Standardisierung und Spezialisierung behindert und von der Wissenschaft bedroht war.
Von der Wissenschaft! Eine unerhörte Behauptung!
Marie kontert:

> »Ich gehöre zu denen, die die besondere Schönheit des wissenschaftlichen Forschens erfaßt haben. Ein Gelehrter in seinem Laboratorium ist nicht nur ein Techniker; er steht vor den Naturvorgängen wie ein Kind vor der Märchenwelt. Wir dürfen niemand glauben machen, daß der wissen-

schaftliche Fortschritt sich als ein Mechanismus, als eine Maschine, als ein Getriebe ineinandergreifender Zahnräder begreifen läßt – die übrigens auch ihre eigene Schönheit haben [...] Ich glaube auch nicht an die Gefahr, daß der Geist des Abenteuers aus unserer Welt verschwinden könnte. Wenn von allem, was ich um mich gewahre, irgend etwas lebenskräftig ist, so ist es eben dieser Geist des Abenteuers, der unausrottbar scheint und sich mit der Neugier verbindet...«

Doch diese Konferenzen ermüden Marie, denn nur wenige Dinge vermögen ihr Interesse zu wecken, nur wenige Menschen vermögen sie zu begeistern, und bei ihren Reisen macht ihr nur eines Vergnügen: Sich sobald es geht abzusetzen und auf Ausflügen die Schönheit der Natur zu entdecken – eine Schönheit, von der sie in den vergangenen fünfzig Jahren fast nichts mitbekommen hat.
Von allen Reisezielen schreibt sie an ihre Töchter und berichtet, was sie gesehen hat. Ihre Beschreibungen zeichnen sich nicht gerade durch einen poetischen Stil aus... Das Kreuz des Südens ist »eine sehr schöne Sternenkonstellation«. El Escorial ist »sehr beeindruckend«, die maurischen Paläste in Granada sind »sehr schön«. Die Donau umgeben zahlreiche Hügel. Aber die Weichsel! Die Weichsel »mäandert träge in ihrem breiten Bett dahin, grünlich schillernd in der Nähe, in der Ferne blau im Widerschein des Himmels. Die schönsten Sandbänke...« Die Weichsel ist eben in Polen, und da ist Marie auf einmal nicht mehr die nüchterne Beobachterin, von der man beinahe erwartet hätte, sie würde auch die räumlichen Dimensionen der Paläste in Granada und die Anzahl der Zimmer im El Escorial niederschreiben.
Abgesehen von der »großen Schönheit« der Eichen und Ahornbäume, die ihr auf einer Fahrt in die Umgebung Washingtons aufgefallen ist, bekommt sie auf ihrer zweiten Reise in die Ver-

einigten Staaten keine Naturwunder zu Gesicht. Die Niagarafälle hat sie bereits während des ersten Aufenthalts in Amerika bewundert.

Diesmal betreibt sie eine andere Art von Tourismus, und die gewonnenen Eindrücke geben Anlaß zum Nachdenken: Erstaunt stellt sie fest, was aus den amerikanischen Laboratorien im Laufe weniger Jahre geworden ist.

So verfügt etwa allein die physikalische Fakultät an der Columbia University, wo die Atomstruktur erforscht wird, über ein dreizehnstöckiges Gebäude. Marie dagegen muß sich mit einem Gebäude begnügen, in dem die Laboratorien auf drei Etagen – den Keller mitgerechnet – untergebracht sind.

So bescheiden die Räumlichkeiten des Radiuminstituts auch sein mögen, so wird doch gerade dort eine entscheidende Entdeckung gemacht, die Maries letzte große Freude darstellen sollte. Und zwar im Jahre 1933, man beachte das Datum. Bis dato waren Irène und ihr Mann, Frédéric Joliot, vom Pech verfolgt gewesen.

Zusammen hatten sie ein chemisches Verfahren entwickelt, mit dem sich die Poloniumrückstände aus den Glasröhrchen mit Radon nach deren medizinischer Verwendung zurückgewinnen ließen. Die Glasröhrchen hatte Marie in der ganzen Welt zusammengetragen.

Dank ihres ausgezeichneten Verfahrens erhielten die Joliots die reinsten und radioaktivsten Poloniumproben, die jemals gewonnen wurden.

Anstatt sie wie üblich an die einzelnen Wissenschaftler im Labor zu verteilen, fügten sie die Proben zu einer starken Poloniumquelle zusammen, mit der ihnen – so wird berichtet – beinah die Entdeckung des Neutrons gelungen wäre. Der endgültige Beweis gelang jedoch James Chadwick in Cambridge.

Auch bei einer zweiten wichtigen Entdeckung kamen ihnen andere Forscher zuvor. Im Zuge ihrer anschließenden Forschungen zum Neutron hatten sie ein rätselhaftes Phänomen

beobachtet, dessen Erklärung, die im Zusammenhang mit den Positronen steht, wiederum anderen vor ihnen gelang.
1933 stellen die Joliots ein weiteres Experiment mit ihrer Poloniumquelle an. Die Ergebnisse sollen im Oktober auf dem Solvay-Kongreß vorgestellt werden, zu dem sie aufgrund ihrer bisherigen Forschungen, die trotz allem recht beachtlich waren, eingeladen werden.
Langevin ist inzwischen Vorsitzender des wissenschaftlichen Komitees beim Solvay-Kongreß. Er hat auch Rosenblum eingeladen – und natürlich die große alte Dame der Physik.
In seiner Eröffnungsrede fordert Langevin, daß man Albert Einstein eine Sympathiebekundung schicken solle, da dieser der Einladung nicht Folge leisten konnte.
Zum Zeitpunkt der Machtergreifung Hitlers befand sich Einstein gerade im Ausland. Sofort verkündete er seinen Entschluß, nicht mehr nach Deutschland zurückzukehren und diejenigen nicht unterstützen zu wollen, »die alle Ideen und Prinzipien untergraben wollen, die dem deutschen Volk einen Ehrenplatz in der zivilisierten Welt gesichert haben.«
Er weigerte sich ebenfalls, ein Manifest gegen den Krieg zu unterzeichnen, da der Text seiner Meinung nach die Sowjetunion glorifiziere. Soviel er wisse, erklärte er, »scheint hinter dem Ganzen eine auf schändlichste Weise ausgetragene persönliche Auseinandersetzung aus rein egoistischen Beweggründen zu stehen. Im Grunde werden damit die Freiheit des Einzelnen und die Meinungsfreiheit vollkommen unterdrückt. Man fragt sich, ob ein Leben unter solchen Umständen überhaupt noch lebenswert ist.«
Als der Solvay-Kongreß eröffnet wird, trifft Einstein in den Vereinigten Staaten ein, wo er auf Dauer bleiben wird. Und während man in Brüssel über die »Struktur und Eigenschaften des Atomkerns« diskutiert, tritt Hitler-Deutschland aus dem Völkerbund aus.
Neben Marie und ihrer Tochter wurde noch eine dritte renom-

mierte Wissenschaftlerin zum Kongreß eingeladen: die Deutsche Lise Meitner. Sie gehört der berühmten Kaiser-Wilhelm-Gesellschaft an, wo sie mit deren Leiter Otto Hahn zusammenarbeitet, dem hervorragenden Radiochemiker und langjährigen Konkurrenten Maries. Natürlich sind auch Rutherford, Pauli, Niels Bohr, Heisenberg, Maurice und Louis de Broglie, Chadwick, Cockroft, Enrico Fermi und weitere verdiente Herren anwesend.*

Ihre Schlußfolgerungen aus den Experimenten vor einer derart erlauchten Gesellschaft darlegen zu dürfen erfüllt die Joliots mit Stolz. Sie stoßen jedoch auf allgemeine Skepsis.

Lise Meitner lehnt den Bericht kategorisch ab. Chadwick vertritt dieselbe Auffassung – und vielleicht handelt er sich deswegen beim Mittagessen eine Abfuhr von Marie ein, als er seine Bewunderung für ihre Arbeit zum Ausdruck bringen will. Sie begrüßt ihn, wendet sich ab, ganz ins Essen vertieft, ohne ein weiteres Wort an ihn zu richten.

Bei ihrer Rückkehr nach Paris schwanken die Joliots zwischen Niedergeschlagenheit und Hochstimmung, weil Niels Bohr und Pauli sie ermutigt haben, den eingeschlagenen Weg weiterzuverfolgen.

Sie machen also unbeirrt weiter und beschießen Aluminium mit Alphastrahlen ihrer Poloniumquelle. Und so gelingt es ihnen, eine Reaktion hervorzurufen, an der sich Physiker seit Jahren vergeblich versucht hatten: künstliche Radioaktivität. Sie haben ein künstliches radioaktives Element geschaffen.

Sie sind so außer sich vor Freude über das gelungene Experiment im Keller des Radiuminstituts, daß sie sofort Marie verständigen, die zu dem Zeitpunkt in ihrer Wohnung ist.

---

* Der Italiener Enrico Fermi folgte Einstein später ins amerikanische Exil, weil er mit einer Jüdin verheiratet war. 1942 gelang ihm dort mit seinem Team die erste Kernfusion in kontrollierter Kettenreaktion. Lise Meitner arbeitete bis zu ihrer Flucht nach Schweden mit Otto Hahn zusammen, dessen Forschungen Ende 1938 zur Entdeckung der Kernfusion führten.

Und was tut Marie? Sie holt Langevin auf dem Weg zum Labor ab, wo ihnen Frédéric Joliot begeistert das Experiment erklärt. Mit ihren verbrannten Fingern nimmt Marie das Glasröhrchen mit dem künstlichen radioaktiven Element entgegen. Sie hält es persönlich noch einmal unter den Geigerzähler, dessen Genauigkeit – damals noch eher zufallsbedingt – von dem deutschen Spezialisten Gentner überprüft worden war, der gerade zu einem Forschungsaufenthalt im Labor ist.
Das typische Ticken ist deutlich zu hören. Maries Gesicht hellt sich auf, beginnt zu strahlen. Joliot berichtet später: »Nie werde ich den Ausdruck höchsten Glücks vergessen, der sich auf ihrem Gesicht abzeichnete.«

In seinem visionären Roman »Befreite Welt«, der auf wissenschaftlichen Veröffentlichungen von Frederick Soddy basiert, hatte H. G. Wells die Entdeckung der künstlichen Radioaktivität im Jahre 1933 vorausgesehen. Eines Tages, so Wells im selben Buch, werden Atombomben Städte mit Feuer und Strahlen zerstören. Die erste Explosion beschreibt er folgendermaßen:
»Die Welt war nur noch ein rot-violettes Flackern und ein Lärm, ein ohrenbetäubender Lärm, der alles durchdrang. Sie glaubte, eine große feurige Kugel aus Rot und Violett zu sehen, wie ein Lebewesen, das außer Rand und Band geraten war... Die Atombombe hatte die internationalen Probleme völlig bedeutungslos werden lassen... Es schien offensichtlich, daß diese Bomben und noch größere Zerstörungskräfte, deren Vorboten sie waren, sehr leicht jegliche menschlichen Beziehungen und Einrichtungen vernichten könnten...
...Die Zeit wird unweigerlich kommen, in der ein einzelner Mensch eine inaktive Energiequelle in einem Beutel mit sich herumtragen kann, deren Zerstörungskraft zur Verwüstung einer halben Stadt ausreicht...«
In dem 1913 veröffentlichten Roman prophezeit H. G. Wells aber auch, daß auf diesen schrecklichen Krieg die Erschaffung

eines Weltstaates folge, der atomare Energie zum Wohl der gesamten Menschheit einsetze. Man darf die Hoffnung nicht aufgeben.
Als Irène und Frédéric Joliot im darauffolgenden Jahr der Nobelpreis für Chemie für ihre herausragende Entdeckung verliehen wird, ist Marie bereits an den Folgen der Radioaktivität gestorben. Die Neuauflage der Zeremonie, in deren Mittelpunkt sie selbst dreißig Jahre zuvor gestanden hatte, wird sie also nicht mehr erleben.
Am Tag der Preisverleihung in Stockholm sitzt Irène nicht im Zuschauerraum und hört ihrem Mann zu, sondern steht neben ihm auf dem Podium und ergreift als erste das Wort, um den üblichen Vortrag zu halten.

Hätte Marie Curie Söhne gehabt, sie hätten sicher einen schweren Stand gehabt. Ein berühmter Vater mag ja noch angehen, aber eine berühmte Mutter …
Wie sie selbst gesagt hat, empfand Eve die Freiheit, die ihr Marie ließ, als Bürde. Sie sehnte sich nach Autorität, und sei es, um sich dagegen aufzulehnen, und konnte sich nicht entscheiden, was sie aus ihrem Leben machen sollte.
Marie schien in gewisser Weise nicht recht zu wissen, was sie von ihrem Sprößling halten sollte: Eve war eine außergewöhnlich hübsche Erscheinung, und Einstein machte ihr wesentlich lieber seine Aufwartung als der ernsthaften Irène, die doch soviel besser verstand, womit sich der große Wissenschaftler beschäftigte.
Die Talente dieser jungen Schönheit mit ihrem angeborenen Sinn für Eleganz waren Marie fremd. Daher war sie froh, als Eve ihre Berufung gefunden zu haben schien: das Klavierspiel. Tapfer

ertrug sie die Tonleitern und Dreiklänge, von denen die Wohnung am Quai de Béthune widerhallte. Doch sie war zu sehr mit ihren eigenen ehrgeizigen Zielen beschäftigt, als daß sie Eve konsequent dazu angehalten hätte, so diszipliniert und konzentriert zu üben, wie es für eine Karriere als Pianistin unerläßlich war.
Irènes Laufbahn dagegen war bereits seit langem vorgezeichnet. Aber der – im Grunde lächerliche – Wettbewerb zwischen den beiden Schwestern, der doch nur in Maries Innerem stattfindet, führt dazu, daß Irène einen besonderen Platz in ihrem Herzen einnimmt.
In dem häuslichen Trio der Curies, so wie es sich im Lauf der zwanziger Jahre entwickelt, ist Eve das Nesthäkchen, Irène übernimmt den männlichen Part, und Marie verkörpert die weibliche Komponente. Eine glückliche Fügung für Marie, die ihr die notwendige emotionale Stabilität sicherte.
»Männliche Züge« sind Marie so fremd ... Ihre Form von Mut, von Hartnäckigkeit und zähem Eifer, das stille Erdulden von körperlichen Schmerzen, der scheinbare Widerspruch zwischen ihrer Härte und ihrer Sanftmut, ihre Depressionen, die heidnisch anmutende Verbundenheit mit der Natur als Quelle des Lebens – all das ist eindeutig weiblich. Übrigens ist sie eine uneingeschränkte Bewunderin ihrer Zeitgenossin Colette. Das einzige, was sie grundlegend von den Frauen ihrer eigenen und der nachfolgenden Generation unterscheidet, ist ihr unerschütterlicher Glaube an sich selbst.
Sie zittert. Noch während der letzten Vorlesung an der Sorbonne leidet sie an Lampenfieber. Doch das Wissen um den eigenen Wert, gemessen an ihren eigenen klaren, unbeirrbaren Maßstäben, wird sie nie verlassen. Darin besteht ihre unvergleichliche, einzigartige Stärke.
Männliche Protektion ihrer Arbeit – auch Pierres frühere Protektion – hatte sie nie nötig. Andere fühlten sich stets bemüßigt, sie ihr zu geben. Mit männlicher Protektion und Förderung konnte sie selbst nie viel anfangen.

Das hinderte sie aber keineswegs daran, Marmelade einzukochen, ihre Kinder zu stillen oder sich zu verlieben und gelegentlich auf Männer angewiesen zu sein.
Owen D. Young, den Mann, der in den USA für die Regelung ihrer finanziellen Angelegenheiten zuständig war, nannte sie »meinen Beschützer«. Welcher sechzigjährige Mann, der noch dazu eine Berühmtheit ist, käme auf den Gedanken, einen kompetenten Freund so zu titulieren?
Bei einer wissenschaftlichen Auseinandersetzung hätte sie allerdings niemals einen »Beschützer« geduldet.
Irène, die immer mehr die Rolle Pierres einnimmt und darin, zumindest für eine Weile, eine gewisse Befriedigung findet, verbündet sich mit Marie zu einer Art Ehepaar. Die Art, wie die beiden Schwestern unabhängig voneinander das Leben in ihrer Jugendzeit und das Verhältnis zu ihrer Mutter beschreiben, ist sehr aufschlußreich in bezug auf die familiäre Situation im Hause Curie:

Irène:
»Für gewöhnlich stand ich früh auf, bereitete das Frühstück zu und brachte es meiner Mutter auf einem Tablett ans Bett. In diesen ruhigen Augenblicken unterhielten wir uns dann immer über Literatur, über Wissenschaft oder anderes. In ihrer Jugendzeit hatte meine Mutter viel gelesen, sie kannte etliche Gedichte auswenig ... Gefiel mir ein Gedicht von Victor Hugo, Verlaine oder Kipling, meinem bevorzugten Autor, besonders gut, war sie stets bereit, mir zuzuhören, wenn ich es vortrug, und es auch zu kommentieren. Wenn ich ein Buch aus dem Regal nahm, das seit Jahren dort stand, und es auf meinem Tisch liegen ließ, so konnte ich sicher sein, daß meine Mutter auf einmal wieder Interesse daran hatte, woraufhin das Buch aus meinem Zimmer verschwand und sich plötzlich in ihrem wiederfand.

> Wenn ich abends im Konzert oder in der Oper war, setzte ich mich bei meiner Rückkehr immer noch zu ihr ans Bett, um die Vorstellung zu dieser vorgerückten Stunde mit ihr zu besprechen ...«

Wenn Eve nach dem Abendessen ausgehen will, zum Beispiel ins Konzert, legt sich Madame Curie bei ihr auf das Sofa und sieht ihrer Tochter beim Ankleiden zu. Die beiden haben vollkommen gegensätzliche Ansichten über Mode und aktuellen weiblichen Geschmack.

> »Mein armes Kind, was für abscheuliche Absätze! Nein, Du wirst mir nie einreden können, daß Frauen dazu geschaffen sind, auf Stelzen zu gehen ... Und was ist das für eine neue Mode, die Kleider im Rücken auszuschneiden? Vorne wäre es ja noch erträglich, aber Kilometer von nacktem Rücken! Erstens ist es unanständig, zweitens läufst Du Gefahr, eine Rippenfellentzündung zu bekommen, drittens ist es häßlich: dieses letzte Argument müßte Dich überzeugen, wenn es die beiden anderen schon nicht tun!«

Die schlimmsten Momente durchlebt Eve, wenn sie sich schminkt ... Marie betrachtet sie dann mit wissenschaftlicher Gründlichkeit und Objektivität. Sie ist bestürzt.

> »Nun ja, prinzipiell habe ich nichts gegen diese Schmierereien einzuwenden. Ich kann Dir nur eines sagen: Ich finde es abscheulich [...] Weißt Du, um mich zu trösten, werde ich Dir morgen früh im Bett einen Kuß geben, bevor Du Zeit hattest, Dir das greuliche Zeug ins Gesicht zu schmieren. Und jetzt geh, mein Kleines, auf Wiedersehen ... Ach ja, richtig, Du hättest nicht vielleicht etwas zu lesen für mich?«

An Irène schreibt Marie:
»Ich bin hoch erfreut, daß Du mit der magnetischen Ablenkung zufrieden bist. Wie reagiert das Polonium auf Nickel?«

An Eve: »Ich glaube, daß man sich leicht betrügt, wenn man alles höhere Lebensinteresse von einem so stürmisch bewegten Gefühl abhängig macht, wie es die Liebe ist...«

1925 war Irène sechsundzwanzig Jahre alt, hatte bereits den Doktortitel erworben und teilweise die Unterweisung der jungen Forscher im Laboratorium übernommen, als sie eines Morgens das Frühstück ans Bett ihrer Mutter brachte und dabei beiläufig eine ebenso interessante wie unerwartete Neuigkeit erwähnte: Sie hatte sich verlobt.

Marie wollte wissen, mit wem.

Die Aufnahme Frédéric Joliots in die »königliche Familie« gestaltete sich fast so schwierig wie die von Tony Armstrong bei seiner Hochzeit mit Prinzessin Margaret. Und wenn man seinen Freunden Glauben schenken darf, vergaß er niemals völlig die unhöflichen Bemerkungen, die in Wissenschaftskreisen über seine Heirat fielen.

Nach seiner Ausbildung zum Physiker und Chemiker absolvierte er ein Praktikum in einem Industrielabor, dann den Militärdienst. Gegen Ende seiner Dienstzeit machte er sich allmählich Gedanken um seine Zukunft. Eine Karriere in der Industrie? Warum nicht? Oder doch als Wissenschaftler? Das wäre ihm lieber, aber wovon sollte er leben? Da er nicht an der École Normale Supérieure studiert hatte, bestand keine Aussicht auf einen Posten an der Universität.

Ein Studienkamerad, der in der gleichen Lage war, fragte 1922 ihren gemeinsamen ehemaligen Lehrer, Paul Langevin, um Rat. Langevin ermunterte die beiden, sich um ein Rothschild-Stipendium zu bewerben und empfahl Marie den jungen Frédéric Joliot. Bei seinem Vorstellungsgespräch, zu dem er noch die Offiziersuniform trug, teilte Madame Curie dem von ihrer Anwesenheit stark eingeschüchterten jungen Mann mit, daß er am nächsten Tag seine Arbeit aufnehmen könne.

Er müsse noch drei Wochen Militärdienst ableisten? Das lasse sich regeln.

»Ich kümmere mich darum«, sagte Marie. »Ich werde Ihrem Vorgesetzten schreiben.«
Und am darauffolgenden Tag spazierte ein großer, fröhlicher junger Mann ins Curie-Laboratorium, der gepflegt und sportlich wirkte, ständig rauchte und erklärte, er sei kein Intellektueller.
Irène, die ihm damals in wissenschaftlichen Dingen weit voraus war – auf dem Gebiet der Chemie sollte sie ihm zeitlebens überlegen bleiben –, brachte ihm, wie schon etlichen anderen, die für die Arbeit notwendigen Verfahrensweisen bei.
So vergingen drei Jahre, in denen Frédéric Joliot gleichzeitig in einer Privatschule unterrichten und zusätzliche Arbeiten übernehmen mußte, um finanziell über die Runden zu kommen. Dann aber erhielt er einen der ersten vom C.N.R.S. finanzierten Arbeitsplätze und konnte im Labor weiterarbeiten.
»An die Möglichkeit, Irène zu heiraten, habe ich nie gedacht«, sagte er später einmal. »Aber ich beobachtete sie immer. Damit hat alles angefangen. Mit ihrer kühlen Art, die sie manchmal sogar vergessen ließ, Guten Tag zu sagen, machte sie sich im Labor nicht nur Freunde. Indem ich sie beobachtete, entdeckte ich, daß sich hinter der abweisenden Fassade ein außergewöhnliches Wesen voller Empfindung und Poesie verbarg. Irène verkörperte in vielerlei Hinsicht das, was ihr Vater gewesen war. Ich hatte viel über Pierre Curie gelesen, hatte mir von Professoren, die ihn gekannt hatten, von ihm erzählen lassen und entdeckte in seiner Tochter die Aufrichtigkeit, den gesunden Menschenverstand und die Ausgeglichenheit des Vaters ...«
Als innerhalb und außerhalb des Labors bekannt wurde, daß »die Tochter der Chefin«, die schroffe Irène, den gutaussehenden, lebhaften Joliot heiraten würde, der noch dazu drei Jahre jünger war, mangelte es nicht an bissigen Kommentaren. Irène stand zeitlebens über diesen Dingen. Im Gegensatz zu ihrer Mutter kümmerte sie sich herzlich wenig um ihr »Image« und besaß zudem einen ausgeprägten Sinn für Humor.

»Manche Ehemänner tragen eine Fotografie ihrer Frau bei sich«, sagte sie. »Bitten Sie mal Fred, er möge Ihnen das Foto zeigen, das *er* in seiner Brieftasche hat.« Ein prächtiger Hecht war darauf zu sehen, den Joliot, ein begeisterter Angler, selbst gefangen hatte.

Mit derselben Entschlossenheit wie ihr Vater hatte Irène sich ihren Lebenspartner ausgewählt. Und sie hatte eine gute Wahl getroffen.

Joliot dagegen fiel es anscheinend nicht so leicht, gewisse Spötteleien zu ertragen, und er brauchte an die zehn Jahre, bis er zugab, seine Frau aufrichtig zu lieben, obwohl er sie auch deshalb liebte, weil sie die Tochter von Marie und Pierre Curie war.

Marie wäre ohnehin die letzte gewesen, der er etwas über seine Gefühle hätte vorspielen können. Seit ihrem zwanzigsten Lebensjahr hatte sie ein gesundes Mißtrauen und ein ziemlich sicheres Urteilsvermögen entwickelt. Sie beobachtete den jungen Mann während der Verlobungszeit mit Irène ganz genau, bat ihn lediglich, in ihrer Gegenwart nicht zu rauchen, und gab schließlich ihren Segen von ganzem Herzen. Und das war kein geringes Opfer, denn durch ihn verlor sie ja ihre teuerste Gefährtin. Die enge Beziehung zwischen Mutter und Tochter blieb dennoch auch dann bestehen, als Irène und Frédéric Joliot nach ein paar Monaten aus der gemeinsamen Wohnung am Quai de Béthune auszogen.

»Der Junge da ist ein Feuerwerk«, sagte Marie, als sie sich mit ihrem alten Freund Jean Perrin über Joliot unterhielt. Später sollte er das auf beeindruckende Weise unter Beweis stellen.

Nichtsdestotrotz glaubte man offenbar, seinen Nachnamen mit dem Zusatz Curie veredeln zu müssen.

In den meisten Lexika findet man Pierre Curie als den Physiker, der zusammen mit seiner Frau Marie Sklodowska das Radium entdeckte, wohingegen in vielen Nachschlagewerken kurioserweise Irène Joliot-Curie eine Physikerin ist, die zusammen mit ihrem Mann Frédéric Joliot-Curie zahlreiche Entdeckungen machte...

Trotzdem blieb Irène, ebenso wie ihre Mutter, die Aufnahme in die Akademie der Wissenschaften verwehrt; sie hat sich zweimal vergeblich beworben. Zumindest hat man ihr nie vorgeworfen, nur durch die Protektion ihres Mannes Karriere gemacht zu haben.
Marie Curie-Sklodowska hat einfach zu früh gelebt, um in den Genuß der Emanzipation zu kommen.

Nunmehr sechsundsechzigjährig, ist Marie noch so agil, so jugendlich geblieben, daß man sie zu Hause bei der Arbeit zumeist in ihrer Lieblingsstellung antrifft: auf dem Boden sitzend, ihre Arbeitsunterlagen um sich herum verstreut. Doch die schönen grauen Augen sind nach einer vierten Operation matt geworden, ihre Gesichtszüge sind erschlafft.
Noch immer hat sie den Lehrstuhl für Allgemeine Physik an der Sorbonne inne, wo sie montags und mittwochs um 17 Uhr unterrichtet, noch immer geht sie jeden Morgen ins Labor, doch hat sie dort nach und nach die Zügel aus der Hand gegeben. Zwar ohne allzu großes Zögern, weil Irène ihr Werk weiterführt, doch auch nicht gerade mit Begeisterung.
Denn abends heißt es nach Hause zurückzukehren. Dann streift sie rastlos in Pantoffeln und mit einer Weste um die Schultern, denn seit geraumer Zeit fröstelt sie schnell, durch die viel zu großen Zimmer der Wohnung. Der Konzertflügel und die Tischtennisplatte dienen ihr nur als Ablage. Und wartet ungeduldig, daß das Hausmädchen zum Abendessen ruft.
Die Sonntage sind zuweilen recht traurig.
Ihre Töchter lassen es nicht an Aufmerksamkeit fehlen, sie sind immer für sie da, wenn Marie sie braucht. Doch jede von

ihnen führt – was ja ganz normal und wünschenswert ist – ihr eigenes Leben, in das sie sich niemals einmischt.
Irène bekommt ein Mädchen, dann einen Jungen.
Anläßlich ihrer Geburt findet ihre Mutter würdige Worte:
»Ich habe festgestellt, daß ich, hätte ich keine Kinder zur Welt gebracht, untröstlich gewesen wäre, weil mir eine derart außergewöhnliche Erfahrung entgangen wäre.«
Eve wohnt noch immer am Quai de Béthune, hat dort aber mit dem Einverständnis ihrer Mutter eine eigene kleine Wohnung gemietet.
Von ihren Freunden wird Marie durchaus nicht vernachlässigt, sie fragen sie oft um Rat. Debierne ist immer da, steht ihr zur Verfügung.
Die Joliots kommen regelmäßig zu ihr zum Essen und halten sie über das ereignisreiche Tagesgeschehen auf dem laufenden, soweit es sie noch interessiert: die Verfolgung jüdischer Wissenschaftler in Hitler-Deutschland ... Mehr als eine Million Arbeitslose in Frankreich ... Der Stavisky-Skandal ... Die Aufstände, die von Rechtsextremisten während einer Demonstration von Kriegsveteranen angezettelt wurden und am 6. Februar 1934 mehrere Todesopfer in Paris forderten ... Der antifaschistische Bund etlicher Intellektueller, ins Leben gerufen von Langevin, dem Philosophen Alain und Paul Rivet ... Joliots Beitritt zur sozialistischen Partei ...*
Marie hört zu, reibt die verbrannten Fingerspitzen gegen ihren Daumen. Und sie erzählt von ihrer Arbeit im Labor. Sie ist nämlich keineswegs untätig – aber sie ist einsam.
Sie schreibt an Missy. Und an Bronia, der Schreckliches widerfahren ist: Der Tod hat ihr erst beide Kinder, dann den Ehemann geraubt.

---

* Frédéric Joliot tritt während der Besatzung in die kommunistische Partei ein, Langevin erst danach, im September 1944.

»Wenn Du Dich auch einsam fühlst, hast Du doch einen großen Trost: Ihr drei seid in Warschau beisammen, und so bist Du nicht ganz ohne vertraute Gesellschaft und Schutz.«

Vertraute Gesellschaft und Schutz ... Genau danach sehnt sich Marie selbst. Sie fährt fort:

»Glaub mir, die Gemeinschaft der Familie ist ja doch das einzige Gut. Ich, die ich sie entbehre, muß es wissen. Trachte aus diesem Besitz Stärke zu gewinnen, und vergiß Deine Schwester in Paris nicht. Wir wollen uns sehen, sooft es geht ...«

Sie rutscht im Laboratorium aus, stürzt und bricht sich das rechte Handgelenk. Sie tut den Bruch achtlos ab, und es kommt zu einer Reihe weiterer Komplikationen.
Dann quält sie ein Gallenstein. Soll sie sich operieren lassen? Ihr Vater war an einer vergleichbaren Operation gestorben. Sie verweigert den Eingriff und hält statt dessen strenge Diät.
Irène und Fred machen sich Sorgen, denn sie leidet ganz offensichtlich. Daher überreden sie Marie, sie in Savoyen zu besuchen, wo sie einen Skiurlaub verbringen.
Marie aber wird ihnen beweisen, daß sie weder krank noch am Ende ihrer Kräfte ist: Sie läuft Schlittschuh oder erkundet auf Schneeschuhen die Bergwelt. Eines Abends gibt sie Anlaß zu Beunruhigung. Erst nach Einbruch der Dunkelheit kommt sie zurück, voller Stolz über ihren Ausflug. Sie mußte unbedingt den Sonnenuntergang am Mont Blanc betrachten.
Sie bittet die gute alte Missy, ja, sie fleht sie an, mit ihr zu verreisen. Doch Missy hat sich eine Bauchfellentzündung zugezogen.
Als sie sich wieder erholt hat, beschwichtigt sie Marie, die sie mit Fragen bedrängt, in denen merklich Furcht mitschwingt: Wird das Radium auch wirklich nach Maries Tod im Curie-Laboratorium verbleiben? Wird man die rechtliche Verfügung respektieren, nach der Irène das Radium erben wird? Wird man

die Vorschriften zur Nutzung des Radiums und die Verwendung der amerikanischen Spendengelder einhalten?
Missy verspricht es, und wie immer werden ihre Zusagen eingehalten. Doch Missy ist weit weg. Marie überlegt, ob sie zu ihr nach Amerika reisen soll, verwirft den Plan jedoch wieder. Zu ihrer Freude kommt Bronia sie während der Osterferien besuchen. Die beiden Schwestern fahren mit dem Auto nach Südfrankreich. Sie machen tausend Umwege, weil Marie Bronia unbedingt die herrlichen Landschaften zeigen und Jacques Curie in Montpellier besuchen will.
Vor ihrer Abreise hatte sie Irène instruiert:

> »Ich habe eine vorläufige Erklärung geschrieben, die als Testament über das Gramm Radium dienen kann, und diese habe ich zu den amerikanischen Dokumenten in das Paket gelegt, dessen Inhalt in roter Schrift angegeben ist.
> Du findest es in der Schublade der Kommode im Ruheraum, unter den verschlossenen Schubladen ...«

Außerdem hatte sie ihre gesamten Unterlagen durchgesehen und alles vernichtet, was nicht mit dem Bild ihrer selbst zu vereinbaren ist, das sie der Nachwelt zu hinterlassen gedenkt. Und sie hatte Missy um die Vernichtung ihrer Briefe gebeten.
Diese letzte Reise nach Südfrankreich nimmt kein gutes Ende. Als Marie erschöpft und stark erkältet in dem eisigen Haus in Cavalaire ankommt, wirft sie sich in Bronias Arme und bricht in Tränen aus. Nach den wenigen sonnigen Tagen kehrt sie mit Fieber nach Paris zurück.
Ein weiteres Mal reist Bronia voller Sorge vom Gare du Nord ab, an dem sie schon so oft angekommen ist, weil Marie sie brauchte, und von wo sie so oft schweren Herzens wieder abgereist ist.
Es sollte aber das letzte Mal sein, daß sie vom Zug aus beobachtet, wie Maries Silhouette auf dem Bahnsteig immer kleiner wird. Einige Tage später, an einem Nachmittag im Mai 1934, murmelt Marie im Labor, wo sie eigentlich wieder arbeiten

wollte: »Ich habe Fieber, ich glaube, ich gehe lieber wieder nach Hause...«

Sie inspiziert den Garten und bemerkt, daß der Rosenbusch, den sie selbst gepflanzt hat, ganz jämmerlich aussieht. Man sollte sich dringend darum kümmern... Doch sie wird ihn nie mehr zu Gesicht bekommen.

Was hat sie? Allem Anschein nach gar nichts. Kein lebenswichtiges Organ ist angegriffen, und sie leidet an keiner Krankheit, die den Ärzten bekannt wäre und die sie behandeln könnten.

Sie ist bettlägerig, hat Fieber und nimmt plötzlich alle Behandlungen, denen man sie unterzieht, widerspruchslos hin. Man liefert sie ins Krankenhaus ein und bringt sie dann wieder zurück nach Hause.

Ihre alten Freunde kommen die Kranke besuchen und spielen die von Eve inszenierte Komödie mit: Marie soll Stoff- und Farbmuster für die kleinere Wohnung begutachten, in der sie übergangsweise wohnen will, bis das neue Haus in Sceaux gebaut ist.

Das Fieber will einfach nicht zurückgehen. Die Ärzte reden von einem Sanatoriumsaufenthalt, von gesunder Luft. Eve organisiert eine Untersuchung durch vier namhafte Professoren. Sie sind der gleichen Ansicht. Ihrem Befund zufolge lasse Maries Fieber auf einen tuberkulösen Rückfall schließen. Eine sofortige Abreise ins Gebirge sei dringendst geboten. Haben sie Angst, Madame Curie könne ihnen unter den Händen wegsterben?

Und so reist Marie in Begleitung von Eve und einer Krankenschwester ab. Es wird eine strapaziöse Fahrt, gegen deren Ende Marie in den Armen ihrer Tochter einen Kollaps erleidet. Eine überflüssige Fahrt. Im Sanatorium von Sancellemoz, wo sie natürlich unter falschem Namen eingetragen ist, wird Marie erneut gründlich untersucht und geröntgt. Es stellt sich jedoch heraus, daß ihre Lungen gesund sind.

Das Fieber steigt auf vierzig Grad. Ein hinzugezogener Professor aus Genf stellt bei einer Blutuntersuchung fest, daß sie an akuter perniziöser Anämie leidet.

Marie liest das Thermometer selbst ab und würde nie auf die Idee kommen, die Zuverlässigkeit der Anzeige zu bezweifeln. Doch sie hatte sich so sehr vor einer Blasenoperation gefürchtet, daß die Diagnose »Anämie« sie beinahe beruhigt.
Sie hat jenen letzten Zustand erreicht, in dem nicht einmal mehr eine Marie Curie der Wahrheit ins Auge blicken will. Und die Wahrheit ist, daß sie im Sterben liegt.
Ein letztes Mal lächelt sie, als sie auf das Thermometer in ihrer kraftlosen Hand schaut und einen plötzlichen Temperaturrückgang feststellt. Doch ihr fehlt selbst die Kraft, das Ergebnis zu notieren – ihr, die ein ganzes Leben lang jede greifbare Zahl notiert hatte. Dieser plötzliche Rückgang des Fiebers kündigt das Ende an.
Eve ist erschüttert und bewahrt dennoch die Fassung, wie Marie es sie immer gelehrt hat. Keinen Moment weicht sie vom Krankenbett der Mutter. Marie versucht gerade, ihre Tasse Tee umzurühren, als Eve sie murmeln hört:
»Wird er mit Radium oder mit Mesothorium gemacht?«
Dann folgen noch ein paar undeutliche Worte.
Und als der Arzt ihr eine Spritze geben will:
»Ich will nicht. Ich will in Ruhe gelassen werden.«
Sechzehn Stunden dauert es noch, bis das Herz der Frau, die absolut nicht sterben wollte, zu schlagen aufhört. Sie war sechsundsechzig Jahre alt.
Marie Curie-Sklodowska hatte am 4. Juli 1934 ihren Weg vollendet.
Sie wurde ihren Wünschen gemäß im engsten Kreis in Sceaux beigesetzt. Nur ihre Kinder, Familienmitglieder und einige Freunde waren zugegen. Die Friedhofstore waren verschlossen, um die vielen Schaulustigen fernzuhalten.
Als der Sarg ins Grab hinabgelassen wurde, warfen Bronia und Jozef eine Handvoll Erde hinein. Polnische Erde.
Und so endet die Geschichte einer großartigen Frau.
Adieu, Marie.

NACH MARIES TOD

ERNEST RUTHERFORD wurde zum Lord Rutherford of Nelson erhoben und starb 1937 im Alter von sechsundsechzig Jahren, als er beim Absägen toter Äste von einem Baum fiel.

JEAN PERRIN wurde unter der 1936 gebildeten Regierungskoalition aus Linksparteien zum Unterstaatssekretär für Wissenschaftliche Forschung ernannt. Er erreichte eine Verdreifachung der Aufwendungen für das C.N.R.S. und gründete den Palais de la Découverte in Paris. 1941 verließ er das besetzte Frankreich und ging zu seinem Sohn Francis in die USA, wo er 1942 im Alter von einundsiebzig Jahren starb.

PAUL LANGEVIN wurde 1941 von der Gestapo verhaftet und in Troyes unter Hausarrest gestellt. Sein Schwiegersohn Jacques Solomon, Physiker und einer der Mitbegründer der Untergrundzeitung *L'Université libre*, wurde 1942 exekutiert, seine Tochter deportiert. Er selbst konnte jedoch in die Schweiz ausreisen. Nach der Befreiung erarbeitete er mit Henri Wallon einen Plan zur Unterrichtsreform, der zwar viel Beachtung fand, aber nie umgesetzt wurde. Er starb 1946 mit vierundsiebzig Jahren. Seine Asche wurde 1948 am selben Tag wie die von Jean Perrin ins Panthéon überführt.

ÉMILE BOREL wurde von der Vichy-Regierung seines Amtes als Bürgermeister von Sainte-Affrique enthoben, dann von der Gestapo verhaftet und später wieder freigelassen. Nach dem Krieg erhielt er sein Amt zurück, wurde Führungsmitglied der Ehrenlegion und Vorsitzender der Internationalen Statistischen Gesellschaft. Er erlebte seine goldene Hochzeit und starb 1956 im Alter von fünfundachtzig Jahren.

IRÈNE JOLIOT-CURIE war für kurze Zeit Unterstaatssekretärin für Wissenschaftliche Forschung und wurde dann auf eigenen Wunsch von Jean Perrin abgelöst. Sie verpaßte die Gelegenheit zur Entdeckung der Kernfusion nur knapp, da sie ihre experimentellen Ergebnisse nicht richtig deutete. Otto Hahn konnte das Rätsel um die Urankernspaltung jedoch u. a. aufgrund ihrer Forschungen lösen. Nach dem Krieg leitete sie das Radiuminstitut. Neben Francis Perrin und Pierre Auger saß sie der französischen Atomenergiebehörde vor. Sie starb 1956 mit neunundfünfzig an Leukämie und erhielt ein Staatsbegräbnis.

FRÉDÉRIC JOLIOT wurde 1937 Professor am Collège de France. Anfang 1939 lieferte er den physikalischen Beweis für die Kernfusion zeitgleich mit Otto Frisch (dem Neffen von Lise Meitner), der in Kopenhagen arbeitete. Ebenfalls 1939 gelang ihm mit seinen Mitarbeitern Hans Halban und Lew Kowarski die theoretische Voraussage einer kontrollierten Kettenreaktion, zur selben Zeit also wie die Gruppe um Enrico Fermi in den USA. Im Juni 1940 wurde sein Laboratorium am Collège de France besetzt und unter deutscher Leitung weiterbetrieben. Der Deutsche Wolfgang Gentner, ein ehemaliger Forscher des Curie-Laboratoriums, tat sein Möglichstes zum Schutz der französischen Wissenschaftler. Während der Besatzung war er aktives Mitglied des Widerstands. Im Oktober 1945 wirkte er an der Gründung der französischen Atomenergiebehörde unter de Gaulle mit und erhielt dort eine leitende Position. Später überwachte er den Bau des ersten französischen Atomreaktors. Als angesehener Wissenschaftler und Mitglied der kommunistischen Partei erklärte er öffentlich: »Wenn man uns morgen zur Kriegswaffenproduktion auffordert, zur Schaffung einer Atombombe, werden wir nein sagen.« Er wurde 1950 entlassen und starb acht Jahre später im Alter von achtundfünfzig Jahren. Auch ihm wurde ein Staatsbegräbnis zuteil.

Die Arbeiten von ANDREJ SACHAROW führten zur ersten atomaren Explosion in der Sowjetunion im Jahre 1953. Frankreich zog 1960 nach.

EVE CURIE engagierte sich während des Krieges in der französischen Befreiungsarmee. Sie war Kriegsberichterstatterin für diverse amerikanische Zeitungen und Mitherausgeberin von *Paris-Presse*. Sie heiratete Henri Labouisse, den amerikanischen Botschafter in Griechenland und späteren Generaldirektor des Kinderhilfswerks der Vereinten Nationen (UNICEF). In dieser Eigenschaft nahm Labouisse 1965 stellvertretend den Friedensnobelpreis aus den Händen des schwedischen Königs entgegen. So war indirekt erneut eine Curie an der Verleihungszeremonie der Nobelpreise in Stockholm beteiligt.
Eve Curie-Labouisse war bis ins hohe Alter eine sehr attraktive Frau und starb in den USA.

BIBLIOGRAPHISCHE HINWEISE

Für die französische Originalausgabe benutzte Françoise Giroud folgende Quellen:

Biquard, P.: Paul Langevin. Seghers 1969
Contamine, H.: La Victoire de la Marne. Gallimard. Paris 1970
Cotton, E.: Les Curie et la radioactivité. Seghers 1963
Cuny, H.: Louis Pasteur. Seghers 1963
Curie, Eve: Madame Curie. Gallimard 1938
Curie, Marie: Pierre Curie. Payot 1923. Denoël 1955
Curie, Marie: La Radiologie et la guerre. Alcan 1921
Eve, A. S.: Rutherford. Cambridge University Press. Cambridge 1939
Galtier Boissière, J.: La Grande Guerre. Productions de Paris. Paris
Glasser, O.: Dr. W. C. Röntgen. Thomas. Springfield 1945
Goldberg, H.: Jean Jaurès, Fayard. Paris 1970
Hausser, E.: Paris au jour le jour. Edition de Minuit 1968
Hoffmann, B. und Dukas, H.: Albert Einstein créateur et rebelle. Seuil 1975
Hurwic, J.: Marie Sklodowska-Curie. Institut d'Histoire de la Science et de la Technique de l'Ac. des Sciences polonaise
Langevin, A.: Paul Langevin mon père. Edition Français réunis. 1971
Kriegel, A. (Hrsg.): Le Congrès de Tours. Archives Julliard 1964
La science contemporaire. P.U.F. 1964
La correspondance Marie - Irène Curie. Edition Français rèunis. 1974
Lot, F.: Jean Perrin. Seghers 1963
Marbo, C.: Souvenirs et rencontres. Grasset 1968
Marguerite, V.: Aristide Briand 1932
Reid, Robert W.: Marie Curie. Seuil 1975
Robrieux, P.: Histoire intérieure du P.C.F. Fayard. Paris 1980
Schlesinger, A.: L'ère de Roosevelt. Denoël 1971
Snow, C. P.: Les deux cultures. J. J. Pauvert 1968
Sternhell, Z.: La droite révolutionnaire. Seuil 1978
Terrat Branly, J.: Mon père Eduard Branly. Corréa 1949
Thompson, S. P.: The life of Lord Kelvin. Mac Millan 1910
Weart, Spencer: La Grande aventure des atomistes français. Fayard. Paris 1979

Die Zitierweise der Briefe in der deutschen Ausgabe folgt im wesentlichen:

Curie, Eve: Madame Curie. Leben und Wirken. Bermann-Fischer Verlag. Wien 1937
Reid, Robert W.: Marie Curie. Biographie. Eugen Diederichs Verlag. Düsseldorf/Köln 1980

REGISTER

Actinium 122
»Action Française« 195, 214, 224, 247
Ader, Clément 70
Alexander II., Zar 16, 20, 43, 59
Alpha- und Betastrahlen 109, 141, 314
Amagat, Gabriel 191, 193, 197
Anämie 318 f., 345 f.
Antisemitismus 48
Apollinaire, Guillaume 263
Appell, Paul 56, 58, 132, 158, 170, 177 f., 223, 248
Arbeiterbewegung 271
Armstrong, Tony 338
Atombombe 167, 333
-energie 10, 99, 181, 239, 315, 327, 334
-gewicht 113, 116, 124
-kern 101, 165, 239, 314 f., 331
-modell 239
-physik 314
-struktur 101, 330
-theorie 138
Auger, Pierre 98, 348
Ayrton, Hertha 137, 232 f.

Bailby, Léon 194, 213
Balzac, Honoré de 47, 158, 191
Bardeen, John 214
Barrès, Maurice 46, 48, 277, 300
Barthou, Louis 79
Beauvoir, Simone de 111
Becquerel, Henri 97 ff., 101, 117, 119, 129, 141, 144, 166, 226 f.
Bémont, Georges 110
Bergson, Henri 304
Bernard, Claude 25, 30
Bernhardt, Sarah 287
Bert, Paul 29
Berthelot, Marcelin 70 f., 119, 161, 166
Bismarck, Otto Fürst von 16
Blanc, Louis 29
Blum, Léon 158, 271, 301
Boguski, Jozef 41 f.
Bohr, Niels 126, 140, 239, 332
Boltwood, Bertram B. 184, 190, 226, 295
Borel, Émile 158, 204, 210, 214, 222 ff., 247, 273 f., 300 f., 304, 347 f.
–, *Marguerite* 158 ff., 189, 203 f., 222 ff., 247 f., 256, 304 f.
Boulanger, Georges 47
Bouty, Professor 80, 137, 190
Branly, Edouard 149, 190, 194 ff.
Briand, Aristide 161, 171, 193
Brieux, Eugène 256 f.
Brillouin, Marcel 190, 194, 206
Broglie, Louis de 308, 332
–, *Maurice de* 206, 308, 332
Brownsche Bewegung 175, 299 f.
Brüsseler Kongreß 184 f.
Bunsen, Robert von 42

C.N.R.S. 328, 339
Caillaux, Henriette 201, 244
–, *Joseph* 201, 309
Caillaux-Prozeß 201, 244, 246
Calmette, Gaston 192, 201
Carnegie Corporation 295
Carnegie, Andrew 181 f.
Carnot, Sadi 47, 58 f.
Castelnau, General de 301

Cavendish-Laboratorium 314
Cézanne, Paul 47
Chadwick, James 109, 315, 330, 332
Chalkolith 102 f., 105
Chaplin, Charlie 150
Chilowski, Constantin 261
Churchill, Sir Winston 261
Citroën, André 262
Clerc, Pierre 169
Cockroft, Sir John D. 332
Colette, Sidonie-Gabrielle 192, 335
Combes, Émile 162, 195
Comte, Auguste 28, 51
Coolidge, Calvin 321
Cotton, Aimé 120, 327
–, *Eugénie* 143
Crane, John R. 285
Crookessche Röhre 98
Curie, Eve 154, 187 ff., 222, 225, 238, 291, 326, 334 f., 337, 342, 345 f., 349
–, *Irène* 92 f., 100, 104 ff., 108 f., 143, 187 ff., 222, 226, 231, 234, 238, 249 ff., 258, 269, 273, 291, 300, 307, 314 ff., 318, 326, 330, 332, 334 ff., 342 f., 348
–, *Jacques* 65 f., 75, 170, 174 f., 226, 261, 344
–, *Maurice* 248, 258
–, *Pierre* 59 ff., 72 ff., 85 ff., 97 ff., 102 f., 105 ff., 126 ff., 149 ff., 226, 261
Curie-Labor 243, 247, 276, 296, 300, 316, 319, 341
-Stiftung 182, 275, 318
-Therapie 318
Curiesches Gesetz 80

Dalton, John 138
Daniel-Osiris-Preis 149
Danysz, Jean 260
Darboux, Gaston 193, 196
Daudet, Léon 224
Debierne, André 121 ff., 143, 170, 182, 205, 222 f., 229 ff., 246, 248, 260, 262, 317
Debussy, Claude 47, 124
Delaunay, Sonia 31
»Delineator« 278, 289
Demalander, Marcel 319
Demarçay, Eugène 102, 109 f., 123
Demenitroux, Maurice 318
désintéressement 57, 67, 71, 134, 274
Dewar, James 135
Diaghilew, Serge 256
Diamagnetismus 203
Dluska, Lou 85
Dluski, Kazimierz 40, 43, 52 ff., 85, 93, 106, 120, 149, 156
Dostojewski, Fjodor M. 29
Dreyfus, Alfred 79 f., 195
Dreyfus-Affäre 51, 79 f., 124, 195
Driant, Colonel 245
Drumont, Edouard 214
Dupuy, Jean 214
Duse, Eleonora 156

»Echo de Paris« 151
Eiffel, Gustave 47
Einstein, Albert 9, 140, 149, 166, 206 f., 238, 302 ff., 326 f., 331, 334
Elektrizitätslehre 88
Elektrometer 100 f.
Elektron 138
Elemente, radioaktive 117, 122, 124, 141
Emanzipation 26
Equitable Trust Company 297
Evolutionsphilosophie 28
»Excelsior« 192

Feminismus 122, 178, 180, 232
Fermi, Enrico 332, 348
Ferromagnetismus 66
»Figaro« 191 ff., 201, 247, 249, 256
Fleming, Alexander 126
Fliegende Universität 27 ff., 35, 41 f.

Fluoreszenz 98
France, Anatole 272
Francium 313
Franz Ferdinand, Erzherzog 243 f.
Franz Joseph, Kaiser 243
Frauenwahlrecht 232, 256
Freud, Sigmund 186
Friedel, Charles 66, 102
Frisch, Otto 348
Fuller, Loïe 157 f., 278

Gauguin, Paul 47
Gentner, Wolfgang 333, 348
Gewerkschaftsbewegung 63
Giftgas 260
»Gil Blas« 224
Gleichberechtigung 26, 125
Gouy, Georges 154, 156, 163, 174 f.
Gravitation 94, 302
Greffulhe, Gräfin 152, 177, 304
Gréville, Henry 126
Grundlagenforschung 69, 72, 295
Guitry, Sacha 287

Hahn, Otto 332, 348
Haller, Albin 224, 273
Hangar 114 ff., 120, 124, 151
Harding, Warren G. 293, 321
Hauser, Fernand 208 ff., 213
Haussmann, Georges E. 49
Hautkrebs 129
Hearst-Gruppe 221 f., 283
Heisenberg, Werner 332
Heredia, José Maria de 162
Herriot, Edouard 158, 301
Hitler, Adolf 279, 331
Holweck, Fernand 316
Hoover, Herbert Clark 322 ff.
Hugo, Victor 158, 336
Hygiene 112

Institut Henri Poincaré 300
Institut Pasteur 236, 238, 301
Internationaler Frauenrat 232
»Intransigeant« 192, 194 f., 213
Ionisation 100 f., 140
Ionium 295

Jaffé, Georges 115
Jaurès, Jean 59, 79 f., 161, 243, 245 ff., 270
Jeans, Sir James H. 206
Joliot-Curie, Frédéric 109, 299, 314, 327 f., 330 ff., 334, 338 ff., 342 f., 348 f.
»Journal« 171, 177 f., 208, 210, 213
Jouvenel, Henry de 216

Kelvin, Lord William Thomson 66, 86, 135 f., 180 ff.
Kernfusion 332
Keynes, John Maynard 324
Kieferkrebs 293 f.
Kipling, Rudyard 336
Klein, Marthe 257, 263, 268
Krebs 97, 124, 126, 235, 278, 280, 293 f., 318
Kristallographie 88, 102, 167
Krutch, Joseph Wood 321

Laborpfennig 301
Lacassagne, Antoine 238
Lafitte, Pierre 192
Langevin, André 206
–, *Jeanne* 203 ff., 211 ff., 217 f.
–, *Paul* 120, 137 ff., 141 f., 158 f., 187, 203 ff., 228 f., 231, 248, 254, 259 ff., 272 ff., 301 f., 304 ff., 331, 333, 338, 342, 347
Langevin-Affäre 201, 205 ff., 214 ff., 226, 231, 281, 283
»Lanterne« 245
Lapicque, Louis 310
Laporte, Marcel 298
Le Châtelier, Henri 89
Lenin, Wladimir Iljitsch 267, 270 f.
Lesueur, Daniel 126
»Libre Parole« 214 f., 245
Lippmann, Gabriel 56, 60, 66, 80, 103, 110, 137 f., 190, 206
–, Walter 321

Lorentz, Hendrik A. 206, 239
Loubet, Emile 151
Lumière, Louis 70

Magnetismus 66, 80, 89, 135
Mallarmé, Stéphane 47
Manin, Louis 169
Marckwald, Willy 182
Marconi, Guglielmo M. 194
Marie Curie Radium Fund 283, 292, 324 ff.
Marie-Sklodowska-Curie-Institut 320
Maritain, Jacques 158
Marty, André 273
Marx, Karl 28
Mascard, Professor 86, 130, 140, 163
»*Matin*« 151, 193, 201
Mattingley, Meloney 278 ff., 320 ff., 342 ff.
Mayer, André 260, 300
Meitner, Lise 332
Mendelejew, Dmitrij I. 42, 102
Meyer, Stefan 230
Mirbeau, Octave 126
Moureu, Charles 260, 277
Mouton, Henri 187
Musset, Alfred de 29
Mussolini, Benito 279, 320

Nationalismus 246, 302, 304 f.
»*Nature*« 181
Néel, Louis 80
Nernst, Walther H. 206
Neutron 109, 330
»*New York Evening Journal*« 283
»*New York Herald Tribune*« 297
Newton, Sir Isaac 94
Nikolaus I., Zar 15
Nikolaus II., Zar 249
Noailles, Anna de 139, 304
Nobel, Alfred 165
Nobelpreis 144, 146, 149, 197, 213 f., 226, 302, 308, 334

»*Œuvre*« 216, 221 ff., 227 f.
Osiris, Daniel 149
Ostwald, Wilhelm 111

Paderewski, Ignaz 52, 156, 226, 267
Painlevé, Paul 56, 58, 224 f., 260, 273, 301, 304
Pankhurst, Sylvia 232
Pariser Kommune 47, 79
Pasteur, Louis 50, 71, 236
»*Patrie*« 164
Pauli, Wolfgang 332
Pechblende 102 f., 106, 108, 113 f.
Péguy, Charles 80, 158, 247
Perey, Marguerite 313
Périer, Casimir 15
Periodensystem 102
Perrin, Francis 327, 348
–, *Henriette* 138, 186 f., 222 f., 225, 252
–, *Jean* 111, 122, 137 ff., 157 ff., 170, 177, 185, 187, 203 f., 206, 210, 214, 222 f., 225, 228 f., 247 f., 259 ff., 273 ff., 287, 300, 304, 307 ff., 314, 347 f.
»*Petit Journal*« 211 f.
Physik, experimentelle 78
Picasso, Pablo 124
Piezoelektrizität 65 f., 86, 135, 261
Planck, Max 166, 206, 302
Poincaré, Henri 51, 67, 117, 166, 168, 190, 197, 206, 210, 234
–, *Raymond* 214, 228
Polonium 108 f., 182, 330 f.
Poniatowski, Stanislaus August, König 18
Positivismus 27 f., 34
Positron 331
Proudhon, Pierre Joseph 63
Proust, Marcel 304
Prud'homme, Sully 29

Quantenhypothese 239
-physik 203
-theorie 166, 203

»Radical« 245
Radioaktivität 99, 101 ff., 106 ff., 111, 120, 122, 126, 130, 135, 141, 181, 184, 190, 226 f., 236, 239, 262, 276, 313 f., 319
–, künstliche 332 f.
Radiokonduktion 194
Radiologie 254 ff., 275, 318
Radium 97, 109 ff., 113, 116 f., 119 f., 122 ff., 126, 128 f., 133 ff., 141 f., 152, 157, 165, 180 ff., 226 f., 235 f., 239, 251, 258, 267, 275, 280 f., 283 ff., 290 ff., 296, 298, 318 f., 321, 324 f., 343 f.
Radiuminstitut 187, 236, 247, 267, 275, 301, 314, 330
Radon 258
Ramadier, Paul 301
Rathenau, Walther 304 f.
Ravel, Maurice 272
Regaud, Claude 236, 238, 275, 278, 287
Reid, Robert 118, 135, 234
Relativitätstheorie 166, 204, 302
Renan, Ernest 29
Rivet, Alain und Paul 342
Roché, Henri-Pierre 277 ff., 284
Rochefort, Henri de 194
Rockefeller Foundation 295, 300
Rodin, Auguste 47, 157, 278
Röntgen, Wilhelm Conrad 94, 96, 98
Röntgenbilder 93 ff.
-strahlen 96, 248
-wagen 249, 252 ff.
Rosenblum, Salomon 316, 331
Rostand, Edmond 263
–, *Maurice* 287
Rothschild, Edmond 299 f.
–, *Henri de* 275
-Stiftungen 301
Rowland, Henry 294
Royal Society 134 ff., 144
Russell, Bertrand 279, 304
Rutherford, Ernest 97, 118 ff., 126, 138, 140 ff., 181, 184 f., 190 f., 206, 227 f., 230, 239, 261 f., 277, 314, 332, 347

Sacharow, Andrej 349
Sacco und Vanzetti 307
Sagnac, Georges 120, 131
Sangnier, Marc 195
Sartre, Jean-Paul 111
Schützenberger, Professor 88, 100
Seignobos, Charles 310
Siegfried, Jules 256
Siemens, Werner von 69
Sienkiewicz, Henry 235
Sklodowska, Bronia 18, 20 f., 24, 26 ff., 30, 36, 38 ff., 43 f., 51 ff., 63, 65, 72, 78, 82, 85, 90, 92 f., 106, 120, 130, 137, 144, 149, 151, 153, 156, 162, 170, 176, 225 f., 230, 319 f., 342, 344, 346
–, *Bronislawa* 16 ff., 21 f.
–, *Hela* 18, 20 f., 24, 36, 38, 41, 82, 85, 151, 225, 319
–, *Sophia* 21
Sklodowski, Jozef 21, 24, 36 ff., 41, 151, 162, 175, 225, 319, 346
–, *Wladislav* 16 ff., 21 ff., 25, 38 f., 41, 43, 82, 85, 130
Snow, C. M. 71
Soddy, Frederick 119, 141, 181, 239, 314, 333
Solomon, Jacques 347
Solvay, Ernest 206
Solvay-Kongreß 206 f., 302, 331
Sommerfeld, Arnold 206
Sorbonne 25, 30, 51, 118, 137, 175, 177 f., 319 f.
Sozialistische Internationale 246
Spektralanalyse 42, 110
-linie 110
Spencer, Herbert 28
Spiritismus 156
Steeg, Théodore 222
Strahlentherapie 294, 318
Suffragetten 232, 307

»Temps« 192 f., 210 f., 213, 243 f., 288

Téry, Gustave 216 f., 224 f., 273
Theokratie 161
Theorie der Umlaufbahnen 239
Thorium 101 ff.
»Times« 180 f.
Tolstoi, Lew N. 193
Toulouse-Lautrec, Henri de 47
Tschechow, Anton P. 32

Ultraschall 261 f.
Uran 100 ff., 113, 133 f., 328
Urbain, Georges 120, 300

Valéry, Paul 305, 328
Verdi, Guiseppe 46
Verlaine, Paul 336
Vilain, Raoul 247
Vogué, Melchior de 162
Völkerbund 267, 297

Wagner, Richard 159
Warburg, Emil 206
Wells, H. G. 279, 333
Weltkrieg, Erster 71, 245, 247 ff.
Wien, Wilhelm 206
Wilhelm II., Kaiser 263
Wilson, Woodrow 267 f.

Xau, Fernand 210
X-Strahlen 94, 97 f., 117, 156, 248

Young, Owen D. 324, 336
Yvert, Colette 180

Zerfallsrate 119, 141
Zola, Émile 47, 49, 68, 191
Zorawski, Kazimierz 13 f., 35 f., 41 ff., 64

Mit ihren überlebensgroßen Figuren in knallbunter Farbigkeit, fröhlich und sexy, setzte Niki de Saint Phalle schwellende Formen weiblicher Fruchtbarkeit – gegen eine gewalttätige, technoide Männerwelt. Die kreative Aristokratin war Klosterschülerin, Fotomodell, Ehefrau und Mutter, bevor sie sich von allen gesellschaftlichen Zwängen löste, um bedingungslos Künstlerin zu werden.

Sie schoss sogar auf ihre Bilder – gegen Konventionen, gegen falsche Moral, gegen die Institution Kirche, gegen den Mann als Ursache allen Übels auf der Welt, gegen sich selbst. Sie war eine Terroristin der Kunst und einziges weibliches Mitglied der Nouveaux Réalistes.

Vom aufblasbaren Miniformat bis zu gigantisch großen, begehbaren Skulpturen mit Wohnräumen legen ihre Schöpfungen überall auf der Welt Zeugnis ab von den positiven Kräften einer kompromisslosen Künstlerin.

Monika Becker

»Starke Weiblichkeit entfesseln«
Niki de Saint Phalle
Originalausgabe

Econ | ULLSTEIN | List